Noack · Unger · Geretschläger · Stocker

**Mathe mit dem Känguru 4**

# Mathe mit dem Känguru

Herausgeber sind die leitenden Organisatoren des Känguruwettbewerbs in ihren Ländern.

*Dr. Monika Noack, Deutschland*
http://www.mathe-kaenguru.de

*Dipl.-Math. Alexander Unger, Deutschland*
http://www.mathe-kaenguru.de

*Dr. Robert Geretschläger, Österreich*
http://www.kaenguru.at

*Hansjürg Stocker, dipl. Math. ETH, Schweiz*
http:// www.mathe-kaenguru.ch

# Mathe mit dem Känguru 4

## Die schönsten Aufgaben von 2012 bis 2014

von Monika Noack, Alexander Unger,
Robert Geretschläger und Hansjürg Stocker

Fachbuchverlag Leipzig
im Carl Hanser Verlag

**Herausgeber**

*Dr. rer. nat. Monika Noack*
Humboldt-Universität zu Berlin
Institut für Mathematik

*Dipl.-Math. Alexander Unger*
Humboldt-Universität zu Berlin
Institut für Mathematik

*Dr. Robert Geretschläger*
Bundesrealgymnasium Kepler Graz

*Hansjürg Stocker, dipl. Math. ETH*
Zürich und Wädenswil

Bibliografische Information der Deutschen Nationalbibliothek
Die Deutsche Nationalbibliothek verzeichnet diese Publikation in der Deutschen Nationalbibliografie; detaillierte bibliografische Daten sind im Internet über http://dnb.d-nb.de abrufbar.

ISBN 978-3-446-44259-7
E-Book-ISBN 978-3-446-44287-0

MIX
Papier aus verantwortungsvollen Quellen
FSC® C014889



Fachbuchverlag Leipzig im Carl Hanser Verlag
Vilshofener Straße 10 | 81679 München | info@hanser.de


www.hanser-fachbuch.de
Lektorat: Christine Fritzsch
Herstellung: Katrin Wulst
Satz: Monika Noack, Berlin
Coverentwurf: Steffen Blankenburg, www.elephant-castle.de
Einbandrealisierung: Stephan Rönigk
Druck und Binden: CPI books GmbH, Leck
Printed in Germany

# Vorwort

Dies ist nun bereits das vierte Buch mit Aufgaben aus dem Wettbewerb „Känguru der Mathematik", der sich in etwas mehr als 20 Jahren zum teilnehmerstärksten internationalen Mathematikwettstreit entwickelt hat. Dem Ziel des Wettbewerbs, einen spürbaren Beitrag zur Popularisierung der Mathematik zu leisten, dazu beizutragen, dass in den Schulen motiviert und mit Freude in diesem Fach gelernt wird, hoffen wir, in diesen Jahren näher gekommen zu sein. Dafür war die Grundidee dieses Wettbewerbs – interessante, abwechslungsreiche Aufgaben im Rahmen eines Multiple-Choice-Wettbewerbs zu stellen – entscheidend. Die Idee für einen Wettbewerb dieses Formats fanden französische Mathematiker bei Kollegen in Australien, daher rührt der Name „Känguru der Mathematik".

Für die Mathematik ist das genaue Begründen eines Resultates unverzichtbar und dies darf keinesfalls vergessen werden. Jedoch gelingt es, mit den abwechslungsreichen Aufgaben des Wettbewerbs, wo eine gefundene, manchmal nur erahnte Lösung nicht schriftlich exakt begründet werden muss, Schülerinnen und Schüler für die Beschäftigung mit mathematischen Fragestellungen zu gewinnen. Und schließlich gehören geschicktes Probieren, Vermuten und eine gute Intuition sehr wohl zum mathematischen Arbeiten dazu.

Die Attraktivität der Aufgaben rührt daher, dass aus mehr als 50 Teilnehmerländern Ideen einfließen, in denen sich die mathematischen und mathematikdidaktischen Traditionen dieser Länder widerspiegeln – und dass sie mit Liebe und Witz in die jeweilige Landessprache übertragen werden. Sie lassen sich gut in Zirkeln und Arbeitsgemeinschaften, in der Familie, in Vertretungsstunden und, wenn es passt, auch im Unterricht verwenden.

Beim Wettbewerb gibt es die Teilnehmergruppen Ecolier, Benjamin, Cadet, Junior und Student, die den Altersgruppen der Klassenstufen 3/4 bis 11/13 entsprechen, mit je einem Paket von Aufgaben, 24 für die Klassenstufen 3 bis 6, 30 für die Älteren. In Österreich kommt die Gruppe Felix für die Klassenstufen 1/2 mit 15 Aufgaben dazu. Für das Bearbeiten der Aufgaben stehen 75 Minuten zur Verfügung. Alljährlich ist am 3. Donnerstag im März „Kängurutag". Dann knobeln überall in den Teilnehmerländern Schülerinnen und Schüler über den gleichen Aufgaben.

Die Herausgeber gehören in ihren Ländern zu den Organisatoren des Känguruwettbewerbs. Um die Aufgaben für eine möglichst breite Verwendung gut zugänglich zu machen, haben sie die mathematisch interessantesten Beispiele der Jahre 2012 bis 2014 ausgewählt, sie inhaltlich sortiert sowie abschnittsweise nach steigender Schwierigkeit geordnet. Am Ende einer jeden Aufgabe findet sich kleingedruckt die Angabe, in welcher Altersgruppe und als wievielte Aufgabe das Beispiel in welchem Jahr im Wettbewerb zu lösen war. Während die Aufgaben für die deutschen und die deutsch-schweizerischen Teilnehmer von den Organisatoren aus beiden Ländern gemeinsam aus den international erarbeiteten Aufgabenvorschlägen in eine deutsche Fassung gebracht werden und folglich identisch sind, übertragen die österreichischen Organisatoren die Aufgaben separat. Da es gemäß Satzung gestattet ist, je Altersgruppe bis zu fünf der Aufgaben gegen andere zu tauschen, was vor allem dann getan wird, wenn die Voraussetzungen zum Lösen einer Aufgabe durch den Schullehrplan unzureichend sind, finden sich in der Sammlung auch Aufgaben, die nur in Deutschland und der Schweiz oder nur in Österreich im Wettbewerb gestanden haben.

Aufgaben, die mathematisch besonders interessant sind, werden bisweilen für mehr als eine Klassenstufe ausgewählt. Dann wird versucht, unterschiedliche Modelle zu finden oder andere Zahlenwerte zu wählen, um die Aufgaben an die verschiedenen Klassenstufen anzupassen. Einige solcher „Mehrfachaufgaben“ finden sich in zwei Varianten im Buch. Zu Beginn der Abschnitte wird darauf hingewiesen. Es ist als Anregung gedacht, wie sich aus einer schönen Aufgabe neue, vielleicht direkt auf die Adressaten zugeschnittene Beispiele schnell finden lassen.

Wie es in Aufgabensammlungen üblich ist, haben wir Aufgaben- und Lösungsteil getrennt. Die Lösungshinweise beginnen mit der Angabe des richtigen Lösungsbuchstabens und sind für die Aufgaben, die es für die Jüngeren zu lösen gab, möglichst vollständig aufgeschrieben. Bei den ohnehin umfangreicheren Lösungen der Beispiele für die Älteren sind die Hinweise oft kürzer gefasst.

Am Entstehen der vorliegenden Aufgabensammlung haben viele mitgewirkt. Das sind zuallererst die Erfinder der Aufgaben in den vielen Teilnehmerländern. Es folgen jene, die an der Erarbeitung der deutschsprachigen Aufgabenstellungen und an der Ausarbeitung und Korrektur der Lösungshinweise mitgewirkt haben. Neben den Herausgebern waren dies Martin Altmann, Birgit und Ulf Hutschenreiter, Antje Noack und Dorothea Vigerske aus Deutschland, Renate Gottlieb, Christoph Gruber, Gerhard Plattner und Andrea Windischbacher aus Österreich sowie Meike Akveld, Kathrin Battaglia, Maria Cannizzo, Marco Manni, Franz Meier, René Schelldorfer und Alfred Vogelsanger aus der Schweiz.

Frau Christine Fritzsch vom Fachbuchverlag Leipzig hat uns auch bei der Entstehung des vierten Bandes „Mathe mit dem Känguru“ mit vielen wertvollen Hinweisen sachkundig und ideenreich zur Seite gestanden. Für die sehr angenehme, vertrauensvolle Zusammenarbeit sprechen ihr die Herausgeber ein weiteres Mal ihren herzlichen Dank aus.

Berlin, Graz, Zürich, im Herbst 2014 Die Herausgeber

# Inhaltsverzeichnis

# 1 Zahlen und Rechnen

## 1.1 Rechnereien zum Aufwärmen

Wir beginnen die Aufgabensammlung des Känguru-Mathematikwettbewerbs mit leichten Übungen. Anhand möglichst vielgestaltiger Aufgaben soll Lust am Lösen entstehen und dabei die Rechenfertigkeit trainiert werden.

Bei den ersten Aufgaben genügt neben gründlichem Lesen oft schon aufmerksames Zählen. Die Grenze zwischen Zählen und Rechnen ist noch ganz unscharf. Dass es mit Rechnen oft besser geht, sollte sich beim Lösen als Erfahrung einstellen.

**A 1.1** Die Fenster im Haus gegenüber haben an den vergangenen fünf Tagen ganz unterschiedlich ausgesehen. An welchem Tag waren die meisten Jalousien vollständig heruntergelassen?

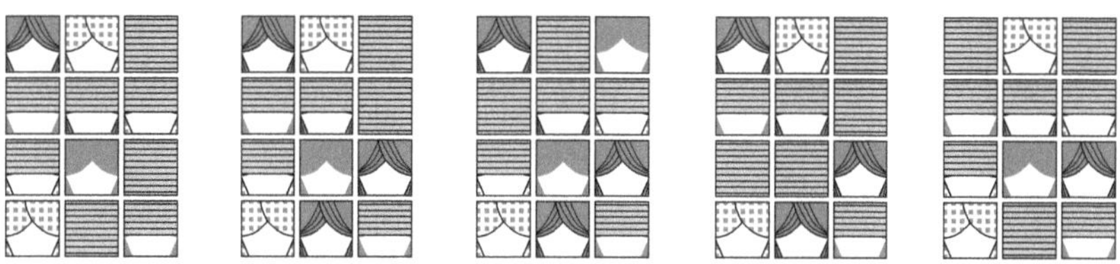

(**A**) Montag (**B**) Dienstag (**C**) Mittwoch (**D**) Donnerstag (**E**) Freitag

A-Eco (2), D/CH-3/4 (4) -13

**A 1.2** Onkel Oskar gießt im Sommer seine Blumen zweimal täglich, einmal am Morgen und einmal am Abend. Wie oft gießt Onkel Oskar die Blumen im Laufe von 2 Wochen?

(**A**) 14-mal (**B**) 18-mal (**C**) 24-mal (**D**) 28-mal (**E**) 30-mal

A-Eco (4), D/CH-3/4 (3) -14

**A 1.3** Zwei der fünf Häuser wurden aus denselben Figuren gelegt. Welche?

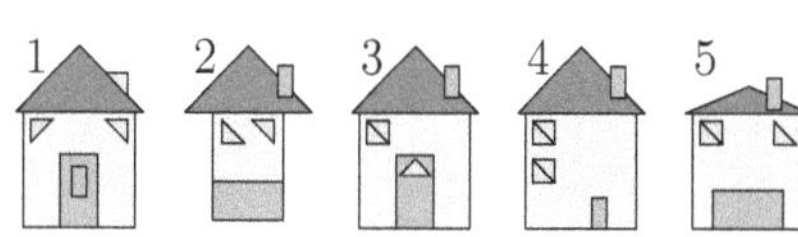


(**A**) 1 und 4 (**B**) 2 und 4 (**C**) 1 und 3 (**D**) 4 und 5 (**E**) 1 und 5

A-Eco (3), D/CH-3/4 (4) -14

**A 1.4** Wie viele Steine hat der rechte Stapel mehr als der linke?

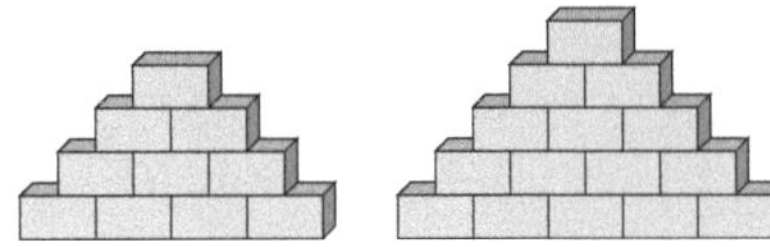

(**A**) 4 (**B**) 5 (**C**) 6 (**D**) 7 (**E**) 10

A-Eco (1) –13

---

**A 1.5** Maren bereitet eine Wandzeitung vor. Sie hat dafür große Buchstabenkarten, die sie anpinnt. Bei einigen Buchstaben hat sie sich beim Anpinnen vertan. Nun steht da:

Wie viele Karten muss Maren drehen, damit KÄNGURUWETTBEWERB dasteht?

(**A**) 3 (**B**) 4 (**C**) 5 (**D**) 6 (**E**) 7

A-Ben (1), D/CH-5/6 (1) –14

---

**A 1.6** Beim Stadtsportfest gewann unsere Schule 7-mal Gold, 9-mal Silber und 5-mal Bronze. Die Siegerschule brachte es sogar auf 8-mal Gold, 14-mal Silber und 4-mal Bronze. Wie viele Medaillen gewann die Siegerschule insgesamt mehr als unsere Schule?

(**A**) 3 (**B**) 5 (**C**) 6 (**D**) 7 (**E**) 9

A-Eco (15), D/CH-3/4 (3) –13

---

**A 1.7** In einer Schachtel befinden sich 3 Schachteln, und in jeder der 3 Schachteln sind wiederum 3 Schachteln. Wie viele Schachteln sind das insgesamt?

(**A**) 9 (**B**) 13 (**C**) 7 (**D**) 14 (**E**) 18

D/CH-3/4 (4) –12

---

**A 1.8** Bevor wir zur Wanderung aufbrechen, bereiten Jens und Frederik für alle die Sandwiches vor. Aus je 2 Scheiben Brot entsteht ein Sandwich. Sie verbrauchen 2 ganze und eine halbe Packung Brot. Jede ganze Packung enthält 12 Scheiben Brot. Wie viele Sandwiches können wir mitnehmen?

(**A**) 15 (**B**) 18 (**C**) 20 (**D**) 25 (**E**) 30

A-Eco (10), D/CH-5/6 (9) –13

**A 1.9** Janoš hat Muscheln gesammelt. Er legt daraus Dreiecke. Im 1. Dreieck sind 3 Muscheln. In jedes weitere Dreieck legt er jeweils eine Reihe Muscheln mehr. Wie viele Muscheln braucht Janoš für das 6. Dreieck?

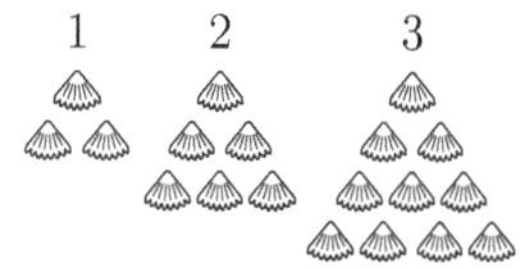


(**A**) 28 (**B**) 27 (**C**) 25 (**D**) 24 (**E**) 21

A-Eco (20), D/CH-3/4 (14) -14

**A 1.10** Jedes Mal, wenn Pinocchio schwindelt, wächst seine Nase um 6 cm. Jedes Mal, wenn er die Wahrheit spricht, wird sie 2 cm kürzer. Gestern früh war seine Nase 9 cm lang. Danach hat er bis zum Mittag 3-mal geschwindelt und 2-mal die Wahrheit gesagt. Wie lang war seine Nase beim Mittagessen?

(**A**) 10 cm (**B**) 14 cm (**C**) 19 cm (**D**) 23 cm (**E**) 25 cm

A-Eco (12), D/CH-3/4 (6) -13

**A 1.11** Zur Hochzeitsfeier meines Bruders haben wir auf jeden der 15 Tische einen Kerzenhalter gestellt. In die 6 Kerzenhalter von den Großeltern steckten wir jeweils 5 Kerzen, in alle anderen jeweils 3 Kerzen. Wie viele Kerzen waren insgesamt anzuzünden?

(**A**) 45 (**B**) 50 (**C**) 57 (**D**) 59 (**E**) 66

A-Eco (14), D/CH-3/4 (13) -12

**A 1.12** In der Tierkinderschule unterrichtet eine alte Eule 3 Häschen, einige Lämmer sowie 4 Enten- und 2 Gänseküken. Gemeinsam zählen sie die Beine aller Tierkinder, 44 sind es. „Nun rechnet mal, wie viele Lämmer in der Klasse sind“, spricht die Eule. Es sind

(**A**) 11 (**B**) 9 (**C**) 8 (**D**) 5 (**E**) 2

A-Eco (12), D/CH-3/4 (14) -12

**A 1.13** Im Flugzeug waren die Sitzreihen von 1 bis 25 nummeriert. Es gab keine Reihe mit der Nummer 13. Und die Reihe 15 am Notausstieg hatte nur 4 Sitze und nicht wie die anderen Reihen 6 Sitze. Wie viele Sitzplätze waren das insgesamt?

(**A**) 148 (**B**) 144 (**C**) 142 (**D**) 138 (**E**) 120

A-Ben (9), D/CH-5/6 (4) -12

**A 1.14** Wie viele Punkte befinden sich im Bild rechts?

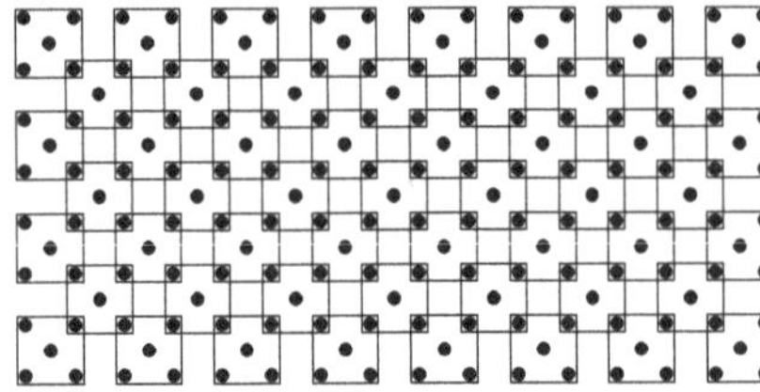

(**A**) 180 (**B**) 181
(**C**) 182 (**D**) 183
(**E**) 265

A-Eco (16) –14

---

**A 1.15** Gerhard hat die gleiche Anzahl an weißen, grauen und schwarzen Spielplättchen. Einige der kreisrunden Spielplättchen hat er zu einem Haufen gelegt. Die dafür verwendeten Spielplättchen sind alle im Bild zu sehen. Gerhard hat aber immer noch 5 Spielplättchen, die nicht auf dem Haufen liegen. Wie viele schwarze Spielplättchen hatte er am Anfang?

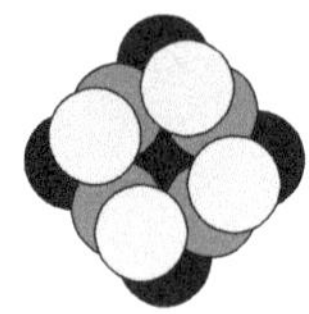

(**A**) 5 (**B**) 6 (**C**) 7 (**D**) 15 (**E**) 18

A-Eco (14) –14

---

**A 1.16** Ines und Lara spielen Darts. Beide haben drei Pfeile geworfen, wie die Bilder zeigen. Wer hat gewonnen und mit wie vielen Punkten Vorsprung?

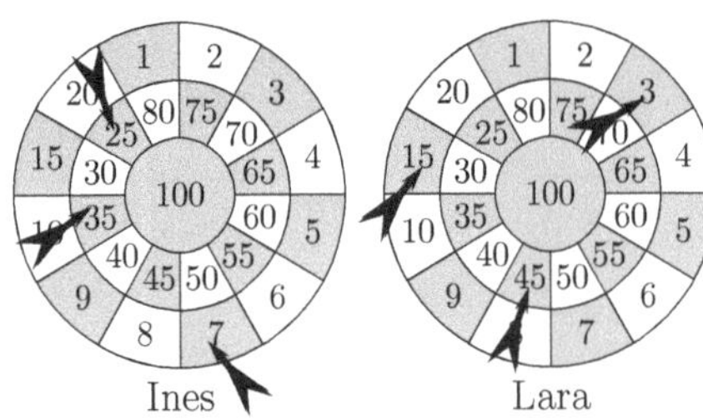


(**A**) Ines mit 3 Punkten Vorsprung
(**B**) Lara mit 4 Punkten Vorsprung
(**C**) Ines mit 2 Punkten Vorsprung
(**D**) Lara mit 2 Punkten Vorsprung
(**E**) Ines mit 4 Punkten Vorsprung

A-Eco (6), D/CH-3/4 (6) –12

---

**A 1.17** Im Sportcamp nehmen 7 Teilnehmer jeden Tag an einem Krafttraining teil. Die restlichen 9 Teilnehmer absolvieren dieses Training jeden zweiten Tag. Gestern fand das Krafttraining für 13 Teilnehmer statt. Wie viele Teilnehmer sind heute beim Krafttraining dabei?

(**A**) 3 (**B**) 7 (**C**) 9 (**D**) 10 (**E**) 13

A-Ben (11), D/CH-5/6 (12) –14

**A 1.18** Im Duschraum unserer Turnhalle mussten für Renovierungsarbeiten einige Bodenplatten entfernt werden. Wie viele *gestreifte* Platten fehlen auf dem Bild von unserem ganz regelmäßig ausgelegten Duschraumboden?

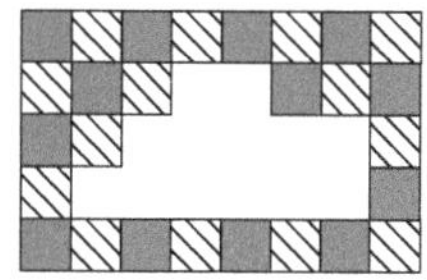

(A) 13 (B) 10 (C) 8 (D) 7 (E) 6

A-Eco (7), D/CH-3/4 (9) -12

**A 1.19** In Aylas Dominoschlange stoßen benachbarte Steine stets mit derselben Punktzahl aneinander. Zwei der Steine sind aus der Schlange herausgerutscht. Ayla hatte in der ursprünglichen Schlange die Punkte gezählt – es waren 35. Welche Punktzahl gehört an die Stelle des Fragezeichens?

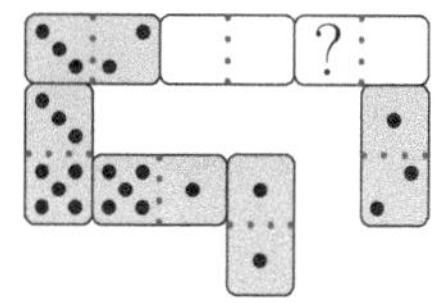


(A) 1 (B) 3 (C) 4 (D) 5 (E) 6

A-Eco (16), D/CH-3/4 (15) -12

**A 1.20** Meine Großeltern haben sich einen Teppich gekauft, der 90 cm breit und 1,50 m lang ist. Wie im Bild zu sehen, wechseln sich Quadrate mit Sonne und Mond im Muster ab. Wie viele Monde sind auf dem ausgebreiteten Teppich insgesamt zu sehen?

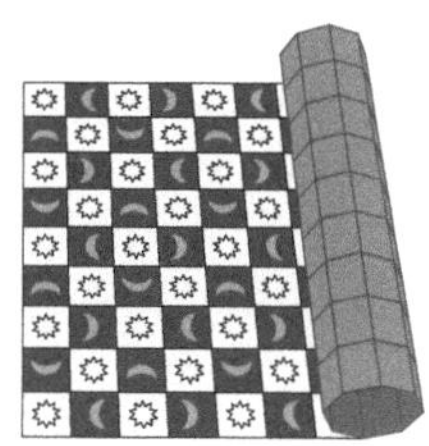

(A) 60 (B) 63 (C) 65 (D) 67 (E) 68

A-Eco (23), D/CH-3/4 (20) -13

## Jahreszahlen-Knobeleien

Im folgenden Abschnitt ist ein Angebot von Rechenaufgaben zusammengestellt, wobei in irgendeiner Weise die Jahreszahl des jeweiligen Wettbewerbsjahres einbezogen ist. Es sind – leider – nur wenige ganz leichte Aufgaben dabei, und für die am Ende aufgeführten Aufgaben sind oft schon Kenntnisse aus dem Schulstoff der höheren Klassen erforderlich.

**A 1.21** $20 - 14 + 2 - 0 + 1 - 4 =$

(A) 21 (B) 15 (C) 13 (D) 9 (E) 5

D/CH-3/4 (1) -14

**A 1.22** $2014 \cdot 2014 : 2014 - 2014 =$

(**A**) 2 (**B**) 0 (**C**) 1 (**D**) 4 (**E**) 2014

A-Kad (3), D/CH-7/8 (1) –14

**A 1.23** Als Präsident des Fördervereins „Kloster am Dom e. V." schreibt unser Mathematiklehrer regelmäßig die Klosterkolumne im Stadtboten. Dieses Jahr trug sie zum Jahresanfang den Titel „Klostermathematik". Darin stand: „2013 besteht aus vier aufeinanderfolgenden Ziffern, aus der 0, der 1, der 2 und der 3. Und unser schönes Kloster wurde in dem Jahr gegründet, in dem das letzte Mal die Jahreszahl aus aufeinanderfolgenden Ziffern bestand." Wie alt ist das Kloster?

(**A**) 581 Jahre (**B**) 671 Jahre (**C**) 689 Jahre
(**D**) 770 Jahre (**E**) 779 Jahre

A-Jun (22) und Stu (5), D/CH-11/13 (8) –13

**A 1.24** In mein Mathematikheft habe ich eine Additionsaufgabe geschrieben. Die Summe ist 2013. Welche Zahlen ich addiert habe, weiß ich nicht mehr. Aber ich erinnere mich, dass die Zahlen nur aus den Ziffern 0 und 1 bestanden. Wie viele Zahlen habe ich mindestens addiert?

(**A**) 3 (**B**) 4 (**C**) 6 (**D**) 10 (**E**) 13

D/CH-3/4 (22) –13

**A 1.25** An der Tafel stehen der Größe nach geordnet alle 4-stelligen Zahlen, die eine 2, eine 0, eine 1 und eine 3 als Ziffer enthalten. Welches ist die größte Differenz zwischen zwei benachbarten Zahlen?

(**A**) 702 (**B**) 703 (**C**) 693 (**D**) 793 (**E**) 198

A-Kad (17), D/CH-7/8 (17) –13

**A 1.26** Durch welche der folgenden Zahlen kann die Differenz $2013 - 1023$ *nicht* ohne Rest geteilt werden?

(**A**) 2 (**B**) 3 (**C**) 5 (**D**) 7 (**E**) 11

A-Jun (1), D/CH-9/10 (4) –13

**A 1.27** Am 15.3.2012, dem Kängurutag 2012, lautete die „Bruchrechnung des Tages“: $\frac{15}{3} + \frac{20}{12} =$

(A) $\frac{35}{15}$ (B) $\frac{15}{12}$ (C) $\frac{20}{3}$ (D) $\frac{35}{12}$ (E) $\frac{10}{3}$

D/CH-9/10 (1) –12

**A 1.28** $\frac{20}{100} + \frac{14}{1000} =$

(A) 0,2104 (B) 2,14 (C) 2,014 (D) 0,034 (E) 0,214

D/CH-9/10 (1) –14

**A 1.29** Welche der folgenden Aussagen ist richtig?

(A) $\frac{1503}{2012} = \frac{3}{4}$ (B) $\frac{1503}{2012} = \frac{1}{2}$ (C) $\frac{1503}{2012} > \frac{3}{4}$ (D) $\frac{1503}{2012} = \frac{2}{3}$ (E) $\frac{1503}{2012} < \frac{3}{4}$

D/CH-7/8 (9) –12

**A 1.30** Welche der folgenden Zahlen ist die größte?

(A) 2013 (B) $2^{(0+13)}$ (C) $20^{13}$ (D) $201^3$ (E) $20 \cdot 13$

A-Stu (1), D/CH-11/13 (1) –13

**A 1.31** Welche der folgenden Zahlen ist die größte?

(A) $\sqrt{20} \cdot \sqrt{13}$ (B) $\sqrt{20} \cdot 13$ (C) $20 \cdot \sqrt{13}$ (D) $\sqrt{201} \cdot 3$ (E) $\sqrt{2013}$

A-Jun (10), D/CH-9/10 (10) –13

**A 1.32** In der Jahreszahl 2014 ist die letzte Ziffer größer als die Summe der anderen drei Ziffern und alle Ziffern sind verschieden. Wann war dies das letzte Mal der Fall?

(A) vor 215 Jahren (B) vor 305 Jahren (C) vor 395 Jahren
(D) vor 405 Jahren (E) vor 485 Jahren

A-Stu (10), D/CH-11/13 (10) –14

## Kompliziertere Rechenaufgaben

**A 1.33** In einer Freistunde haben wir „Rechenschlangen“ erfunden, bei denen 2012 herauskommt. Tom hat sich für seine „Rechenschlange“ eine Zahl ausgedacht und sie mit sich selbst multipliziert. Vom Ergebnis hat er 9 abgezogen und dann nacheinander mit 10 multipliziert, dann halbiert und dann noch einmal mit 10 multipliziert. Ganz zuletzt hat er 12 addiert und 2012 erhalten. Welche Zahl hat Tom sich ausgedacht?

(A) 11 (B) 1 (C) 5 (D) 8 (E) 7

A-Eco (22), D/CH-3/4 (20) –12

**A 1.34** Roger schreibt an die Tafel: $1 + 3 + 6 \cdot 2 = 22$. „Das stimmt doch gar nicht!“, ruft Barbara. Roger vergrößert geschwind eine der Zahlen um 1. Jetzt ist Barbara zufrieden, die Rechnung stimmt. Welche der ursprünglichen Zahlen hat Roger um 1 vergrößert?

(A) 1 (B) 3 (C) 6 (D) 2 (E) 22

D/CH-5/6 (3) –13

**A 1.35** Die Differenz aus der kleinsten durch 3 teilbaren 4-stelligen Zahl und der größten durch 4 teilbaren 3-stelligen Zahl ist gleich

(A) 7 (B) 6 (C) 5 (D) 3 (E) 2

A-Jun (8), D/CH-9/10 (8) –13

**A 1.36** Ich rechne: $1 + 1 \cdot 3 + 1 \cdot 3 \cdot 5 + 1 \cdot 3 \cdot 5 \cdot 7 + 1 \cdot 3 \cdot 5 \cdot 7 \cdot 9$. Auf welche Ziffer endet das Ergebnis dieser Rechnung?

(A) 1 (B) 3 (C) 5 (D) 7 (E) 9

D/CH-7/8 (4) –14

**A 1.37** Welche der folgenden Rechnungen liefert das größte Ergebnis?

(A) $33 \cdot 777$ (B) $55 \cdot 666$ (C) $66 \cdot 444$ (D) $77 \cdot 333$ (E) $99 \cdot 222$

A-Kad (9), D/CH-7/8 (15) –14

**A 1.38** Genau einer der folgenden Ausdrücke ändert seinen Wert nicht, wenn die Zahl 8 durch eine beliebige andere positive Zahl ersetzt wird, und zwar jede 8 durch dieselbe andere Zahl. Welcher Ausdruck ist das?

(**A**) $(8+8):8+8$ (**B**) $8\cdot(8+8):8$ (**C**) $8+8-8+8$
(**D**) $(8+8-8)\cdot 8$ (**E**) $(8+8-8):8$

A-Kad (17), D/CH-7/8 (19) -12

# 1.2 Kleine Rechengeschichten

## Rechnen mit Sekunde und Stunde, mit Tag und Jahr

*Ähnliche Aufgaben*: **1.45** und **1.46**

**A 1.39** Um 14:20 Uhr steigen wir in Hamburg in den Zug nach Basel. Dort kommen wir um 20:14 Uhr an. Wie viele Minuten sind wir unterwegs?

(**A**) 344 (**B**) 354 (**C**) 364 (**D**) 374 (**E**) 384

D/CH-3/4 (5) -14

**A 1.40** Am Wochenende war ich im Spaßbad zuerst an der großen Rutsche und nachher am künstlichen Wasserfall. Um 15:05 Uhr ging der Wasserfall das erste Mal los, und dann immer im Abstand von einer Viertelstunde. Als der Wasserfall gerade das 5. Mal losging, rief mich meine Mutter zum Nachhausegehen. Wie spät war es da?

(**A**) 15:20 Uhr (**B**) 15:25 Uhr (**C**) 15:50 Uhr (**D**) 16:05 Uhr (**E**) 16:20 Uhr

A-Ben (7), D/CH-5/6 (7) -13

**A 1.41** Das Jahr 2012 war ein Schaltjahr, da hat der Februar 29 Tage. Am 15. März 2012, dem Känguru-Tag im Jahr 2012, waren die kleinen Entenküken meines Großvaters 20 Tage alt. Wann sind sie geschlüpft?

(**A**) am 19. Februar (**B**) am 21. Februar (**C**) am 23. Februar
(**D**) am 24. Februar (**E**) am 26. Februar

A-Eco (8), D/CH-3/4 (8) -12

**A 1.42** Samstags fährt ab 6 Uhr morgens stündlich ein ICE von Hamburg nach München. Die Fahrt dauert etwa 6 Stunden. Wie viele ICEs sind um 12:30 Uhr von Hamburg nach München unterwegs?

(A) 2 (B) 3 (C) 4 (D) 5 (E) 6

A-Kad (7), D/CH-7/8 (1) -13

**A 1.43** Jonas war heute schon 25 Minuten vor Beginn der Judo-AG in der Turnhalle. Leo kam ganz pünktlich um 15:45. Er wurde dort von Tobias erwartet, der eine Viertelstunde nach Jonas eingetroffen war. Wann kam Tobias?

(A) um 15:05 (B) um 15:20 (C) um 15:30 (D) um 15:35 (E) um 15:55

D/CH-3/4 (12) -13

**A 1.44** In Annikas Schule findet jedes Jahr stets am 4. Dienstag im Januar der „Tag der offenen Tür“ statt. Welches ist das frühestmögliche Januar-Datum, an dem der „Tag der offenen Tür“ stattfinden kann?

(A) 20. Januar (B) 21. Januar (C) 22. Januar
(D) 23. Januar (E) 24. Januar

A-Jun (1), D/CH-9/10 (3) -14

**A 1.45** Als ich die alte Taschenuhr meines Großvaters neben die Landkarte auf den Tisch legte, zeigte der Minutenzeiger exakt nach Süden. Und als ich – nach weniger als einer Stunde – mit meinen Geographiehausaufgaben fertig war, zeigte er nach Osten. Wie viele Minuten waren vergangen?

(A) 45 (B) 40 (C) 36 (D) 30 (E) 15

A-Kad (3), D/CH-7/8 (3) -12

**A 1.46** Als ich die alte Taschenuhr meines Großvaters neben die Landkarte auf den Tisch legte, wies der Minutenzeiger exakt nach Nordost. Und als ich – nach weniger als einer Stunde – mit meinen Geographiehausaufgaben fertig war, wies er nach Nordwest. Wie viele Minuten waren vergangen?

(A) 45 (B) 42 (C) 40 (D) 36 (E) 30

A-Jun (3), D/CH-9/10 (2) -12

**A 1.47** Sechs Wochen sind genau $1 \cdot 2 \cdot 3 \cdot \ldots \cdot n$ Sekunden. Wie groß ist $n$?

(A) 6 (B) 7 (C) 8 (D) 10 (E) 12

A-Stu (15), D/CH-11/13 (14) -14

## Rechnen mit Euro und Cent

**A 1.48** Weil Sabinas eben gekaufter Luftballon gleich zerplatzt ist, will ihre Schwester neue Luftballons kaufen. „Ich hab noch 5 Cent. Wenn du mir 13 Cent dazugibst, reicht es genau, um 3 Ballons zu kaufen", sagt sie zu Sabina. Wie teuer ist ein Luftballon?

(A) 4 Cent (B) 5 Cent (C) 6 Cent (D) 8 Cent (E) 12 Cent

A-Eco (10), D/CH-3/4 (10) - 12

**A 1.49** Ich habe 20-Cent-Münzen, 10-Cent-Münzen, 2-Cent-Münzen und 1-Cent-Münzen. Du darfst dir von einer Sorte eine Münze, von einer 2. Sorte 2 Münzen und von einer 3. Sorte 3 Münzen nehmen. Wie viel Cent kannst du dir höchstens nehmen?

(A) 96 Cent (B) 82 Cent (C) 75 Cent (D) 62 Cent (E) 61 Cent

D/CH-3/4 (10) -14

**A 1.50** Auf dem Jahrmarkt fährt Johanna einmal mit dem Karussell. Ihr Freund Aaron fährt 4-mal mit dem Karussell und bezahlt 6 Euro mehr als Johanna. Wie viel kostet eine Fahrt mit dem Karussell?

(A) 1 Euro (B) 2 Euro (C) 3 Euro (D) 4 Euro (E) 5 Euro

D/CH-7/8 (1) -12

**A 1.51** Wenn ich 16 Mini-Puddings zu einem Preis von je 20 Cent kaufen will und im Laden meiner Wahl jeder sechste Pudding kostenlos dazugegeben wird, wie viel habe ich dann für die 16 Mini-Puddings zu zahlen?

(A) 1,60 € (B) 2,00 € (C) 2,80 € (D) 3,20 € (E) 3,80 €

A-Jun (3), D/CH-9/10 (3) -13

## Rechnen mit Brüchen

Die folgenden Bruchrechenaufgaben lassen sich natürlich von Jeder und Jedem lösen, der die Rechenregeln beherrscht. Wer allerdings etwas mehr Erfahrung im Umgang mit Brüchen hat, mühelos erweitern und kürzen kann und ein gutes Gespür für Größenverhältnisse hat, wird sicher schneller und mit mehr Vergnügen zur Lösung kommen.

**A 1.52** Da ich weiß, dass $\frac{1111}{101} = 11$ ist, kann ich leicht die folgende Differenz ausrechnen: $\frac{3333}{101} - \frac{6666}{303} =$

(**A**) 0 (**B**) 3 (**C**) 6 (**D**) 11 (**E**) 33

A-Kad (2), D/CH-7/8 (4) –13

**A 1.53** Wilma will wissen, zwischen welchen zwei aufeinanderfolgenden ganzen Zahlen das Ergebnis der Rechnung $2 + \frac{1}{2} + 3 + \frac{1}{3} + 4 + \frac{1}{4} + 5 + \frac{1}{5} + 6 + \frac{1}{6}$ liegt. Es liegt zwischen

(**A**) 20 und 21 (**B**) 21 und 22 (**C**) 22 und 23 (**D**) 23 und 24 (**E**) 24 und 25

D/CH-7/8 (13) –14

**A 1.54** Welche der folgenden Zahlen ist um ebensoviel kleiner als $\frac{4}{5}$ wie sie größer als $\frac{2}{3}$ ist?

(**A**) $\frac{11}{15}$ (**B**) $\frac{7}{8}$ (**C**) $\frac{7}{10}$ (**D**) $\frac{6}{15}$ (**E**) $\frac{5}{8}$

A-Jun (4), D/CH-9/10 (9) –14

**A 1.55** Wenn Wasser gefriert, vergrößert sich sein Volumen um $\frac{1}{11}$. Wenn Eis schmilzt, verringert sich dessen Volumen also um

(**A**) $\frac{1}{10}$ (**B**) $\frac{1}{11}$ (**C**) $\frac{1}{12}$ (**D**) $\frac{1}{13}$ (**E**) $\frac{1}{14}$

A-Stu (10), D/CH-11/13 (11) –13

**A 1.56** Aus den Zahlen $1, 2, 3, \ldots, 12$ bilden wir 6 Brüche, in denen jede der Zahlen genau einmal auftaucht, entweder im Zähler oder im Nenner. Wenn wir die Brüche geschickt bilden, lassen sich einige von ihnen zu ganzen Zahlen kürzen. Wie viele sind das höchstens?

(A) 2 (B) 3 (C) 4 (D) 5 (E) 6

A-Jun (26), D/CH-9/10 (21) -13

## Rechnen mit speziellen Brüchen – Prozentrechnung

**A 1.57** Melissa möchte neue Knieschützer kaufen. Die kosten eigentlich 10 €, doch gerade gibt es 20 % Rabatt. Dank einer Sonderaktion erhält sie an der Kasse noch einmal 10 % Rabatt auf den bereits reduzierten Preis. Wie viel muss Melissa für die Knieschützer zahlen?

(A) 7,20 € (B) 7,40 € (C) 7,60 € (D) 7,80 € (E) 8 €

D/CH-7/8 (10) -14

**A 1.58** Am Ende der Woche gibt es bei unserem Gemüsehändler oft Sonderangebote. Am Freitagnachmittag war der Preis für Äpfel aus der Region um 10 % gegenüber dem Preis vom Donnerstag herabgesetzt. Und am Samstag war der Apfelpreis noch einmal um 20 % niedriger als am Freitagnachmittag. Um wie viel Prozent war der Preis am Samstag niedriger als am Donnerstag?

(A) um 30 % (B) um 28 % (C) um 27 % (D) um 25 % (E) um 24 %

D/CH-9/10 (15) -12

**A 1.59** Nach einem recht harten Test in Geographie stellt eine der Schülerinnen fest: „Schade, hätte jedes von den Mädchen aus unserer Klasse bei dem Test 3 Punkte mehr bekommen, dann wäre der Punktedurchschnitt unserer Klasse um 1,2 Punkte höher und wir wären besser als die Parallelklasse.“ Wie viel Prozent der Schüler in dieser Klasse sind Mädchen?

(A) 40 % (B) 50 % (C) 60 % (D) 70 % (E) 80 %

A-Jun (14), D/CH-9/10 (23) -13

**A 1.60** Der Durchschnitt zweier positiver Zahlen ist um 30 % kleiner als die größere der beiden Zahlen. Um wie viel Prozent ist der Durchschnitt dann größer als die kleinere der beiden Zahlen?

(**A**) um 75 % (**B**) um 70 % (**C**) um 50 % (**D**) um 30 % (**E**) um 25 %

A-Kad (20), D/CH-7/8 (25) –14

**A 1.61** In der neuen Ausgabe unserer Schülerzeitung ist ein Bericht über die sportbegeisterte Klasse 5a. Darin steht, dass an jeder der vier angebotenen Sport-Arbeitsgemeinschaften 80 % der Kinder teilnehmen, einige sogar an mehreren. Nun stellt sich die Frage: Wie viel Prozent der Kinder sind es mindestens, die an *allen vier* AGs teilnehmen?

(**A**) 80 % (**B**) 60 % (**C**) 40 % (**D**) 20 % (**E**) 16 %

A-Stu (13), D/CH-11/13 (14) –12

**A 1.62** Ein Frischkäse hat laut Etikett einen Fettgehalt von 24 %, während der Fettgehalt in Trockenmasse 64 % beträgt. Wie viel Prozent Wasser sind in diesem Käse?

(**A**) 88 % (**B**) 62,5 % (**C**) 49 % (**D**) 42 % (**E**) 37,5 %

A-Stu (17), D/CH-11/13 (18) –14

**A 1.63** Seit einiger Zeit beobachten Biologen zwei Arten einer nur auf einer Insel vorkommenden Froschgattung, eine blaue und eine grüne. Durch eine langanhaltende Dürre sank die Zahl der blauen Frösche um 60 %. Die Zahl der grünen Frösche stieg hingegen gleichzeitig um 60 %. Bemerkenswerterweise ist das Verhältnis der Anzahl der blauen Frösche zur Anzahl der grünen Frösche vor der Dürre gleich dem Verhältnis der Anzahl der grünen Frösche zur Anzahl der blauen Frösche danach. Um welchen Prozentsatz hat sich die Gesamtzahl der Frösche verändert?

(**A**) um 0 % (**B**) um 20 % (**C**) um 30 % (**D**) um 40 % (**E**) um 50 %

A-Jun (24), D/CH-9/10 (28) –14

## Rechnen mit Potenzen

**A 1.64** Die Summe $4^3 + 8^2$ lässt sich als Potenz mit der Basis 2 schreiben, und zwar als

(**A**) $2^5$ (**B**) $2^6$ (**C**) $2^7$ (**D**) $2^8$ (**E**) $2^9$

A-Jun (6), D/CH-9/10 (6) –13

**A 1.65** Als ich bemerke, dass $2^4 = 4^2$ ist, probiere ich, ob das für 2 und 8 auch gilt. Da klappt es aber nicht, denn $2^8$ ist größer als $8^2$, und zwar

(**A**) 2-mal so groß (**B**) 4-mal so groß (**C**) 8-mal so groß
(**D**) 16-mal so groß (**E**) 32-mal so groß

D/CH-11/13 (6) –13

**A 1.66** Wie viele Stellen hat die Zahl $(2^3)^4 \cdot (5^4)^3$ ?

(**A**) 7 (**B**) 8 (**C**) 9 (**D**) 12 (**E**) 13

A-Stu (7), D/CH-11/13 (8) –14

**A 1.67** $\sqrt[3]{2\sqrt{2}} =$

(**A**) 1 (**B**) $\sqrt{2}$ (**C**) $\sqrt[6]{4}$ (**D**) $\sqrt[3]{4}$ (**E**) 2

A-Stu (5), D/CH-11/13 (9) –12

**A 1.68** Die letzte von Null verschiedene Ziffer der Zahl $2^{59} \cdot 3^4 \cdot 5^{53}$ ist

(**A**) 1 (**B**) 2 (**C**) 4 (**D**) 6 (**E**) 9

A-Jun (24), D/CH-9/10 (22) –12

**A 1.69** Die dritte Wurzel aus $3^{(3^3)}$ ist gleich

(**A**) $3^{(3^2)}$ (**B**) $3^3$ (**C**) $3^{(3^3-1)}$ (**D**) $3^{(2^3)}$ (**E**) 3

A-Stu (4), D/CH-11/13 (9) –13

## Vermischtes

*Ähnliche Aufgaben*: **1.72** und **1.73** sowie **1.74** und **1.79**

**A 1.70** Beim Wettrennen des kleinen Muck gegen Hasan, den Oberleibläufer des Sultans, gewann der kleine Muck auf seinen Zauberpantoffeln mit riesigem Vorsprung. Als Muck das Ziel erreichte, war Hasan erst 500 m, ein Achtel der Strecke, gelaufen.

Welche Strecke hat der kleine Muck vom Start bis zum Ziel zurückgelegt?

(**A**) 1 km (**B**) 2 km (**C**) 4 km (**D**) 5 km (**E**) 8 km

A-Ben (3), D/CH-5/6 (2) –13

**A 1.71** Im Wäldchen spielen wir oft Verstecken. Heute sind wir 13 Kinder. Boris muss suchen. Nach einer Weile hat er 9 von uns gefunden. Wie viele sind noch versteckt?

(**A**) 3 (**B**) 4 (**C**) 5 (**D**) 9 (**E**) 12

A-Eco (5), D/CH-3/4 (7) –12

**A 1.72** Bei unserer ersten Klassenfahrt waren wir 24 Kinder. Am 2. Tag gab es ein Schachturnier mit 12 Teilnehmern und ein Tischtennisturnier mit 16 Teilnehmern. Alle haben mitgemacht, einige sogar bei beiden Turnieren. Wie viele waren bei beiden dabei?

(**A**) 4 (**B**) 5 (**C**) 6 (**D**) 7 (**E**) 8

A-Eco (16), D/CH-3/4 (11) –13

**A 1.73** Bevor Konrad seine 20 Kekse in den Backofen schiebt, dekoriert er 15 der Kekse mit Rosinen, dann 15 der Kekse mit Mandeln. Einige Kekse sind nun mit beidem dekoriert, also mit Rosinen *und* Mandeln. Wie viele solche Kekse gibt es *mindestens*?

(**A**) 10 (**B**) 7 (**C**) 5 (**D**) 9 (**E**) 8

A-Eco (11), D/CH-3/4 (11) –12

**A 1.74** Ein Drache besitzt fünf Köpfe. Jedesmal, wenn man ihm einen Kopf abschlägt, wachsen fünf neue Köpfe nach. Nacheinander werden ihm sechs Köpfe abgeschlagen. Wie viele Köpfe hat der Drache danach?

(**A**) 25 (**B**) 28 (**C**) 29 (**D**) 30 (**E**) 31

A-Kad (6) -12

**A 1.75** Verursacht durch anhaltenden Regen ist im Dorf der Wasserstand des Mühlbachs stark gestiegen. Das Diagramm zeigt den Verlauf in den letzten 15 Tagen. An wie vielen Tagen stand das Wasser höher als der kritische Wasserstand von 2,10 m?

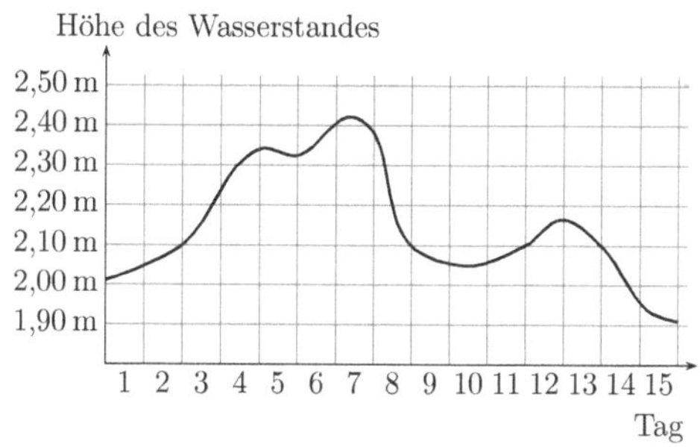


(**A**) 4 (**B**) 6 (**C**) 8
(**D**) 10 (**E**) 12

A-Stu (2), D/CH-11/13 (1) -12

**A 1.76** Mit einem Ballon kann ein Korb mit einem bis zu 80 kg schweren Inhalt gehoben werden. Mit zwei solchen Ballons kann derselbe Korb gehoben werden, wenn sich im Korb bis zu 180 kg befinden. Wie schwer ist der leere Korb?

(**A**) 10 kg (**B**) 20 kg (**C**) 30 kg (**D**) 40 kg (**E**) 50 kg

A-Ben (10), D/CH-5/6 (5) -12

**A 1.77** Vier Zahnräder sind so miteinander verbunden, wie es in der Zeichnung rechts zu sehen ist. Sie haben – von links nach rechts – 30, 15, 60 und 10 Zähne. Wie viele Umdrehungen macht das kleinste Rad, wenn das Rad ganz links eine Umdrehung macht?

(**A**) 3 (**B**) 4 (**C**) 6 (**D**) 8 (**E**) 9

A-Ben (18), D/CH-5/6 (17) -12

**A 1.78** Um 30 frische Eier für Aschenbrödels Hochzeitstorte zu kaufen, geht der Koch auf den Markt. Da steht die Eier-Marie und bietet Eier in Körbchen zu 6 oder 8 oder 9 Stück an. Wie viele Körbchen muss der Koch mindestens kaufen?

(A) 2 (B) 3 (C) 4 (D) 5 (E) 7

A-Eco (14), D/CH-3/4 (8) –13

**A 1.79** Von ihren 206 Sammelkarten nimmt Marina 6 Karten zum Tauschen in die Schule mit. In der Pause kann sie 5 dieser Karten tauschen, jede gegen 3 andere. Wie viele Karten hat Marina jetzt?

(A) 213 (B) 214 (C) 215 (D) 216 (E) 217

D/CH-7/8 (5) –12

**A 1.80** Olli hat zu Weihnachten ein Kaninchen bekommen. Sein Vater passt auf, dass das Kaninchen gesund ernährt wird. Olli darf täglich füttern: entweder 9 Petersilienstängel oder 2 Möhren oder eine Möhre und 4 Petersilienstängel. Letzte Woche hat Olli 30 Petersilienstängel verfüttert. Wie viele Möhren hat er letzte Woche verfüttert?

(A) 6 (B) 7 (C) 8 (D) 9 (E) 10

A-Eco (15), D/CH-3/4 (21) –14

## 1.3 Teilbarkeit im Text versteckt

**A 1.81** Wilhelm trifft zweimal die Zielscheibe. Für jeden Treffer bekommt er die entsprechende Punktzahl. Welche der folgenden Zahlen kann *nicht* die Summe seiner Trefferpunkte sein?

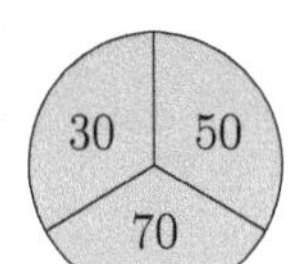


(A) 60 (B) 80 (C) 90 (D) 100 (E) 140

A-Eco (12), D/CH-3/4 (11) –14

**A 1.82** Von Eriks Mitschülern sind doppelt so viele Mädchen wie Jungen. Welche der folgenden Zahlen könnte die Anzahl *aller* Kinder in Eriks Klasse sein?

(A) 30 (B) 25 (C) 20 (D) 29 (E) 24

A-Eco (18), D/CH-3/4 (18) –12

**A 1.83** Die Zahl 35 kann ohne Rest durch ihren Einer 5 geteilt werden, denn $35 : 5 = 7$. Das ist eine besondere Eigenschaft, 38 ist beispielsweise nicht durch ihren Einer 8 teilbar. Wie viele der Zahlen 22, 23, 24, 25, 26, 27, 28 und 29 sind durch ihren Einer teilbar?

(A) 2 (B) 3 (C) 4 (D) 5 (E) 6

A-Eco (17) und Ben (9), D/CH-3/4 (16) -13

**A 1.84** Unter den Zahlen 1, 4, 8, 10, 20, 25 und 50 gibt es drei, deren Produkt 100 ist. Wie groß ist die Summe dieser drei Zahlen?

(A) 37 (B) 31 (C) 34 (D) 22 (E) 30

A-Jun (4), D/CH-9/10 (2) -13

**A 1.85** Caroline hat ein neues Kartenspiel. Sie mischt die Karten und verteilt alle 36 an ihre Mitspieler. Jeder bekommt dieselbe Anzahl. Wie viele Mitspieler sind es gewiss nicht?

(A) 9 (B) 8 (C) 6 (D) 4 (E) 3

A-Eco (11), D/CH-3/4 (13) -13

**A 1.86** Clown Alfredo hat für seine neue Show 42 Flöhe dressiert. Auf ein Signal ordnen sich alle zu lauter gleich großen Gruppen. Welche der folgenden Zahlen kann sicher *nicht* die Anzahl der Gruppen sein?

(A) 2 (B) 6 (C) 7 (D) 12 (E) 14

D/CH-11/13 (3) -12

**A 1.87** Die durchschnittliche Anzahl von Kindern in 5 Familien ist ganz sicher nicht

(A) 1,2 (B) 1,6 (C) 2,2 (D) 2,4 (E) 2,5

A-Kad (8), D/CH-7/8 (8) -13

# 2 Gleichungen, Ungleichungen und Funktionen

## 2.1 Lineare Gleichungen

### Terme und einfache lineare Gleichungen

Schauen wir uns in unserer Umgebung um, so finden wir an vielen Orten Dinge, die zueinander in einem Zusammenhang stehen, der sich mathematisch formulieren lässt – in einer Gleichung. Auftauchende Fragen können durch Lösen der Gleichung entschieden werden. Oft lassen sich die Fragen jedoch auch beantworten, wenn der Weg nicht über die Gleichung gewählt wird.

Im folgenden Abschnitt sind kleine Fragestellungen zusammengetragen, in denen wir uns der Verwendung von Gleichungen nähern.

*Ähnliche Aufgaben*: **2.9** und **2.32**

**A 2.1** Zur Zahl 6 addiere ich 3. Das Resultat multipliziere ich mit 2. Und dann addiere ich noch 1. Wie kann ich meine Rechnung schreiben?

(**A**) $(6+3\cdot 2)+1$  (**B**) $6+3\cdot 2+1$  (**C**) $(6+3)\cdot(2+1)$
(**D**) $(6+3)\cdot 2+1$  (**E**) $6+3\cdot(2+1)$

A-Ben (7), D/CH-5/6 (7) –12

**A 2.2** Nadja mag ihren Kater Pepe sehr und beobachtet ihn genau. Pepe hat im Dezember genau 3 Wochen geschlafen. Wie viele Stunden war Pepe im Dezember wach?

(**A**) $(31-7)\cdot 3\cdot 24$  (**B**) $(31-7)\cdot 24$  (**C**) $(31-7\cdot 3)\cdot 24\cdot 60$
(**D**) $(30-7\cdot 3)\cdot 24$  (**E**) $(31-7\cdot 3)\cdot 24$

A-Eco (18), D/CH-3/4 (19) –13

**A 2.3** Kilian hat eine Melone eingekauft. Sie wiegt 900 g. Seine Mutter teilt die Melone in vier Teile, drei davon sind zusammen ebenso schwer wie der vierte Teil. Wie viel wiegt der schwerste Teil?

(**A**) 250 g  (**B**) 300 g  (**C**) 400 g  (**D**) 450 g  (**E**) 600 g

A-Ben (2), D/CH-5/6 (7) –14

**A 2.4** Wenn $15 \cdot 16 = 20 \cdot x$ ist, für welche Zahl steht dann $x$?

(**A**) 5 (**B**) 6 (**C**) 8 (**D**) 10 (**E**) 12

D/CH-7/8 (6) –12

**A 2.5** Mutter Maus hat eine Packung Käsewürfel gefunden. Die teilt sie unter ihren Söhnen auf. Der älteste bekommt die Hälfte. Der zweitälteste bekommt die Hälfte vom Rest. Der drittälteste bekommt die Hälfte der restlichen Käsewürfel. Jetzt sind noch 6 Käsewürfel übrig, die bekommt der jüngste. Wie viele Käsewürfel waren in der Packung?

(**A**) 12 (**B**) 18 (**C**) 20 (**D**) 24 (**E**) 48

A-Eco (9), D/CH-3/4 (12) –14

**A 2.6** Johann hat sein neues Aquarium schon mit Steinen ausgelegt. Er füllt Wasser ein, bis das Aquarium zur Hälfte gefüllt ist. Dann gießt er weitere 8 Liter Wasser hinein. Jetzt ist es zu drei Vierteln gefüllt. Welches Volumen hat das Aquarium insgesamt?

(**A**) 20 Liter (**B**) 24 Liter (**C**) 30 Liter (**D**) 32 Liter (**E**) 40 Liter

A-Kad (7), D/CH-7/8 (6) –14

**A 2.7** Heute angelt Helga lauter kleine Fische. „Die sind aber winzig!“, denkt sie. „Da sind ja drei zusammen kaum so groß wie die Fische, die ich sonst fange. Ach, hätte ich doch dreimal so viele gefangen, wie ich gefangen habe! Dann hätte ich 12 mehr als ich jetzt habe.“ Wie viele Fische hat Helga heute geangelt?

(**A**) 2 (**B**) 3 (**C**) 4 (**D**) 5 (**E**) 6

A-Ben (18) und Kad (5), D/CH-5/6 (11) –13

**A 2.8** Es gilt $\dfrac{\bigstar + 3}{12} = \dfrac{9 + \bigstar}{20}$. Für welche Zahl steht der Stern?

(**A**) 4 (**B**) 5 (**C**) 6 (**D**) 8 (**E**) 12

D/CH-7/8 (8) –14

**A 2.9** Im letzten Jahr hatten Karl und Konrad noch gemeinsam am Seifenkistenrennen teilgenommen. In diesem Jahr versuchten sie getrennt ihr Glück. Am Ende kamen vor Karl doppelt so viele Teilnehmer ins Ziel wie hinter Konrad. Und vor Konrad lagen dreimal so viele Teilnehmer wie hinter Karl. Karl belegte Platz 21. Welchen Platz belegte Konrad?

(**A**) den 11. (**B**) den 16. (**C**) den 24. (**D**) den 28. (**E**) den 31.

A-Kad (26), D/CH-7/8 (25) und 9/10 (22) -13

**A 2.10** Katharina probiert ihr neues Smartphone aus. Sie hat eben festgestellt, dass sie auf ihrem 4 km langen Spaziergang mit einer Durchschnittsgeschwindigkeit von 4 km/h gelaufen ist. Sie beschließt, ab jetzt ein Stück mit 8 km/h zu joggen und fragt sich, wie lange sie so joggen muss, damit ihre Durchschnittsgeschwindigkeit insgesamt 5 km/h beträgt. Das sind

(**A**) 15 min (**B**) 20 min (**C**) 30 min (**D**) 35 min (**E**) 40 min

A-Jun (17), D/CH-9/10 (22) -14

## Proportionen

*Ähnliche Aufgaben*: **2.15** und **2.21**

**A 2.11** Für einen Deutschvortrag lesen Harry und Hermine Hermann Hesses „Steppenwolf“. Hermine ist nach einer Stunde auf Seite 60 angekommen. Harry liest schon drei Stunden, er ist aber nur etwa halb so schnell wie Hermine. Wie viele Seiten hat Harry zu diesem Zeitpunkt ungefähr gelesen?

(**A**) 30 (**B**) 45 (**C**) 80 (**D**) 90 (**E**) 120

D/CH-11/13 (4) -13

**A 2.12** Am großen kreisrunden Brunnen treten Hanni und Paul mit ihren ferngesteuerten Autos gegeneinander an. Die Autos starten an gegenüberliegenden Punkten des Brunnens und fahren so schnell es geht um den Brunnen herum. Nachdem Hannis Auto genau 4 Runden absolviert hat, wird es von Pauls Auto eingeholt. Wievielmal schneller ist Pauls Auto als das von Hanni?

(**A**) $\frac{4}{3}$-mal (**B**) $\frac{8}{7}$-mal (**C**) $\frac{8}{5}$-mal (**D**) $\frac{9}{8}$-mal (**E**) $\frac{10}{9}$-mal

A-Kad (9), D/CH-7/8 (13) -13

**A 2.13** Der wanderlustige König Alfredo ist auf dem Weg zu seiner Sommerresidenz, natürlich zu Fuß. In jeder Stunde legt er 5 km zurück. Leider muss die Königin krank zu Hause bleiben. Damit sie gut informiert ist, schickt Alfredo nach jeder vollen Stunde einen Fahrradboten zu ihr. Dieser fährt 10 km in einer Stunde. In welchem zeitlichen Abstand kommen die Boten bei der kranken Königin an?

(**A**) 30 min (**B**) 60 min (**C**) 75 min (**D**) 90 min (**E**) 120 min

A-Ben (22), D/CH-5/6 (22) -14

**A 2.14** Beim Nordsee-Wasser kann das Verhältnis der Masse von Salz zur Masse von Wasser mit 7 : 193 angegeben werden. Wie viel Salz ist in 1000 kg Nordsee-Wasser enthalten?

(**A**) etwa 35 kg (**B**) etwa 186 kg (**C**) etwa 193 kg
(**D**) etwa 200 kg (**E**) etwa 350 kg

A-Kad (3), D/CH-7/8 (7) -13

**A 2.15** Die letzte Mathearbeit in Inas Klasse ist gut ausgefallen, die durchschnittliche Punktzahl war 20. Im Durchschnitt hatten die Jungen 21 und die Mädchen 18 Punkte. Dann sind in Inas Klasse

(**A**) doppelt so viele Jungen wie Mädchen.
(**B**) doppelt so viele Mädchen wie Jungen.
(**C**) viermal so viele Jungen wie Mädchen.
(**D**) viermal so viele Mädchen wie Jungen.
(**E**) genauso viele Jungen wie Mädchen.

A-Stu (15), D/CH-11/13 (12) -12

**A 2.16** Als der Film „Der Hobbit“ bei uns anlief, gab es lange Schlangen an der Kinokasse. Weil nur drei Schalter geöffnet waren, dauerte es durchschnittlich 15 Minuten, bis man dran war. Als dann noch zwei zusätzliche Schalter öffneten, verkürzte sich die durchschnittliche Wartezeit natürlich. Um wie viele Minuten etwa?

(**A**) um 2 min (**B**) um 2,5 min (**C**) um 3 min
(**D**) um 4,5 min (**E**) um 6 min

D/CH-9/10 (13) -13

**A 2.17** Um 15 Uhr ist Luise bei Sonja verabredet. Luise radelt zügig und schafft in 2/3 der geplanten Zeit bereits 3/4 der Strecke. Danach fährt sie gemütlicher weiter und kommt wie geplant um 15 Uhr bei Sonja an. In welchem Verhältnis steht Luises Durchschnittsgeschwindigkeit auf dem ersten Teil der Strecke zu ihrer Durchschnittsgeschwindigkeit auf dem zweiten Teil der Strecke?

(**A**) 5 : 4 (**B**) 4 : 3 (**C**) 3 : 2 (**D**) 2 : 1 (**E**) 3 : 1

A-Kad (25), D/CH-11/13 (16) -14

**A 2.18** Am Flughafen läuft Lilly gleichzeitig mit ihrer elektrischen Schildkröte Ida auf das lange Laufband. Lilly bleibt stehen, während Ida mit 1 km/h weiterläuft. Auf einem Schild liest Lilly die technischen Details des Laufbands: „Länge: 400 m, Geschwindigkeit: 7 km/h". Wie groß ist der Abstand zwischen Lilly und Ida, wenn Ida das Ende des Laufbands erreicht hat?

(**A**) 25 m (**B**) 50 m (**C**) 70 m (**D**) 75 m (**E**) 100 m

A-Kad (20), D/CH-7/8 (23) -12

**A 2.19** Im Labor hängt in einer Kippvorrichtung ein 90 cm langes geschlossenes Gefäß, das aus einem Zylinder und einem Kegel besteht. Die im Gefäß befindliche Flüssigkeit nimmt ein Drittel des Gefäßvolumens ein. Hängt das Gefäß mit der Kegelspitze nach unten, so ist der Flüssigkeitsspiegel 50 cm über der Spitze, wobei der Kegel vollständig gefüllt ist (*Abb. nicht maßstabsgerecht*). Wie hoch ist der Flüssigkeitsspiegel über dem Boden, wenn die Spitze des Kegels nach oben zeigt?

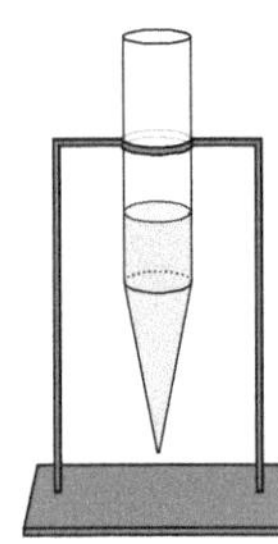

(**A**) 15 cm (**B**) 20 cm (**C**) 25 cm
(**D**) 30 cm (**E**) Das hängt vom Radius des Zylinders ab.

D/CH-9/10 (24) -13

**A 2.20** Für ein Statistik-Projekt haben wir in meinem Heimatdorf die erwachsenen Frauen und Männer und die Kinder (0 bis 18 Jahre) gezählt. Das Verhältnis „Männerzahl zu Frauenzahl" beträgt 2 : 3, das Verhältnis „Frauenzahl zu Kinderzahl" beträgt 8 : 1. Was ist das Verhältnis „Erwachsenenzahl zu Kinderzahl"?

(**A**) 5 : 1 (**B**) 10 : 3 (**C**) 13 : 1 (**D**) 12 : 1 (**E**) 40 : 3

A-Jun (9), D/CH-9/10 (18) -14

**A 2.21** Der EuroCity EC 179 brauchte heute 8 Sekunden für das Passieren des Signals, das ich vom Küchenfenster aus sehe. Danach begegnete er dem Regionalzug RE 15, und die beiden passierten einander in 9 Sekunden. Anschließend fuhr der RE 15 am Signal vorbei, was 12 Sekunden dauerte. Welche der folgenden Aussagen ist wahr?

(**A**) Der EC war doppelt so lang wie der RE.
(**B**) Der EC war 50 % länger als der RE.
(**C**) Der RE war 50 % länger als der EC.
(**D**) Der RE war doppelt so lang wie der EC.
(**E**) Der EC und der RE waren gleich lang.

A-Jun (26), D/CH-9/10 (30) -12

## 2.2 Lineare Gleichungssysteme

Die folgenden Aufgaben lassen sich durchweg lösen, indem ein geeignetes lineares Gleichungssystem aufgestellt und gelöst wird. Allerdings ist es nicht in jedem Fall nötig, diesen Weg zu gehen, und da, wo wir einen anderen Weg für gut halten, haben wir diesen zuerst aufgeschrieben und hinzugefügt, wie sich die Aufgabe auch mithilfe eines linearen Gleichungssystems lösen ließe.

*Ähnliche Aufgaben*: **2.9** und **2.32** sowie **2.30** und **2.31**

**A 2.22** Franz und Thomas haben beim Onkel im Garten Äpfel und Birnen gepflückt, große und kleine, insgesamt 25 Stück. Auf dem Weg nach Haus isst Franz einen Apfel und 3 Birnen, Thomas isst 3 Äpfel und 2 Birnen. Zu Hause beim Auspacken stellen sie fest, dass es nun gleich viele Äpfel und Birnen sind. Wie viele Birnen hatten sie gepflückt?

(**A**) 12 (**B**) 21 (**C**) 16 (**D**) 19 (**E**) 13

A-Ben (11), D/CH-5/6 (10) -12

**A 2.23** Die Summe zweier Zahlen ist 104. Die beiden Zahlen unterscheiden sich um 10, enden also auf dieselbe Ziffer. Welche Ziffer ist das?

(**A**) 2 (**B**) 4 (**C**) 5 (**D**) 7 (**E**) 9

D/CH-7/8 (2) -13

**A 2.24** Wenn mein kleiner Bruder auf dem Tisch steht und meine Schwester auf dem Boden daneben, dann überragt er sie um 80 cm. Stellt sie sich dagegen auf diesen Tisch und er steht daneben auf dem Boden, dann beträgt der Unterschied sogar 1 m. Wie hoch ist unser Tisch?

(**A**) 70 cm (**B**) 75 cm (**C**) 80 cm (**D**) 85 cm (**E**) 90 cm

A-Jun (12), D/CH-9/10 (11) –12

**A 2.25** Als Gutenacht-Geschichte las ich meinen Geschwistern neulich vom Tischlein-deck-dich, Goldesel und Knüppel-aus-dem-Sack vor. Dass der Goldesel, wenn man „Bricklebritt“ spricht, ganz zufällig mal vorn drei Goldtaler und mal hinten zwei Goldtaler ausspeit, fanden sie am tollsten. Ich beendete das Märchen mit einem kleinen Rätsel: „Nachdem der Esel insgesamt 30-mal Gold gespien hatte, lagen vorn und hinten gleich viele Goldtaler. Wie oft hatte der Esel nach vorn gespien?“

(**A**) 6-mal (**B**) 12-mal (**C**) 18-mal (**D**) 24-mal (**E**) 30-mal

A-Jun (14), D/CH-9/10 (19) –12

**A 2.26** Charles, Steven und Robert haben zusammen 48 DVDs zu Hause. Dabei gehören Charles und Robert zusammen genau doppelt so viele DVDs wie Steven. Und Steven besitzt genau doppelt so viele wie Charles. Wie viele DVDs besitzt Robert?

(**A**) 16 (**B**) 20 (**C**) 24 (**D**) 30 (**E**) 32

A-Stu (4), D/CH-11/13 (11) –14

**A 2.27** Julius sitzt gebannt vor dem neuen Aquarium seines Bruders Johann. Er zählt die Fische. „Ich glaube, es sind doppelt so viele Guppys wie Platys“, meint Julius. „Da hast du wohl einen Guppy für einen Platy gehalten“, erwidert Johann. „In Wirklichkeit sind es dreimal so viele Guppys wie Platys.“ Wie viele Guppys hat Johann?

(**A**) 6 (**B**) 8 (**C**) 9 (**D**) 12 (**E**) 15

D/CH-7/8 (16) –14

**A 2.28** Kalles Kaninchen bekommen im Sommer, wenn ihr Käfig auf der Wiese steht, pro Tag entweder 9 Möhrchen oder 2 Salatherzen oder ein Salatherz und 4 Möhrchen. Manchmal bekommen sie weder Möhrchen noch Salatherzen und fressen dann nur Gras. In den vergangenen 10 Tagen haben die Kaninchen insgesamt 30 Möhrchen und 9 Salatherzen bekommen. An wie vielen Tagen haben Kalles Kaninchen nur Gras gefressen?

(**A**) an einem Tag (**B**) an 2 Tagen (**C**) an 3 Tagen
(**D**) an 4 Tagen (**E**) an 5 Tagen

A-Eco (15), D/CH-5/6 (20) –14

**A 2.29** Heute ist großes Pflaumenknödelessen bei Oma Hilde, alle Enkel sind da. Jeder der hungrigen Enkel bekommt gleich viele der kleinen köstlichen Knödel. Wenn 2 Enkel nicht gekommen wären, dann würden die anderen Enkel jeder 3 Knödel mehr bekommen. Und wenn es 20 Knödel weniger wären, dann würde jeder 2 Knödel weniger bekommen. Wie viele Pflaumenknödel hat Oma Hilde gemacht?

(**A**) 80 (**B**) 90 (**C**) 100 (**D**) 120 (**E**) 150

A-Kad (19), D/CH-7/8 (22) –14

**A 2.30** Mia schreibt fünf Zahlen in eine Reihe, als erste eine 2 und als letzte eine 15:

| 2 | | ? | | 15 |
|---|---|---|---|---|

Die Summe der ersten drei Zahlen soll 10 sein, die Summe der mittleren drei Zahlen 20 und die Summe der letzten drei Zahlen 30. Welche Zahl steht in der Mitte?

(**A**) 2 (**B**) 3 (**C**) 4 (**D**) 5 (**E**) 6

A-Kad (13), D/CH-7/8 (17) –12

**A 2.31** Karen schreibt 5 Zahlen in eine Reihe, als erste eine 2 und als letzte eine 10:

| 2 | | ? | | 10 |
|---|---|---|---|---|

Das Produkt der ersten drei Zahlen soll 20 sein, das Produkt der mittleren drei Zahlen 60 und das Produkt der letzten drei Zahlen 300. Welche Zahl steht in der Mitte?

(**A**) 5 (**B**) 1 (**C**) 2 (**D**) 10 (**E**) 4

A-Stu (6), D/CH-11/13 (6) –12

**A 2.32** Beim Schulmarathon gab es in diesem Jahr einen neuen Rekord: 101 Teilnehmer waren dabei. Silke hatte zum Schluss doppelt so viele hinter sich wie Eva vor sich hatte. Und Eva ihrerseits hatte beim Zieleinlauf dreimal so viele hinter sich wie Silke vor sich hatte. Welchen Platz belegte Eva?

(**A**) den 20. (**B**) den 21. (**C**) den 40. (**D**) den 41. (**E**) den 61.

D/CH-11/13 (21) –13

**A 2.33** In das rechts gezeichnete $3 \times 4$-Gitter sind in die leeren Felder Zahlen so einzutragen, dass die vier Summen der Zahlen in den Spalten untereinander gleich sind und die drei Summen der Zahlen in den Zeilen untereinander gleich sind. Welche Zahl steht dann in dem grauen Kästchen?

| 2 | 4 |  | 2 |
|---|---|---|---|
|  | 3 | 3 |  |
| 6 |  | 1 | ? |

(**A**) 1 (**B**) 9 (**C**) 6 (**D**) 8 (**E**) 4

A-Jun (19), D/CH-9/10 (24) –12

**A 2.34** Ein dünner Strick wird 3-mal hintereinander auf die Hälfte gefaltet. Dann wird das entstandene Bündel mit einem Schnitt zerteilt. Unter den entstehenden Stücken gibt es ein 4 cm langes und ein 9 cm langes Stück. Welche der folgenden Längen kann *nicht* die Länge des ursprünglichen Stricks sein?

(**A**) 52 cm (**B**) 68 cm (**C**) 72 cm
(**D**) 88 cm (**E**) Jede dieser vier Längen ist möglich.

A-Kad (29), D/CH-7/8 (30) –12

## 2.3 Diophantische Gleichungen

**A 2.35** Märchenprinzessin Lea möchte heiraten, klug und sportlich soll ihr Mann sein. Kommt ein Heiratskandidat, so setzt sie sich auf die oberste Stufe der 22 Stufen hohen Schlosstreppe, und er muss von unten zu ihr hoch springen. Er darf entweder 3 Stufen nach oben oder 4 Stufen nach unten springen und muss mit möglichst wenigen Sprüngen direkt auf ihrer 22. Stufe enden. Wie viele Sprünge sind dazu insgesamt nötig?

(**A**) 7 (**B**) 9 (**C**) 10 (**D**) 12 (**E**) 14

A-Eco (15), D/CH-3/4 (17) –12

**A 2.36** Werden die drei Ziffern einer dreistelligen Zahl miteinander multipliziert, so erhält man 135. Welches Ergebnis liefert die Addition der drei Ziffern?

(**A**) 14 (**B**) 15 (**C**) 16 (**D**) 17 (**E**) 18

A-Ben (14) –14

**A 2.37** An der Tafel stehen 3 einstellige Zahlen, deren Summe 15 ist. Bodo wischt eine der Zahlen ab und schreibt an deren Stelle eine 3. Dann multipliziert er die jetzt an der Tafel stehenden Zahlen und erhält 36. Welche Zahl könnte er durch die 3 ersetzt haben?

(**A**) nur 6 (**B**) nur 7 (**C**) nur 8
(**D**) entweder 6 oder 7 (**E**) entweder 7 oder 8

A-Ben (23), D/CH-5/6 (21) –14

**A 2.38** Wie viele Paare $(x, y)$ ganzer Zahlen mit $x \leq y$ gibt es, sodass ihr Produkt genau das Fünffache ihrer Summe ist?

(**A**) 4 (**B**) 5 (**C**) 6 (**D**) 7 (**E**) 8

A-Stu (21) –13

**A 2.39** Für die positiven ganzen Zahlen $p$, $q$ und $r$ gilt $p + \dfrac{1}{q + \dfrac{1}{r}} = \dfrac{25}{19}$.

Dann gilt $p \cdot q \cdot r =$

(**A**) 6 (**B**) 10 (**C**) 18 (**D**) 36 (**E**) 42

A-Jun (20), D/CH-9/10 (23) –14

**A 2.40** Beginnend mit dem Bruch $\frac{7}{8}$ führt Yildiz nacheinander, ohne die entstehenden Brüche zu kürzen, eine von zwei möglichen Operationen aus: Entweder addiert sie 8 zum Zähler, oder sie addiert 7 zum Nenner. Nach mehreren Operationen erhält Yildiz wieder einen Bruch mit dem Wert $\frac{7}{8}$. Wie viele Operationen hat Yildiz mindestens ausgeführt?

(**A**) 56 (**B**) 81 (**C**) 109 (**D**) 113 (**E**) 128

A-Stu (24), D/CH-11/13 (25) –12

## 2.4 Einige nichtlineare Gleichungen

**A 2.41** Wie viele Paare $(x, y)$ natürlicher Zahlen gibt es, für die $x^2y^3 = 2^{33}$ gilt?

(**A**) 3 (**B**) 6 (**C**) 8 (**D**) 11 (**E**) 12

A-Stu (18), D/CH-11/13 (17) –13

**A 2.42** Wie viele Lösungen $(x, y)$, wobei $x$ und $y$ reelle Zahlen sind, hat die Gleichung $x^2 + y^2 = x + y$?

(**A**) 1 (**B**) 4 (**C**) 6
(**D**) 8 (**E**) unendlich viele

D/CH-11/13 (25) –13

Die folgende Aufgabe ist die nur wenig abgeänderte Variante, die im Wettbewerb in Österreich zu lösen war. Darauf beziehen sich auch die im Lösungsteil hierzu angegebenen Lösungshinweise.

**A 2.43** Wie viele Lösungen $(x, y)$ mit reellen $x$ und reellen $y$ hat die Gleichung $x^2 + y^2 = |x| + |y|$?

(**A**) 1 (**B**) 5 (**C**) 8
(**D**) 9 (**E**) unendlich viele

A-Stu (24) –13

**A 2.44** Für welche reellen Zahlen $x$ ist die Ungleichung $|x| + |x - 3| > 3$ erfüllt?

(**A**) Für alle $x \in \mathbb{R}$, für die entweder $x < 0$ oder $x > 3$ gilt und nur für diese.
(**B**) Für alle $x \in \mathbb{R}$, für die $-3 < x < 3$ gilt und nur für diese.
(**C**) Für alle $x \in \mathbb{R}$, für die $x < -3$ gilt und nur für diese.
(**D**) Für alle $x \in \mathbb{R}$, für die $x > -3$ gilt und nur für diese.
(**E**) Für alle $x \in \mathbb{R}$.

A-Stu (22) –12

## 2.5 Ungleichungen

**A 2.45** Dorians Salat-Dressing besteht aus Essig, Öl und Wasser. Es enthält halb so viel Essig wie Öl und dreimal so viel Öl wie Wasser. Welche der folgenden Aussagen ist richtig? In Dorians Salat-Dressing ist

(**A**) mehr Essig als Öl.
(**B**) weniger Essig als Wasser.
(**C**) mehr Essig als Öl und Wasser zusammen.
(**D**) mehr Wasser als Essig und Öl zusammen.
(**E**) mehr Öl als Essig und Wasser zusammen.

D/CH-5/6 (18) -12

**A 2.46** „Na, wie war's?", ruft meine Mutter aus dem Garten, als ich vom Pilzesammeln komme. Ich breite die Pilze auf dem Tisch aus und rufe zurück: „Mehr als die Hälfte sind Maronen. Drei davon sind leider madig, und diese drei sind mehr als ein Viertel der Maronen." „Dann weiß ich, wie viele Pilze du höchstens gesammelt hast", ruft meine Mutter. Es sind

(**A**) 21 (**B**) 14 (**C**) 19 (**D**) 24 (**E**) 16

D/CH-3/4 (24) -13

**A 2.47** Mit $a$, $b$ und $c$ sind die Längen der drei abgebildeten Linien bezeichnet. Welche der folgenden Ungleichungen ist richtig?

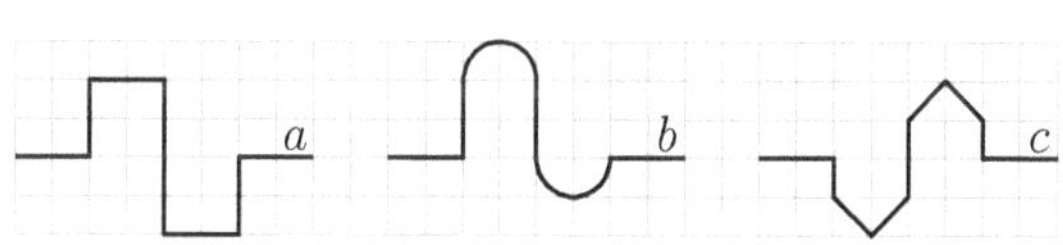


(**A**) $a < b < c$ (**B**) $a < c < b$ (**C**) $b < a < c$ (**D**) $b < c < a$ (**E**) $c < b < a$

A-Jun (3), D/CH-9/10 (4) -14

**A 2.48** Für reelle Zahlen $a, b, c$, für die $a = 18 - b$ und $b = 10 - c$ gilt, ist nur eine der folgenden Ungleichungen *mit Sicherheit* erfüllt. Welche?

(**A**) $a > c$ (**B**) $a > b$ (**C**) $b > c$ (**D**) $c > b$ (**E**) $c > a$

D/CH-11/13 (7) -14

**A 2.49** Bei der Wahl in Helgas Angelverein hatten sich 5 ältere Herren um den Vorsitz beworben. Es wurden insgesamt 36 Stimmen abgegeben. Der Sieger erhielt davon 12 Stimmen. Keiner der Kandidaten hat dieselbe Stimmenzahl wie ein anderer bekommen. Derjenige mit der geringsten Stimmenzahl bekam immerhin noch 4 Stimmen. Wie viele Stimmen erhielt der Zweitplatzierte?

(**A**) 8 (**B**) 8 oder 9 (**C**) 9 (**D**) 9 oder 10 (**E**) 10

A-Ben (13), D/CH-5/6 (22) –13

**A 2.50** Für eine reelle Zahl $x$ gilt $x^3 < 64 < x^2$. Was trifft dann auf $x$ zu?

(**A**) $0 < x < 64$ (**B**) $-8 < x < 4$ (**C**) $x > 8$
(**D**) $-4 < x < 8$ (**E**) $x < -8$

A-Stu (12), D/CH-11/13 (10) –12

**A 2.51** Wenn ich mit meinen Eltern und meinen beiden Schwestern meine Großmutter in Thüringen besuche, freue ich mich jedes Mal auf die Klöße, die sie zum Mittag macht. Heute hatte sie für uns 6 Personen 20 Klöße gemacht, die wie immer alle aufgegessen wurden. Sie selbst hat nur einen Kloß gegessen, meine Mutter hat 2 und ich habe 3 Klöße gegessen. Mein Vater hat wie immer mehr als jeder andere gegessen. Wie viele Klöße hat mein Vater *mindestens* gegessen?

(**A**) 8 (**B**) 7 (**C**) 6 (**D**) 5 (**E**) 4

A-Stu (8), D/CH-11/13 (10) –13

**A 2.52** Wie viele der folgenden Ungleichungen gelten *für alle* reellen Zahlen $x$, die $2 < x < 3$ erfüllen?

$$4 < 2x < 6 \qquad 4 < 3x < 9 \qquad 8 < 4x < 15 \qquad 12 < 5x < 15$$

(**A**) keine (**B**) eine (**C**) zwei (**D**) drei (**E**) alle vier

A-Stu (7), D/CH-11/13 (13) –13

**A 2.53** Welches ist die größte natürliche Zahl $n$, für die $n^{20} < 5^{30}$ gilt?

(**A**) 5 (**B**) 6 (**C**) 8 (**D**) 11 (**E**) 12

A-Stu (9), D/CH-11/13 (20) –12

**A 2.54** Es sei $x$ eine reelle Zahl und $a = 2 + x$, $b = 2 - x$, $c = 2 \cdot x$. Welche der Zahlen $a$, $b$, $c$ die größte oder die kleinste ist, hängt von $x$ ab. Von den folgenden Ungleichungen allerdings gilt eine nie. Welche?

(**A**) $a < c < b$ (**B**) $b < a < c$ (**C**) $b < c < a$
(**D**) $c < a < b$ (**E**) $c < b < a$

D/CH-9/10 (27) –13

**A 2.55** Was gilt *ganz sicher*, wenn für die drei von Null verschiedenen reellen Zahlen $a$, $b$ und $c$ die beiden Zahlen $(-2)^3a^2b^{-1}c^2$ und $(-3)^2a^3b^5c^{-4}$ dasselbe Vorzeichen haben?

(**A**) $a > 0$ (**B**) $b > 0$ (**C**) $c > 0$ (**D**) $a < 0$ (**E**) $b < 0$

A-Stu (21), D/CH-11/13 (20) –14

**A 2.56** Eine alte Waage ist defekt. Für alles, was höchstens 1000 g wiegt, zeigt sie das exakte Gewicht an. Für alles, was schwerer als 1000 g ist, zeigt sie jedoch irgendein beliebiges Gewicht an, allerdings stets über 1000 g. Fünf Gegenstände vom Gewicht $A$, $B$, $C$, $D$ und $E$ werden paarweise gewogen. Die Waage zeigt: $B + D = 1200\,\text{g}$, $C + E = 2100\,\text{g}$, $B + E = 800\,\text{g}$, $B + C = 900\,\text{g}$, $A + E = 700\,\text{g}$. Welches Gewicht ist am größten?

(**A**) Gewicht $A$ (**B**) Gewicht $B$ (**C**) Gewicht $C$
(**D**) Gewicht $D$ (**E**) Gewicht $E$

A-Kad (22), D/CH-7/8 (29) –14

**A 2.57** Wie viele Möglichkeiten gibt es, drei natürliche Zahlen $a, b, c$ anzugeben, für die $a > b > c > 1$ und $\frac{1}{a} + \frac{1}{b} + \frac{1}{c} > 1$ gilt?

(**A**) keine (**B**) genau eine (**C**) genau zwei
(**D**) genau drei (**E**) unendlich viele

A-Stu (14), D/CH-11/13 (22) –14

## 2.6 Funktionale Abhängigkeit, Funktionen und ihre Graphen

**A 2.58** Heute ist mein Vater mit der großen Wäsche dran. Beim Aufhängen braucht er 4 Klammern für die ersten 3 Handtücher. Wie viele Klammern braucht er insgesamt, wenn er auf dieselbe Weise alle 8 Handtücher in einer Reihe aufhängt?

(A) 4 (B) 7 (C) 9 (D) 11 (E) 16

A-Eco (3), D/CH-3/4 (3) –12

**A 2.59** Eine Zahlenfolge beginnt mit $1, -1, -1, 1, -1$. Jede neue Zahl berechnet man als Produkt der beiden vorangegangenen Zahlen. Zum Beispiel ist die sechste Zahl das Produkt aus der vierten und fünften. Wie groß ist die Summe der ersten 2013 Zahlen?

(A) $-1006$ (B) $-671$ (C) 0 (D) 671 (E) 1007

A-Kad (27) –13

**A 2.60** Für eine lineare Funktion $f$ gilt $f(2013) - f(2003) = 100$. Wie groß ist dann $f(2031) - f(2013)$?

(A) 100 (B) 120 (C) 150 (D) 180 (E) 200

A-Stu (6), D/CH-11/13 (16) –13

**A 2.61** Georg hat bei einem Quiz mitgemacht, bei dem für die erste Frage ein Punkt zu erreichen war, für die zweite 2 Punkte, für die dritte 3 Punkte usw. Nach dem Quiz wurde ihm mitgeteilt, dass er alle Fragen richtig beantwortet hat und dafür insgesamt 149 Punkte erhält. Georg hat sofort bemerkt, dass diese Punktzahl nicht stimmen kann. Tatsächlich wurde eine der Aufgaben doppelt gezählt. Welche?

(A) die 2. (B) die 7. (C) die 10. (D) die 13. (E) die 17.

A-Stu (14), D/CH-11/13 (18) –12

**A 2.62** Für eine der folgenden Funktionen gilt: Wird $\frac{1}{x}$ anstelle von $x$ in die Funktion $f(x)$ eingesetzt, dann erhält man $\frac{1}{f(x)}$; für welche?

(**A**) $f(x) = 1 + \frac{1}{x}$ (**B**) $f(x) = \frac{1}{x}$ (**C**) $f(x) = \frac{1}{x+1}$

(**D**) $f(x) = \frac{2}{x}$ (**E**) $f(x) = x + \frac{1}{x}$

A-Stu (21), D/CH-11/13 (17) –12

**A 2.63** Peter hat die ersten $n$ positiven ganzen Zahlen addiert. Er hat mir nicht gesagt, wie viele er addiert hat. Ich erfahre von ihm nur, dass die Summe dieser $n$ Zahlen eine dreiziffrige Zahl mit lauter gleichen Ziffern ist. Wie groß ist die Ziffernsumme von $n$?

(**A**) 6 (**B**) 9 (**C**) 12 (**D**) 15 (**E**) 18

A-Stu (27) –13

**A 2.64** Gestern in unserer Mathe-AG sollten wir uns vorstellen, wie der Graph der Funktion $g(x) = x^2$ von 2012 Geraden in jeweils 2 Punkten geschnitten wird. Dabei ist jede dieser 2012 Geraden parallel zur Geraden $y = x$. Wie groß ist dann die Summe der $x$-Koordinaten aller Schnittpunkte?

(**A**) 0 (**B**) 1006 (**C**) 2012

(**D**) 4024 (**E**) Es hängt von der Lage der Geraden ab.

A-Stu (27), D/CH-11/13 (29) –12

**A 2.65** Es sei $a < b$. Welcher der folgenden Graphen gehört zur Funktion $W(x) = (a-x)(b-x)^2$?

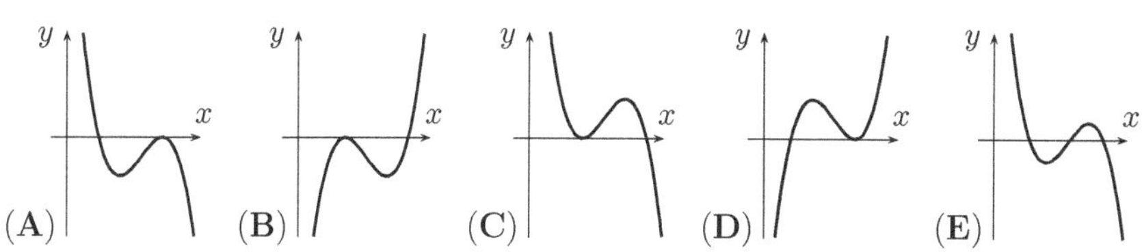


A-Stu (15), D/CH-11/13 (22) –13

**A 2.66** Peter hat den Graphen einer Funktion $f : \mathbb{R} \to \mathbb{R}$ gezeichnet, der, wie in der Abbildung angedeutet, aus zwei Strahlen und einer Strecke besteht. Wie viele Lösungen hat die Gleichung $f(f(f(x))) = 0$?

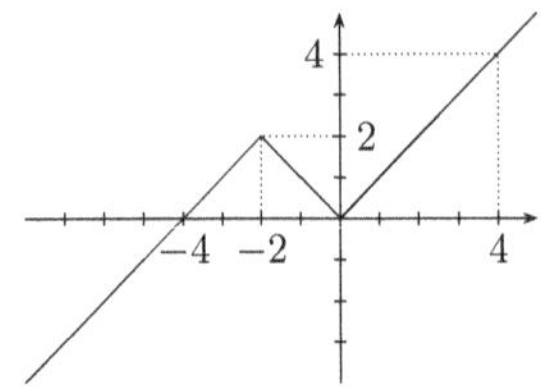


(**A**) 4 (**B**) 3 (**C**) 2 (**D**) 1 (**E**) 0

A-Stu (17) -13

# 3 Kombinatorik – mit Zahlen und Figuren

## 3.1 Kombinatorisches mit Zahlen

### Anordnungen und Umordnungen

Das Kapitel Kombinatorik beinhaltet Aufgaben, in denen es um das An- oder Umordnen nach bestimmten Regeln geht, das Zählen bzw. Berechnen der Anzahl von Möglichkeiten, die es für bestimmte Abfolgen gibt, das Aufspüren „günstigster" Anordnungen unter einer gegebenen Vielzahl usw. Oft ließen sich die Aufgaben auch anderen mathematischen Teilgebieten zuordnen. Die kombinatorischen Aufgaben sind eine besonders buntgemischte Aufgabengruppe – und das Lösen macht vielleicht auch am meisten Spaß, weil die Art der Ideen, die zur Lösung herangezogen werden können, so vielgestaltig ist.

**A 3.1** Tim, Paula, Jan und Nele wollen nebeneinander auf ein Foto. Paula ist Neles beste Freundin, die beiden wollen unbedingt direkt nebeneinander stehen. Auch Jan möchte direkt neben Paula stehen. Wie viele verschiedene Reihenfolgen der vier sind möglich?

(A) 3 (B) 4 (C) 5 (D) 6 (E) 7

A-Eco (20), D/CH-3/4 (16) -12

**A 3.2** Kai wollte mit Magnetbuchstaben die Nachricht BIN BEI ANTON an den Kühlschrank heften. Aber die Buchstaben sind ihm durcheinander geraten. TON EIB ANBIN ist jetzt zu lesen. „So ein Quatsch", denkt Kai und tauscht Schritt für Schritt immer 2 Buchstaben gegeneinander aus, bis es richtig ist. Wie oft muss er mindestens tauschen?

(A) 2-mal (B) 3-mal (C) 4-mal (D) 5-mal (E) 6-mal

A-Eco (19), D/CH-3/4 (18) -14

**A 3.3** Abids Hausnummer ist 3-stellig. Streicht er die 1. Stelle dieser Zahl, ergibt sich die Hausnummer von Hanni. Streicht er die 1. Stelle von Hannis Hausnummer, dann erhält er die Hausnummer von Nils. Die Summe aller drei Hausnummern ist 312. Welche Ziffer steht an der 1. Stelle von Hannis Hausnummer?

(A) 5 (B) 6 (C) 7 (D) 8 (E) 9

D/CH-5/6 (19) -12

**A 3.4** Dora hat 7 Dominosteine:

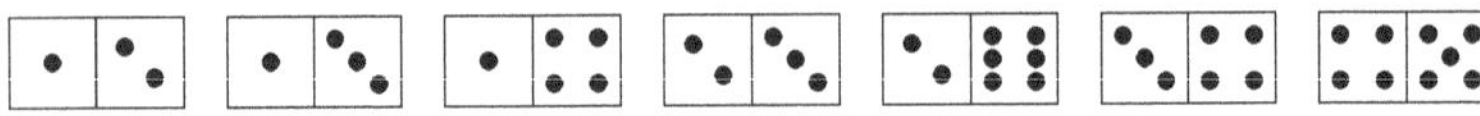

Sie will möglichst viele so in eine Reihe legen, dass sich benachbarte Steine mit derselben Punktzahl berühren. Wie viele der 7 Steine kann Dora dafür höchstens verwenden?

(**A**) 3 (**B**) 4 (**C**) 5 (**D**) 6 (**E**) 7

A-Eco (22), D/CH-3/4 (21) –13

**A 3.5** Till und Jan bekommen 5 Pakete geliefert, die 1 kg, 4 kg, 7 kg, 8 kg und 12 kg wiegen. Sie helfen dem Paketzusteller beim Hochtragen. Ein Paket trägt der Paketzusteller, und Till und Jan tragen den Rest, und zwar beide dasselbe Gewicht. Welches Gewicht hat das Paket, das der Paketzusteller trägt?

(**A**) 1 kg (**B**) 4 kg (**C**) 7 kg (**D**) 8 kg (**E**) 12 kg

D/CH-11/13 (5) –12

**A 3.6** Sechs Studenten wohnen zusammen in einer großen Altbauwohnung. Morgens nutzen sie ab 7:00 Uhr vor dem gemeinsamen Frühstück die beiden Badezimmer, jeweils einzeln und unterschiedlich lange: 5, 7, 9, 14, 18 und 19 Minuten haben sie gestoppt. Wann können die sechs Studenten – bei geschickter Aufteilung auf die beiden Badezimmer – frühestens gemeinsam am Frühstückstisch sitzen?

(**A**) um 7:36 Uhr (**B**) um 7:37 Uhr (**C**) um 7:38 Uhr
(**D**) um 7:39 Uhr (**E**) um 7:40 Uhr

A-Kad (17), D/CH-7/8 (19) und 9/10 (17) –14

**A 3.7** Setzen wir geeignet Klammern in den Term $1-2+3-4+5-6+7-8+9-10$, so können wir den Wert verändern. Welches ist der größtmögliche Wert, den wir dabei erhalten können?

(**A**) 0 (**B**) 1 (**C**) 5 (**D**) 45 (**E**) 55

D/CH-9/10 (25) –13

**A 3.8** Aus den Ziffern 1, 2, 3, 4, 5, 6 und 7 lassen sich $7 \cdot 6 \cdot 5 \cdot 4 \cdot 3 \cdot 2 \cdot 1 = 5040$ verschiedene 7-stellige Zahlen bilden, wenn dabei jede Ziffer stets genau einmal verwendet wird. Ich stelle mir diese Zahlen mit der kleinsten beginnend der Größe nach geordnet vor. Welche Zahl steht an der 2520. Stelle?

(**A**) 3765421 (**B**) 4123567 (**C**) 3217654 (**D**) 4321765 (**E**) 4376521

A-Jun (28), D/CH-9/10 (29) -14

## Abfolgen

**A 3.9** In einem alten Rechenheft habe ich mit Buntstiften Zahlen geschrieben. Die 1 habe ich blau geschrieben, die 2 grün, die 3 rot, die 4 wieder blau, die 5 grün, die 6 rot und immer so weiter. Nun frage ich mich, welche Farbe das Ergebnis hat, wenn ich eine blaue und eine grüne Zahl addiere. Das Ergebnis ist ganz sicher

(**A**) blau oder grün (**B**) grün (**C**) rot
(**D**) blau (**E**) Jede der 3 Farben ist möglich.

A-Ben (14), D/CH-5/6 (11) -12

**A 3.10** Die 5 höflichen Affen Bongo, Cili, Doro, Eddie und Fips schlendern in dieser Reihenfolge hintereinander zum Zirkuszelt. Jeder ist verrückt danach, den anderen auf dem Weg eine der 8 Türen aufzuhalten. Jede Tür wird vom ersten Affen in der Reihe aufgehalten. Dieser geht dann als letzter in der Reihe weiter, nachdem die anderen Affen der Reihe nach durch die Tür gegangen sind. Welcher Affe hält die 8. Tür auf?

(**A**) Bongo (**B**) Cili (**C**) Doro (**D**) Eddie (**E**) Fips

D/CH-7/8 (8) -12

**A 3.11** Die Mutter bäckt sechs Eierpfannkuchen. Den ersten (1) füllt sie mit Aprikosen, den zweiten (2) mit Erdbeeren, den dritten (3) mit Kirschen, den vierten (4) mit Pflaumen, den fünften (5) mit Himbeeren und den sechsten (6) mit Blaubeeren. Während sie bäckt, kommt ab und zu eines der Kinder in die Küche gelaufen und nimmt sich den heißesten Pfannkuchen. In welcher Reihenfolge sind die Pfannkuchen ganz bestimmt nicht gegessen worden?

(**A**) 123456 (**B**) 125436 (**C**) 325461 (**D**) 254316 (**E**) 456231

A-Kad (28), D/CH-7/8 (27) -13

**A 3.12** Ein mathematisch interessierter Frosch ordnet sich in seinem Tümpel 16 Seerosenblätter regelmäßig an. Beginnend unten links springt er waagerecht oder senkrecht von Blatt zu Blatt, jedoch stets so, dass mindestens ein Blatt übersprungen wird. Er möchte so viele Sprünge wie möglich machen, ohne dass er auf einem Blatt (sein Startblatt eingeschlossen) mehr als einmal zu sitzen kommt. Wie viele Sprünge sind das höchstens?

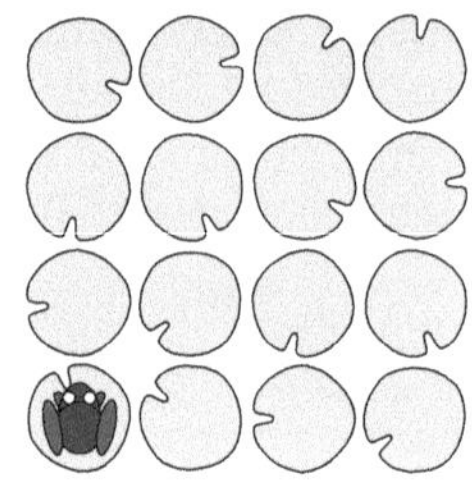

(**A**) 15 (**B**) 14 (**C**) 13 (**D**) 12 (**E**) 11

A-Kad (29), D/CH-7/8 (24) –14

## Vertauschungen und Kombinationen

*Ähnliche Aufgaben*: **3.19** und **3.20**

**A 3.13** Mein kleiner Bruder Bert ist oft sehr neugierig. Als sich unsere Mutter mit zwei Freundinnen zum Kaffeetrinken in den Garten setzt und 4 Stück Zucker mitnimmt, will Bert unbedingt wissen, wer wie viele Stückchen nehmen wird. Aber unsere Mutter verrät es nicht. Bert erfährt nur, dass alle 4 Stückchen im Kaffee landen. So kann er einzig die Anzahl der Möglichkeiten herausfinden, die 4 Zuckerstücke unter den 3 Frauen aufzuteilen. Wie viele Möglichkeiten sind das?

(**A**) 6 (**B**) 8 (**C**) 9 (**D**) 12 (**E**) 15

D/CH-9/10 (11) –13

**A 3.14** In die vier leeren Felder der Tabelle sollen die Zahlen 5, 6, 7 und 8 so eingetragen werden, dass die Summe in jeder der vier Spalten gerade ist. Wie viele Möglichkeiten gibt es dafür?

| 1 | 2 | 3 | 4 |
|---|---|---|---|
|  |  |  |  |

(**A**) 2 (**B**) 4 (**C**) 8 (**D**) 12 (**E**) 24

D/CH-11/13 (4) –14

**A 3.15** Die Zahl 14 ist als Summe von 6 ungeraden Zahlen zu schreiben, wobei die Reihenfolge der Summanden dabei keine Rolle spielt. Wie viele Möglichkeiten gibt es dafür?

(**A**) 3 (**B**) 4 (**C**) 5 (**D**) 6 (**E**) 7

D/CH-3/4 (22) –12

**A 3.16** Mona und Lisa tauschen Adressen, weil sie sich aus dem Urlaub schreiben wollen. „Meine Postleitzahl ist 74336“, sagt Mona. „Die ist ja fast wie meine, es sind nur zwei Ziffern vertauscht“, stellt Lisa fest. Wie viele Möglichkeiten gibt es für Lisas Postleitzahl?

(**A**) 6 (**B**) 8 (**C**) 9 (**D**) 10 (**E**) 12

D/CH-7/8 (14) –14

**A 3.17** Wie groß ist die Summe aller 3-stelligen Zahlen, bei denen sowohl die ersten beiden Ziffern als auch die letzten beiden Ziffern eine 2-stellige Quadratzahl bilden?

(**A**) 1177 (**B**) 1344 (**C**) 1629 (**D**) 1829 (**E**) 1993

A-Kad (27), D/CH-7/8 (26) –12

**A 3.18** Fünf aufeinanderfolgende positive ganze Zahlen haben folgende Eigenschaft: Die Summe von drei dieser Zahlen ist gleich groß wie die Summe der beiden anderen. Wie viele Mengen mit 5 solchen Zahlen gibt es?

(**A**) 0 (**B**) 1 (**C**) 2
(**D**) 3 (**E**) mehr als 3

A-Jun (18) –13

**A 3.19** Vier Autos fahren gleichzeitig in einen Kreisverkehr, wobei jedes aus einer anderen Richtung kommt (siehe nebenstehendes Bild). Jedes der vier Autos fährt weniger als eine ganze Runde und keine zwei Autos verlassen den Kreisverkehr in dieselbe Richtung. Wie viele mögliche Kombinationen gibt es für die vier Autos, den Kreisverkehr zu verlassen?

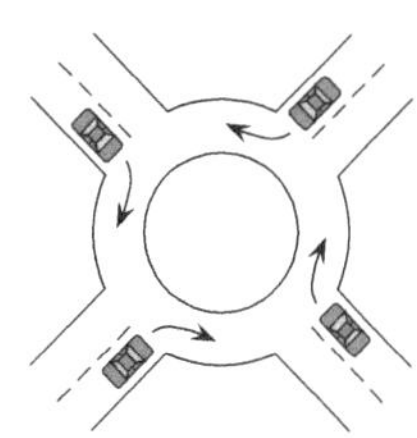

(**A**) 9 (**B**) 12 (**C**) 15 (**D**) 24 (**E**) 81

A-Kad (30), D/CH-7/8 (26) –13

**A 3.20** Fünf Autos fahren gleichzeitig in einen Kreisverkehr, jedes aus einer anderen Richtung. Jedes der Autos fährt weniger als eine ganze Runde und alle Autos verlassen den Kreisverkehr in unterschiedliche Richtungen. Wie viele verschiedene Kombinationen gibt es für die Autos, den Kreisverkehr zu verlassen?

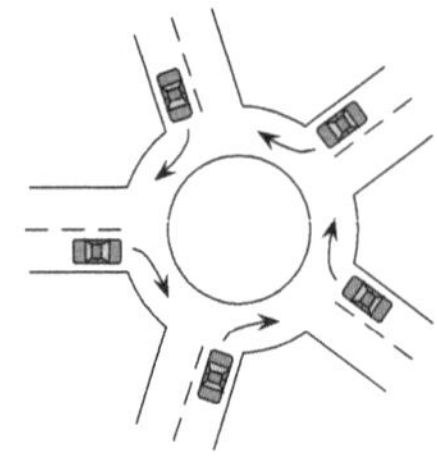

(**A**) 24 (**B**) 44 (**C**) 60 (**D**) 81 (**E**) 120

A-Stu (30), D/CH-11/13 (30) -13

## Eine zusätzliche Bedingung kommt dazu

*Ähnliche Aufgaben*: **3.22** und **3.23**

**A 3.21** Lilly möchte die Ziffer 3 zur 2014 hinzufügen, sodass eine 5-stellige Zahl entsteht. Wohin muss sie die 3 schreiben, damit diese 5-stellige Zahl so klein wie möglich ist?

(**A**) vor die 2
(**B**) zwischen die 2 und die 0
(**C**) zwischen die 0 und die 1
(**D**) zwischen die 1 und die 4
(**E**) hinter die 4

A-Eco (2), D/CH-5/6 (5) -14

**A 3.22** Oleg bildet aus den Ziffern 1, 2, 3, 4, 5 und 6 zwei 3-stellige Zahlen. Dabei benutzt er jede der Ziffern genau einmal. Dann addiert er die beiden Zahlen. Wie groß ist die kleinste Summe, die er so erhalten kann?

(**A**) 369 (**B**) 381 (**C**) 390 (**D**) 480 (**E**) 579

A-Eco (19), D/CH-3/4 (19) -12

**A 3.23** Ich bilde zwei 4-stellige Zahlen, wobei ich jede der Ziffern 1, 2, 3, 4, 5, 6, 7, und 8 genau einmal verwende. Dann addiere ich die beiden Zahlen. Welche größte mögliche Summe kann ich erhalten?

(**A**) 17103 (**B**) 16173 (**C**) 16083 (**D**) 14085 (**E**) 13086

A-Kad (11), D/CH-7/8 (12) -12

**A 3.24** Zum Geburtstag unserer Bürgermeisterin ist in unserer Stadtzeitung ein Geburtstagsrätsel abgedruckt: „Die Zahl, die das Alter der Bürgermeisterin angibt, ist die kleinste, deren Ziffern das Produkt 24 ergeben. Und die Summe der Ziffern dieser Zahl verrät das Alter ihrer Tochter.“ Wie alt ist die Tochter der Bürgermeisterin?

(**A**) 7 (**B**) 8 (**C**) 9 (**D**) 10 (**E**) 11

D/CH-7/8 (10) -13

**A 3.25** Wie viele Pluszeichen müssen in der Gleichung $1+2+3+4+5=27$ durch Malzeichen ersetzt werden, damit die Rechnung stimmt?

(**A**) 1 (**B**) 2 (**C**) 3
(**D**) 4 (**E**) Das ist unmöglich.

D/CH-7/8 (11) -13

**A 3.26** Aus den Ziffern $0, 1, 2, 3$ werden zwei Zahlen gebildet, wobei jede Ziffer genau einmal verwendet wird. Dann werden diese Zahlen miteinander multipliziert. Wie groß kann das Produkt höchstens sein?

(**A**) 600 (**B**) 620 (**C**) 630 (**D**) 640 (**E**) 650

D/CH-11/13 (7) -12

**A 3.27** Taro hat entdeckt, dass in seiner 8-stelligen Telefonnummer keine Ziffer doppelt so groß ist wie eine der anderen Ziffern. Wie viele *verschiedene* Ziffern kann Taros Telefonnummer höchstens haben?

(**A**) 8 (**B**) 7 (**C**) 6 (**D**) 5 (**E**) 4

A-Kad (19), D/CH-7/8 (15) -12

**A 3.28** Frau Zügler züchtet Pudel. In den letzten 10 Jahren wurden insgesamt 180 Welpen geboren, in jedem Jahr eine andere Anzahl. Im Jahr 2010 waren es am meisten. Wie viele Welpen waren es 2010 *mindestens*?

(**A**) 20 (**B**) 21 (**C**) 22 (**D**) 23 (**E**) 24

A-Ben (24), D/CH-5/6 (24) -14

## Zahlen mit speziellen Eigenschaften gesucht

**A 3.29** Wie viele 2-stellige Zahlen gibt es, die um 50 größer sind als eine andere 2-stellige Zahl?

(A) 10 (B) 20 (C) 30 (D) 40 (E) 50

A-Ben (15), D/CH-5/6 (18) –13

**A 3.30** Wie viele positive ganze Zahlen $n$ gibt es, für die $n - 24$ und $n + 24$ zweistellige positive Zahlen sind?

(A) 42 (B) 48 (C) 51 (D) 52 (E) 66

A-Kad (16) –12

**A 3.31** Wie viele vierstellige Zahlen gibt es, die eine 3 an ihrer Hunderterstelle haben und bei denen die Summe der anderen drei Ziffern ebenfalls 3 ist?

(A) 2 (B) 3 (C) 4 (D) 5 (E) 6

A-Jun (18), D/CH-9/10 (10) –12

**A 3.32** Lasse hat auf einen Zettel mehrere verschiedene natürliche Zahlen geschrieben. Keine dieser Zahlen ist größer als 100. Das Produkt der Zahlen auf Lasses Zettel ist nicht durch 18 teilbar. Wie viele Zahlen kann Lasse *höchstens* aufgeschrieben haben?

(A) 57 (B) 65 (C) 68 (D) 72 (E) 90

A-Jun (25) und Stu (25), D/CH-9/10 (25) und 11/13 (26) –14

**A 3.33** Wir werfen einen Spielwürfel und notieren die Summe aller sichtbaren Augen. Kommt der Würfel z. B. auf der 3 zu liegen, so notieren wir $1+2+4+5+6$, also 18. Bei jedem weiteren Wurf addieren wir die Summe aller sichtbaren Augen zur letzten notierten Zahl. So entsteht eine Liste von Zahlen. In Abhängigkeit von der Abfolge der gewürfelten Zahlen entstehen unterschiedliche Listen. Welches ist die größte Zahl, die *ganz sicher nicht* in einer solchen Liste vorkommen kann?

(A) 29 (B) 35 (C) 41 (D) 44 (E) 51

D/CH 7/8 (29) –13

## 3.2 Wahrscheinlichkeit

**A 3.34** Beim Dosenwerfen auf dem Jahrmarkt wirft Lenja immer abwechselnd daneben oder landet einen Treffer, egal wie sehr sie sich anstrengt. Ihre Trefferquote hängt davon ab, wie viele Bälle sie wirft und ob sie mit einem Treffer beginnt oder mit einem Fehlwurf. Wie groß ist ihre Trefferquote sicher nicht?

(**A**) 40 % (**B**) 45 % (**C**) 48 % (**D**) 50 % (**E**) 60 %

A-Kad (15), D/CH-7/8 (18) -13

**A 3.35** Die vier Familien, die in der Gartenstraße 42 wohnen, bekommen gerade drei verschiedene Pakete geliefert, ein großes, ein mittleres und ein ganz kleines. Wie groß ist die Wahrscheinlichkeit, dass keine der Familien mehr als eines der drei Pakete bekommt?
(*Die Wahrscheinlichkeit, ein Paket zu bekommen, ist für jede Familie die gleiche.*)

(**A**) $\frac{1}{6}$ (**B**) $\frac{2}{7}$ (**C**) $\frac{3}{8}$ (**D**) $\frac{4}{9}$ (**E**) $\frac{5}{10}$

D/CH-11/13 (19) -13

**A 3.36** In einem regelmäßigen Achteck $ABCDEFGH$ wird von den Eckpunkten $C, D, E, F, G, H$ einer zufällig ausgewählt und mit $A$ verbunden. Dann wird noch einmal unter denselben sechs Eckpunkten einer zufällig ausgewählt und mit $B$ verbunden. Wie groß ist die Wahrscheinlichkeit, dass das Achteck durch die beiden Strecken in genau drei Teile geteilt wird?

(**A**) $\frac{5}{18}$ (**B**) $\frac{2}{5}$ (**C**) $\frac{4}{9}$ (**D**) $\frac{7}{15}$ (**E**) $\frac{1}{3}$

D/CH-11/13 (23) -12

**A 3.37** Prisca hat 22 Socken in ihrer Sockenschublade, nur blaue und weiße. Wenn sie 3 Socken zufällig herausnimmt, ist die Wahrscheinlichkeit, dass alle 3 Socken weiß sind, gleich $\frac{1}{7}$. Wie viele weiße Socken befinden sich demzufolge in Priscas Sockenschublade?

(**A**) 20 (**B**) 18 (**C**) 16 (**D**) 14 (**E**) 12

A-Stu (23), D/CH-11/13 (24) -14

## 3.3 Kombinatorisches in der Geometrie

Die kombinatorischen Lösungsideen, die wir für die Aufgaben bis hier nutzen konnten, lassen sich nur wenig abgewandelt zwar auch bei vielen geometrischen Problemen zur Lösung heranziehen, oft sind für die geometrischen Beispiele jedoch auch ein unverstellter Blick gepaart mit logischem Denken ausreichend.

### Wege gesucht

*Ähnliche Aufgaben*: **3.40** und **3.41**

**A 3.38** Im „Dichterpark“ stehen Skulpturen an den Wegkreuzungen. Von einer Kreuzung zur nächsten sind es jeweils 50 m. Ich beginne meinen Spaziergang an der größten Skulptur, zu der ich zurückkehre, nachdem ich alle Skulpturen angesehen habe. Wie lang ist der kürzeste Weg, den ich gehen kann?

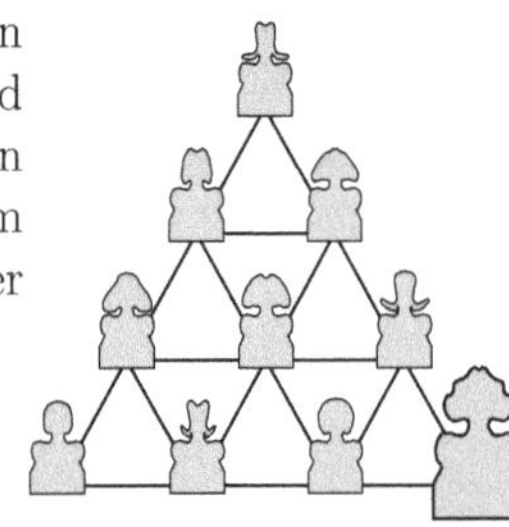

(**A**) 600 m (**B**) 550 m (**C**) 500 m
(**D**) 450 m (**E**) 400 m

A-Kad (7), D/CH-7/8 (7) –12

**A 3.39** Auf unserem Abenteuerspielplatz spielen wir am liebsten im „Drunter-und-Drüber“. Das ist eine Kombination aus Klettergarten und Tunnelsystem. Es gibt 6 Stationen, jede ist von jeder anderen auf genau einem direkten Weg zu erreichen. Dieser verläuft entweder mit Kletterei oberirdisch oder als Tunnel durch den Berg. Es gibt genau 7 Kletterwege. Wie viele Tunnel gibt es insgesamt?

(**A**) 4 (**B**) 5 (**C**) 6 (**D**) 7 (**E**) 8

D/CH-5/6 (16) –12

**A 3.40** Rechts sind 8 Punkte und 5 Verbindungsstrecken zu sehen. Wie viele Verbindungsstrecken müssen mindestens ergänzt werden, damit von jedem der 8 Punkte dieselbe Anzahl von Verbindungsstrecken ausgeht?

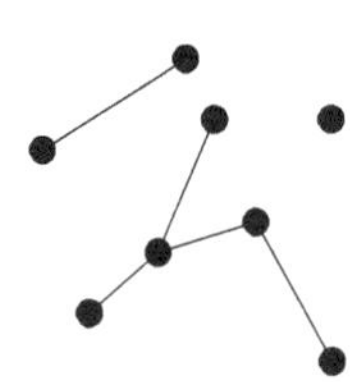

(**A**) 10 (**B**) 9 (**C**) 8 (**D**) 7 (**E**) 6

D/CH-7/8 (17) –14

**A 3.41** Kaan möchte zu den 5 abgebildeten Verbindungsstrecken so viele hinzufügen, dass dann von jedem der 7 Punkte dieselbe Zahl von Verbindungsstrecken ausgeht. Wie viele Strecken muss er dazu mindestens hinzufügen?

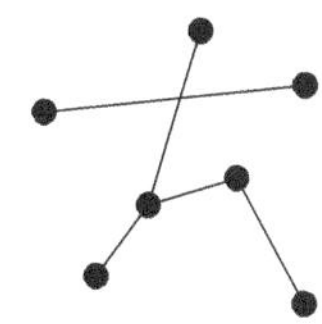

(**A**) 5 (**B**) 6 (**C**) 9 (**D**) 12 (**E**) 16

A-Jun (22), D/CH-9/10 (21) –14

## Zerschnittenes und Zerlegtes

*Ähnliche Aufgaben*: **3.42** und **3.43**

**A 3.42** Ulf hat die Zahlen 0, 1, 3, 6 und 9 aus Knete geformt. Seine kleine Schwester will ihn ärgern und schneidet jede Knetezahl mit einem einzigen geraden Schnitt mit dem Messer in möglichst viele Teile. Bei welcher Zahl entsteht die größte Anzahl von Teilen?

(**A**) bei der 0 (**B**) bei der 1 (**C**) bei der 3
(**D**) bei der 6 (**E**) bei der 9

A-Kad (4), D/CH-5/6 (9) –12

**A 3.43** Jeder der folgenden Buchstaben wird mit einem einzigen geraden Schnitt in so viele Teile wie möglich zerschnitten. Welcher der Buchstaben zerfällt in die meisten Teile?

A-Kad (4), D/CH-7/8 (4) –12

**A 3.44** Christina will ein Rechteck zeichnen, dessen eine Seite 5 cm lang ist. Das Rechteck soll so beschaffen sein, dass es durch eine gerade Linie in zwei Teile zerlegt werden kann, von denen eines ein Quadrat ist und außerdem eines der beiden Teile 4 cm$^2$ groß ist. Wie viele verschiedene Rechtecke kann Christina zeichnen?

(**A**) 1 (**B**) 2 (**C**) 3 (**D**) 4 (**E**) 5

A-Jun (23) und Stu (16), D/CH-11/13 (23) –13

**A 3.45** Je drei Eckpunkte eines Würfels bilden ein Dreieck. Wir zählen davon all die Dreiecke, bei denen nicht alle drei Ecken auf derselben Würfelseite liegen. Wie viele Dreiecke sind das?

(A) 16 (B) 48 (C) 24 (D) 40 (E) 32

A-Jun (26), D/CH-9/10 (27) –14

**A 3.46** In der Ebene seien mehrere Geraden gegeben. Die 1. Gerade schneidet genau 3 der anderen Geraden. Die 2. Gerade schneidet genau 4 der anderen Geraden. Und die 3. Gerade schneidet weder genau 3 noch genau 4 der anderen Geraden. Um wie viele Geraden handelt es sich insgesamt?

(A) 5 (B) 6 (C) 7 (D) 8 (E) 9

A-Stu (26), D/CH-11/13 (27) –13

## Kombinieren auf Kästchenpapier

*Ähnliche Aufgaben*: **3.48** und **3.49**

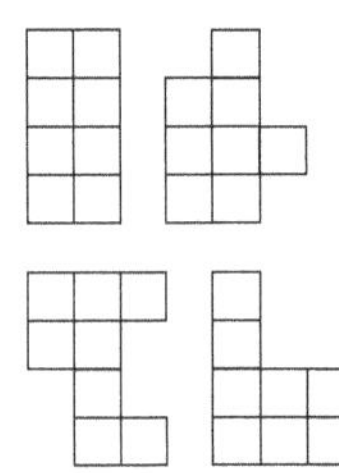

**A 3.47** Leo hat 2 L-förmige Teile 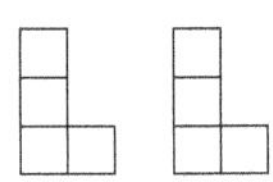 aus Kästchenpapier ausgeschnitten. Er schiebt sie zu verschiedenen Figuren zusammen. Wie viele der Figuren rechts kann er so erhalten?

(A) keine (B) eine (C) zwei (D) drei (E) alle vier

A-Eco (9), D/CH-3/4 (12) –12

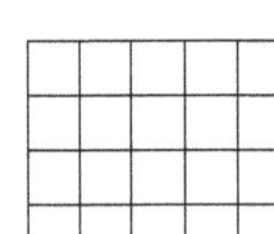

**A 3.48** Jegor hat sich T-Teilchen 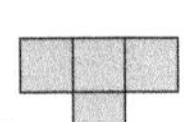 aus Karopapier ausgeschnitten: Er versucht, so viele wie möglich in dem $4 \times 5$-Rechteck unterzubringen. Die Teilchen dürfen sich nicht überlappen und nicht aus dem Rechteck herausragen. Wie viele Teilchen passen höchstens in das Rechteck?

(A) 2 (B) 3 (C) 4 (D) 5 (E) 6

A-Ben (8), D/CH-5/6 (8) –13

**A 3.49** Aus dem abgebildeten quadratischen Stück Papier schneidet Simon Teile in der daneben abgebildeten Form aus. Wie viele kleine Quadrate bleiben übrig, wenn Simon so viele dieser Teile wie möglich ausschneidet?

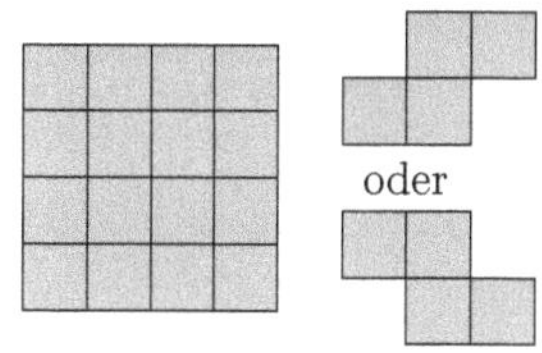


(**A**) 0 (**B**) 2 (**C**) 4 (**D**) 6 (**E**) 8

A-Kad (4), D/CH-7/8 (3) –13

---

**A 3.50** Mit welchem der unten abgebildeten Teile lässt sich die größte Zahl von Punkten auf dem rechts abgebildeten Spielbrett überdecken?

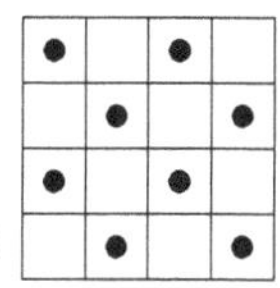

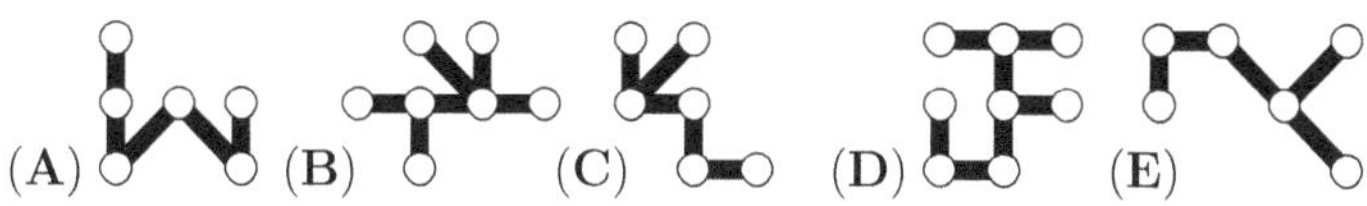


A-Ben (17), D/CH-3/4 (17) und 5/6 (13) –13

---

**A 3.51** Yona will mit den folgenden 4 Teilen

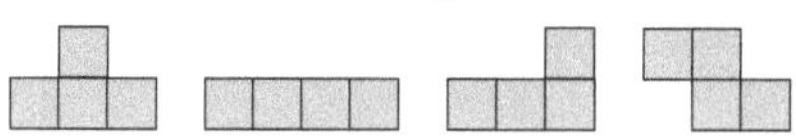

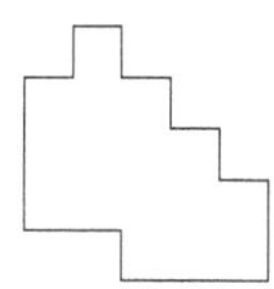

die Figur rechts ausfüllen. Wohin muss sie das erste Teil legen?

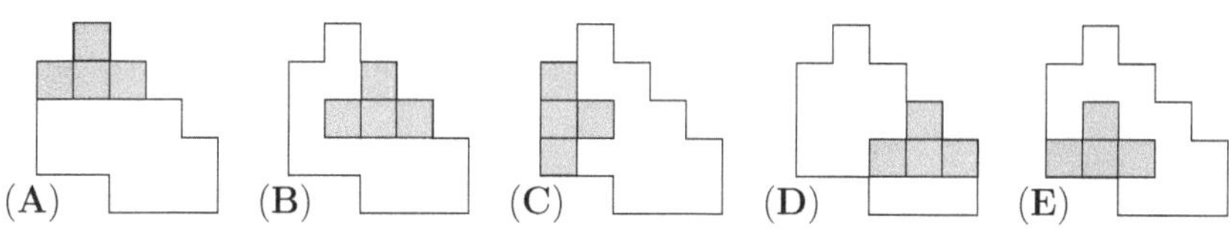


A-Eco (13), D/CH-3/4 (17) –14

---

**A 3.52** Udo möchte aus Teilen wie dem abgebildeten ein vollständiges Quadrat legen. Wie viele solche Teile braucht er mindestens?

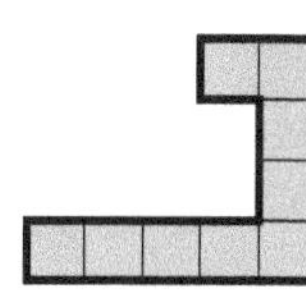

(**A**) 2 (**B**) 4 (**C**) 6 (**D**) 8 (**E**) 16

A-Eco (24), D/CH-3/4 (23) –13

**A 3.53** In der Pause spielen Thao und Irene „Schiffe versenken“ auf einem 5 × 5-Quadrat. Bevor es losgeht, sind die drei „Schiffe“ zu platzieren, und zwar so, dass sie sich nirgends berühren, auch nicht nur an einer Ecke. Das 1 × 1-Schiff 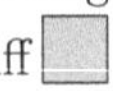 und das 2 × 1-Schiff  hat Thao schon platziert (siehe Bild). Wie viele Möglichkeiten gibt es für das 3 × 1-Schiff  ?

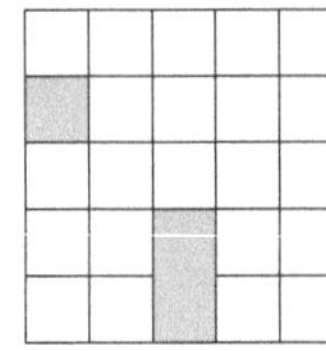

(A) 8 (B) 7 (C) 6 (D) 5 (E) 4

A-Kad (11), D/CH-7/8 (12) –13

**A 3.54** In der rechts abgebildeten Figur male ich einige Felder grau aus. In der Figur darf dabei *nirgendwo* ein graues 2 × 2-Quadrat 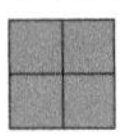 entstehen. Wie viele Felder kann ich dann höchstens grau ausmalen?

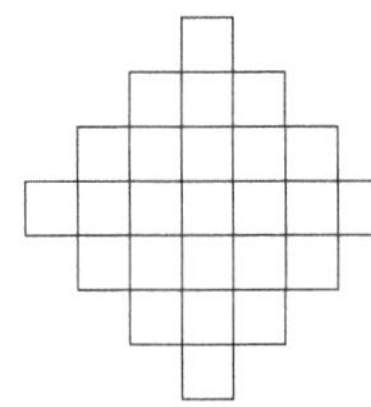

(A) 18 (B) 19 (C) 20 (D) 21 (E) 22

A-Eco (23), D/CH-3/4 (20) –14

## Puzzles

**A 3.55** Von den unten abgebildeten Teilen gibt es genau eines, das mit dem rechts abgebildeten Teil zusammen ein Rechteck ergibt. Welches ist das?

(A)  (B)  (C)  (D)  (E) 

A-Eco (13), D/CH-3/4 (9) –13

**A 3.56** Welches Teil passt in die Lücke, sodass zwei durchgehende Linien entstehen?

(A)  (B) 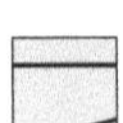 (C) 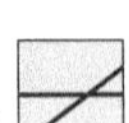 (D)  (E) 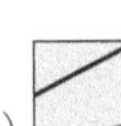

D/CH-3/4 (6) –14

**A 3.57** Ich bin versehentlich mit dem Besen gegen den rechteckigen Spiegel im Bad gestoßen, und er ist kaputt gegangen. Ein großes Stück ist dabei hinter den Schrank gerutscht. Wie sieht dieses Stück aus?

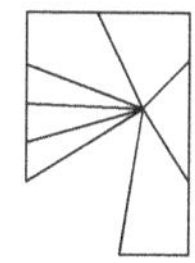

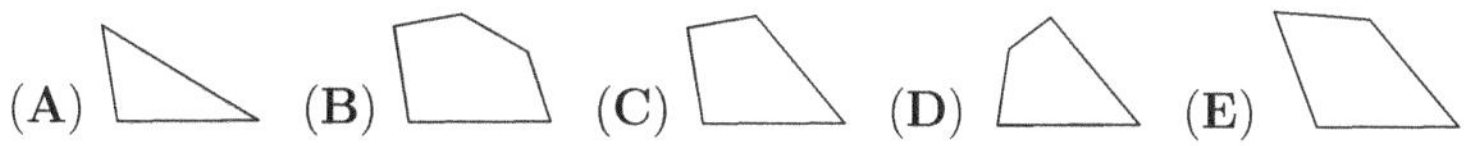


A-Eco (8), D/CH-3/4 (15) -13

**A 3.58** Welche drei von den abgebildeten sechs Teilen vervollständigen das quadratische Puzzle?

(**A**) 1, 3 und 4 (**B**) 1, 3 und 6 (**C**) 2, 3 und 5
(**D**) 2, 4 und 5 (**E**) 2, 3 und 6

A-Ben (12), D/CH-5/6 (8) -12

**A 3.59** Aus 4 der abgebildeten Teile legen wir ein Quadrat – ohne Lücken und ohne Überlappungen. Welches Teil bleibt übrig?

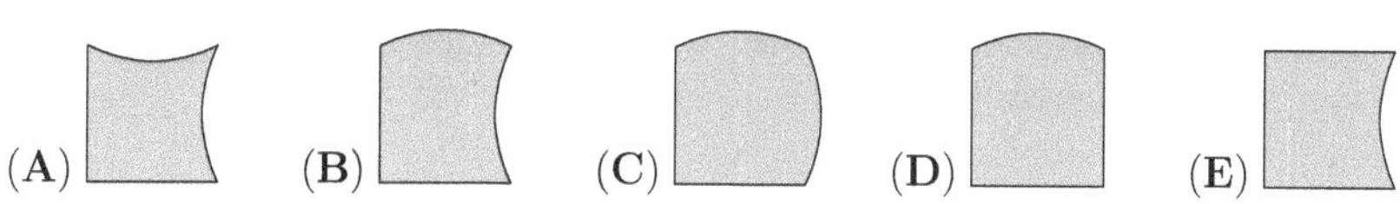


A-Ben (13), D/CH-5/6 (11) -14

## Vermischtes

**A 3.60** Wenn ich die Mittelpunkte der Seiten vom größten Dreieck im Bild verbinde, entsteht ein kleineres Dreieck. Verbinde ich in diesem kleineren Dreieck wieder die Mittelpunkte der Seiten, entsteht ein ganz kleines Dreieck. Wie viele von diesen ganz kleinen Dreiecken passen gleichzeitig in das größte Dreieck?

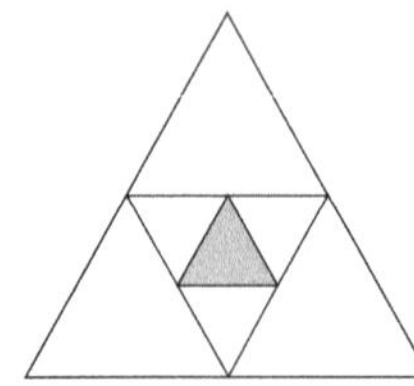

(**A**) 5 (**B**) 8 (**C**) 10 (**D**) 16 (**E**) 32

A-Eco (20) –13

**A 3.61** Juri, Ken, Lars, Minh und Neo stehen in dieser Reihenfolge im Kreis und üben einen Tanz ein. Es klatscht nacheinander immer einer in die Hände und die anderen tauschen wie im Bild die Plätze. Nach dem ersten Klatschen ist die neue Reihenfolge, wieder mit Juri beginnend: Juri, Neo, Ken, Minh, Lars. Wer hat geklatscht?

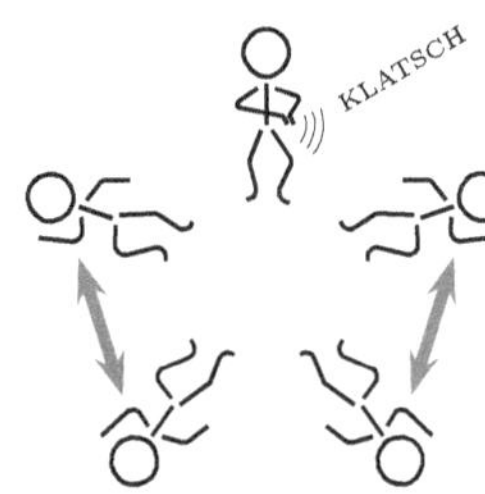


(**A**) Juri (**B**) Ken (**C**) Lars
(**D**) Minh (**E**) Neo

A-Ben (12), D/CH-5/6 (13) –14

**A 3.62** Vier identische Würfel, deren Netz rechts gezeichnet ist, sollen so zu einem $2 \times 2 \times 1$-Quader zusammengeklebt werden, dass Seiten, die miteinander verklebt sind, mit derselben Zahl beschriftet sind. Wir bilden die Summe aller Zahlen, die auf der Oberfläche des Quaders stehen. Welches ist die größte Summe, die sich so erzielen lässt ?

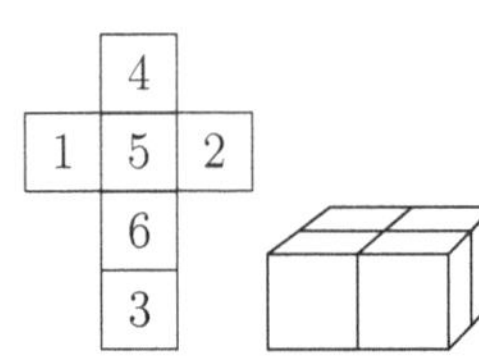


(**A**) 64 (**B**) 66 (**C**) 68 (**D**) 70 (**E**) 72

D/CH-5/6 (24) –13

# 4 Geometrie

## 4.1 Ebene Geometrie

Das umfangreichste Kapitel ist der Geometrie gewidmet, obwohl sie in der Schule leider meist nur knapp behandelt wird. Die Vielzahl von Aufgabenstellungen, die ihren Ursprung ganz unmittelbar im täglichen Umfeld haben, das große Spektrum von Ideen, die in den Lösungen vorkommen, die Möglichkeit, Gedanken aus anderen mathematischen Teilgebieten einfließen zu lassen, machen die Geometrie zu einem besonders interessanten Gebiet, dem wir gern noch Liebhaber dazugewinnen möchten.

### Flächenvergleiche

*Ähnliche Aufgaben*: **4.6** und **4.7**

**A 4.1** Auf welchem Bild sind die dunkle und die helle Fläche *nicht* gleich groß?

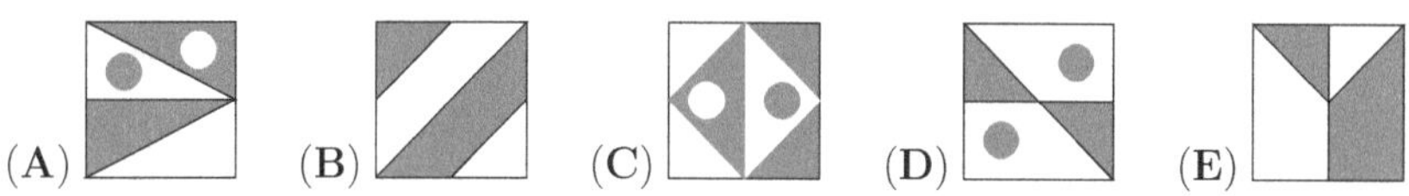


A-Eco (1) und Ben (1), D/CH-3/4 (2) –12

---

**A 4.2** Welche der Figuren hat einen größeren Flächeninhalt als die anderen vier?

(**A**) A (**B**) B (**C**) C
(**D**) D (**E**) Keine. Alle haben denselben Flächeninhalt.

A-Jun (1) –12

---

**A 4.3** Luis legt drei identische gleichseitige Dreiecke und drei identische Rauten zu einem großen gleichseitigen Dreieck zusammen. Welchen Anteil an der Fläche des großen Dreiecks haben die drei kleinen Dreiecke zusammen?

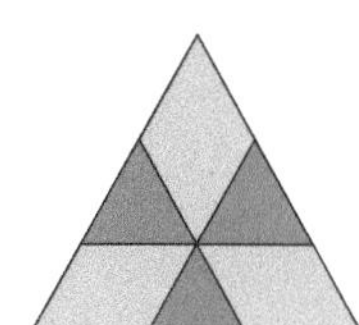

(**A**) $\frac{1}{6}$ (**B**) $\frac{1}{5}$ (**C**) $\frac{1}{4}$ (**D**) $\frac{1}{3}$ (**E**) $\frac{1}{2}$

A-Kad (1), D/CH-7/8 (6) –13

**A 4.4** Wanda zerschneidet mehrere gleich große Quadrate so in 3 Teile, wie es im Bild zu sehen ist. Aus einigen dieser Teile legt sie dann den daneben abgebildeten Vogel. Wie groß ist die Fläche des Vogels im Vergleich zur Fläche eines Quadrats?

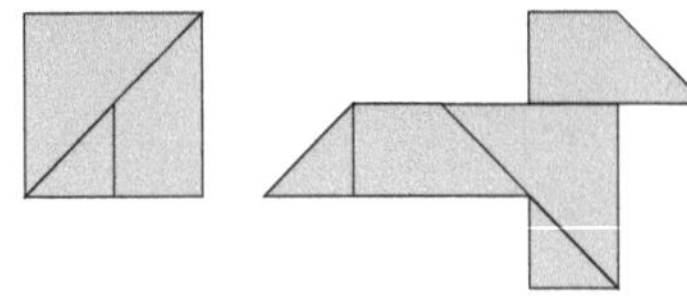

(**A**) halb so groß (**B**) genauso groß (**C**) doppelt so groß
(**D**) eineinhalbmal so groß (**E**) zweieinhalbmal so groß

A-Kad (6), D/CH-7/8 (7) –14

**A 4.5** Im Rechteck $ABCD$ sind $M$ und $N$ die Mittelpunkte der Seiten $\overline{AD}$ und $\overline{BC}$. Der Flächeninhalt des Rechtecks $ABCD$ beträgt $15\,\text{cm}^2$. Wie groß ist der Flächeninhalt des schraffierten Vierecks $MBND$?

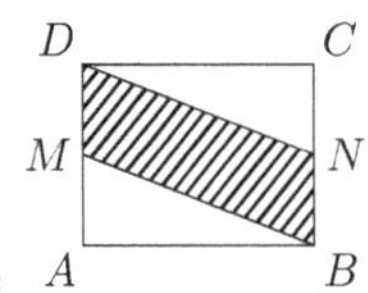


(**A**) $5\,\text{cm}^2$ (**B**) $6\,\text{cm}^2$ (**C**) $7{,}5\,\text{cm}^2$ (**D**) $9\,\text{cm}^2$ (**E**) $10\,\text{cm}^2$

A-Kad (4), D/CH-7/8 (9) –14

**A 4.6** Welches Teil muss rechts unten angelegt werden, damit im vollständigen $3 \times 3$-Feld die hellgraue Fläche ebenso groß ist wie die dunkelgraue?

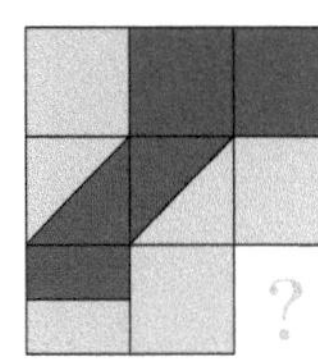


(**A**)  (**B**)  (**C**)  (**D**)  (**E**) 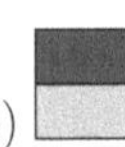

A-Eco (8), D/CH-3/4 (13) –14

**A 4.7** Welches Teil kann rechts unten angelegt werden, damit im vollständigen $3 \times 3$-Feld die hellgraue Fläche ebenso groß ist wie die dunkelgraue?

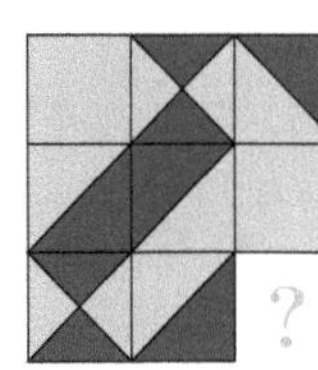


(**A**)  (**B**)  (**C**) 

(**D**)  (**E**) Es gibt kein solches Teil.

A-Ben (10), D/CH-5/6 (14) –14

**A 4.8** Camilla hat ein Stück Karopapier in 5 Teile geteilt. Nun möchte sie die Teile nach der Größe ihrer Fläche ordnen. Wie lautet die richtige Reihenfolge, wenn Camilla mit der kleinsten Fläche beginnt?

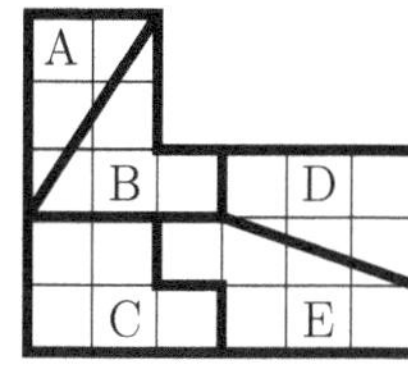


(**A**) A–B–D–C–E (**B**) D–A–C–B–E (**C**) A–D–C–B–E
(**D**) C–A–E–D–B (**E**) A–D–E–B–C

D/CH-3/4 (23) –14

## Flächenzerlegungen

**A 4.9** Zeichne ich 2 Kreise, so entsteht eine Figur, die aus 2 oder aus 3 Teilen besteht. Wenn ich statt der 2 Kreise 2 Quadrate zeichne, gibt es ebenfalls verschiedene Möglichkeiten für die Anzahl der Teile, aus der die Figur dann besteht. Aus wie vielen Teilen besteht die entstehende Figur *höchstens*?

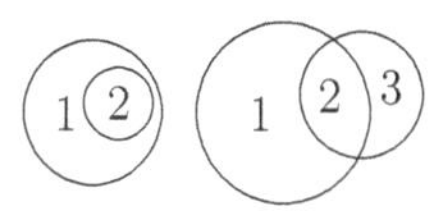


(**A**) aus 3 Teilen (**B**) aus 5 Teilen (**C**) aus 6 Teilen
(**D**) aus 8 Teilen (**E**) aus 9 Teilen

D/CH-5/6 (21) –13

**A 4.10** In ein Rechteck mit den Seitenlängen 6 cm und 11 cm sind zwei Winkelhalbierende eingezeichnet, die eine der 11 cm langen Seiten in drei Teile teilen. Wie lang sind diese Teile?

(**A**) 1 cm, 9 cm, 1 cm (**B**) 2 cm, 7 cm, 2 cm (**C**) 3 cm, 5 cm, 3 cm
(**D**) 4 cm, 3 cm, 4 cm (**E**) 5 cm, 1 cm, 5 cm

A-Kad (18), D/CH-7/8 (18) –14

**A 4.11** Von einem rechteckigen Stück Papier, 192 mm lang und 84 mm breit, schneide ich mit einem geraden Schnitt ein Quadrat ab. Vom Rest schneide ich wieder ein Quadrat ab und wiederhole dieses Abschneiden, bis es nicht mehr möglich ist, ein Quadrat abzuschneiden. Wie lang ist eine Seite des kleinsten Quadrats, das dabei entsteht?

(**A**) 1 mm (**B**) 4 mm (**C**) 6 mm (**D**) 10 mm (**E**) 12 mm

A-Eco (23) und Ben (19), D/CH-3/4 (23) –12

**A 4.12** Marlen ist dabei, ein Rechteck, das 7 Kästchen lang und 6 Kästchen breit ist, so in Quadrate zu zerschneiden, dass keines der Kästchen zerschnitten wird. Sie könnte es in höchstens $6 \cdot 7 = 42$ Quadrate zerschneiden. Aber welches ist die *kleinste* Zahl von Quadraten, in die Marlen das Rechteck zerschneiden kann?

(**A**) 4 (**B**) 5 (**C**) 6 (**D**) 7 (**E**) 8

D/CH-5/6 (22) –12

## Berechnung von Flächeninhalten

**A 4.13** Fünf Kreise überlappen sich, wie im Bild zu sehen. Jeder der Kreise hat einen Flächeninhalt von $5\,\text{cm}^2$. Die gemeinsame Fläche zweier sich überlappender Kreise ist $1\,\text{cm}^2$ groß. Welchen Flächeninhalt hat die dick umrandete Fläche?

(**A**) $16\,\text{cm}^2$ (**B**) $17\,\text{cm}^2$ (**C**) $19\,\text{cm}^2$ (**D**) $21\,\text{cm}^2$ (**E**) $23\,\text{cm}^2$

A-Kad (12), D/CH-7/8 (11) –14

**A 4.14** Die abgebildete Figur ist aus 8 Quadraten zusammengesetzt. Der Umfang, also die Länge des dick gezeichneten Randes dieser Figur, ist 42 cm lang. Wie groß ist der Flächeninhalt der Figur?

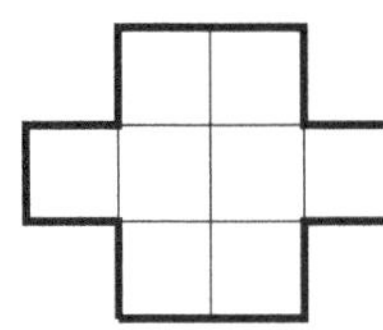

(**A**) 8 $\text{cm}^2$ (**B**) 9 $\text{cm}^2$ (**C**) 24 $\text{cm}^2$
(**D**) 72 $\text{cm}^2$ (**E**) 128 $\text{cm}^2$

A-Ben (15), D/CH-5/6 (14) –12

**A 4.15** Ben hat in seinem Erdbeer-Erbsen-Beet den rechteckigen Erdbeer-Teil zu einem Quadrat vergrößert, indem er eine Seite dieses Teils um 3 m verlängert hat. Die Fläche des Erbsen-Teils ist jetzt um $15\,\text{m}^2$ kleiner. Welchen Flächeninhalt hatte der Erdbeer-Teil vor der Änderung?

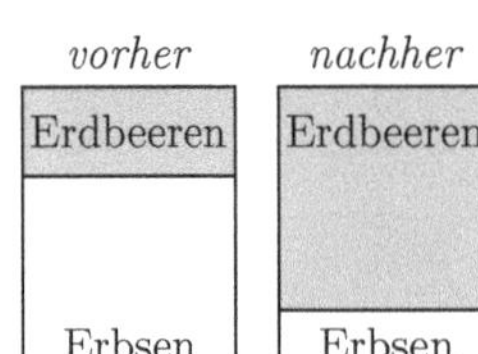


(**A**) $5\,\text{m}^2$ (**B**) $6\,\text{m}^2$ (**C**) $10\,\text{m}^2$
(**D**) $15\,\text{m}^2$ (**E**) $18\,\text{m}^2$

A-Kad (12), D/CH-7/8 (16) –12

**A 4.16** Eine Seite des großen regelmäßigen Sechsecks ist doppelt so lang wie eine Seite des kleinen regelmäßigen Sechsecks. Der Flächeninhalt des kleinen Sechsecks beträgt $4\,\text{cm}^2$. Welchen Flächeninhalt hat das große Sechseck?

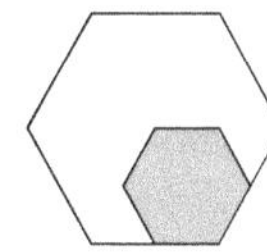

(**A**) $20\,\text{cm}^2$ (**B**) $18\,\text{cm}^2$ (**C**) $16\,\text{cm}^2$
(**D**) $14\,\text{cm}^2$ (**E**) $12\,\text{cm}^2$

A-Jun (6), D/CH-9/10 (8) -14

**A 4.17** Wie viele verschiedene Rechtecke mit der Fläche 60 und lauter ganzzahligen Seitenlängen gibt es?

(**A**) 8 (**B**) 6 (**C**) 5 (**D**) 4 (**E**) 3

A-Stu (3) -12

**A 4.18** Die Quadrate im rechts abgebildeten Gitter haben eine Seitenlänge von 1 cm. Wie groß ist der Flächeninhalt des Vierecks $ABCD$?

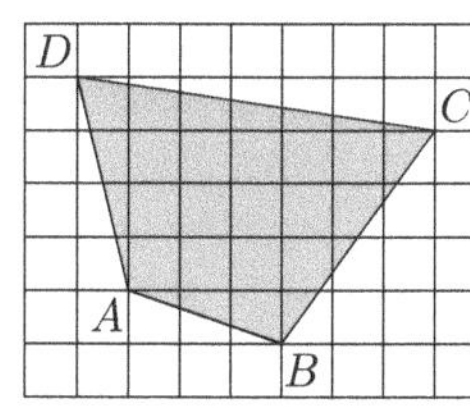


(**A**) $21\,\text{cm}^2$ (**B**) $22\,\text{cm}^2$ (**C**) $24\,\text{cm}^2$
(**D**) $25\,\text{cm}^2$ (**E**) $26\,\text{cm}^2$

A-Kad (23), D/CH-7/8 (23) -13

**A 4.19** Die Abbildung rechts zeigt ein regelmäßiges Achteck. Der graue Teil des Achtecks hat einen Flächeninhalt von $3\,\text{cm}^2$. Welchen Flächeninhalt (in $\text{cm}^2$) hat das Achteck?

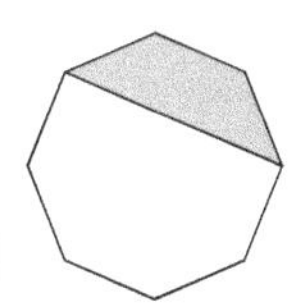

(**A**) 9 (**B**) $8\sqrt{2}$ (**C**) 12 (**D**) 14 (**E**) $8+4\sqrt{2}$

A-Jun (14), D/CH-9/10 (19) -14

**A 4.20** Von zwei Quadraten ist bekannt, dass sich ihre Flächeninhalte um $13\,\text{cm}^2$ unterscheiden. Um wie viel unterscheiden sich ihre Seitenlängen?

(**A**) um 3 cm (**B**) um $\frac{10}{3}$ cm (**C**) um $\sqrt{13}$ cm
(**D**) um 13 cm (**E**) Es gibt unendlich viele Möglichkeiten.

D/CH-11/13 (17) -14

**A 4.21** Das Viereck $ABCD$ hat bei $A$ und bei $D$ jeweils einen rechten Winkel. Es wird durch seine beiden Diagonalen in vier Dreiecke zerlegt, zwei ihrer Flächeninhalte sind rechts angegeben. Welchen Flächeninhalt hat das Viereck $ABCD$?

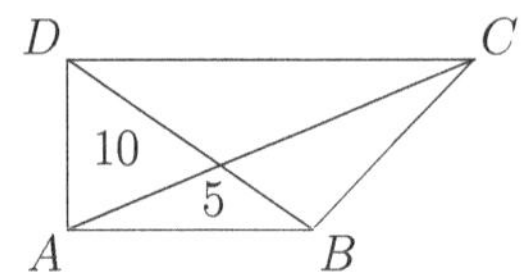


(**A**) 60 (**B**) 55 (**C**) 50 (**D**) 45 (**E**) 40

A-Kad (23), D/CH-7/8 (28) –14

---

**A 4.22** In einem Quadrat $ABCD$ der Seitenlänge 2 ist $E$ Mittelpunkt der Seite $\overline{AB}$ und $F$ Mittelpunkt der Seite $\overline{AD}$. Der Punkt $G$ liegt so auf der Strecke $\overline{CF}$, dass $3\overline{CG} = 2\overline{GF}$ ist. Wie groß ist der Flächeninhalt des Dreiecks $EBG$?

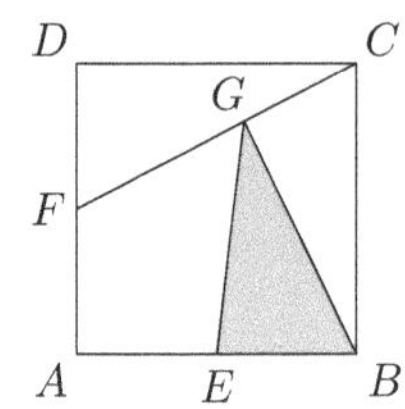


(**A**) $\frac{7}{10}$ (**B**) $\frac{4}{5}$ (**C**) $\frac{8}{5}$ (**D**) $\frac{3}{5}$ (**E**) $\frac{6}{5}$

A-Stu (18), D/CH-11/13 (19) –12

---

**A 4.23** Rechts ist ein Dreieck mit dem Flächeninhalt 8 cm$^2$ gezeichnet. Über zwei seiner Seiten sind Quadrate mit den Seitenlängen 4 cm bzw. 5 cm errichtet (*Abb. nicht maßstabsgerecht*). Die graue Figur ist ein Parallelogramm. Der Flächeninhalt dieses Parallelogramms beträgt

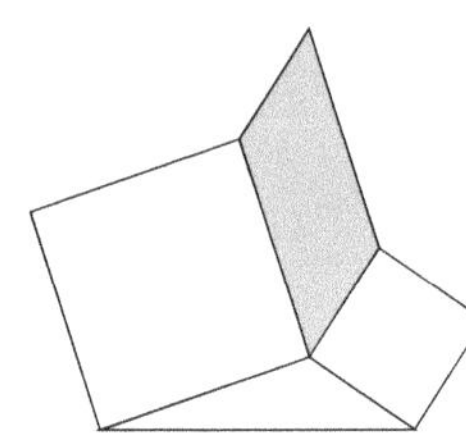

(**A**) 12 cm$^2$ (**B**) 16 cm$^2$ (**C**) 18 cm$^2$
(**D**) 20 cm$^2$ (**E**) 24 cm$^2$

A-Jun (27), D/CH-9/10 (23) –12

---

**A 4.24** Im Quadrat $ABCD$ ist $M$ der Mittelpunkt der Seite $\overline{AD}$. Der Punkt $N$ liegt so auf der Diagonalen $\overline{AC}$, dass die Strecke $\overline{MN}$ senkrecht auf $\overline{AC}$ steht. Welchen Anteil am Flächeninhalt des Quadrats $ABCD$ hat das grau markierte Dreieck $MNC$?

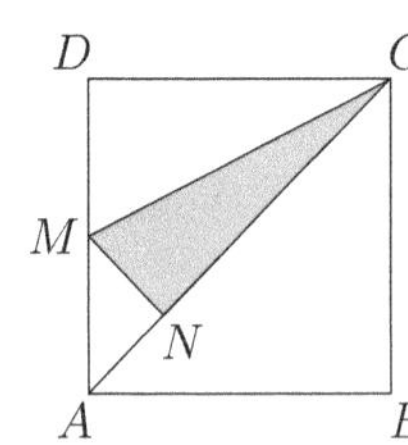


(**A**) $\frac{1}{6}$ (**B**) $\frac{1}{5}$ (**C**) $\frac{7}{36}$ (**D**) $\frac{3}{16}$ (**E**) $\frac{7}{40}$

A-Kad (24), D/CH-7/8 (24) –12

## Umfangsberechnungen

**A 4.25** Ida hat ein Quadrat aus 4 Spielgeldmünzen gelegt und es mit 4 Streichhölzern eingefasst. Nun legt sie aus 16 dieser Münzen ein Quadrat, 4 Münzen in jeder Reihe. Wie viele Streichhölzer braucht Ida, um dieses größere Münzenquadrat einzufassen?

(**A**) 8 (**B**) 10 (**C**) 14 (**D**) 18 (**E**) 20

D/CH-5/6 (3) –12

**A 4.26** Ein Quadrat mit dem Umfang 40 cm ist in der Mitte zerschnitten worden. Die beiden Hälften sind zu einem Rechteck zusammengelegt worden (siehe Bild). Welchen Umfang hat dieses Rechteck?

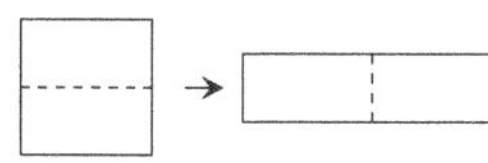

(**A**) 32 cm (**B**) 40 cm (**C**) 44 cm
(**D**) 48 cm (**E**) 50 cm

A-Ben (6), D/CH-5/6 (6) –14

**A 4.27** Aus 38 Streichhölzern lege ich ein Dreieck und ein Quadrat. Jede Dreiecksseite ist 6 Hölzer lang. Wie viele Hölzer lang ist eine Quadratseite?

(**A**) 5 (**B**) 6 (**C**) 7 (**D**) 8 (**E**) 9

A-Ben (7), D/CH-5/6 (9) –14

**A 4.28** Maximilian bereitet für einen Aushang in der Schule große Buchstaben und Zeichen vor.

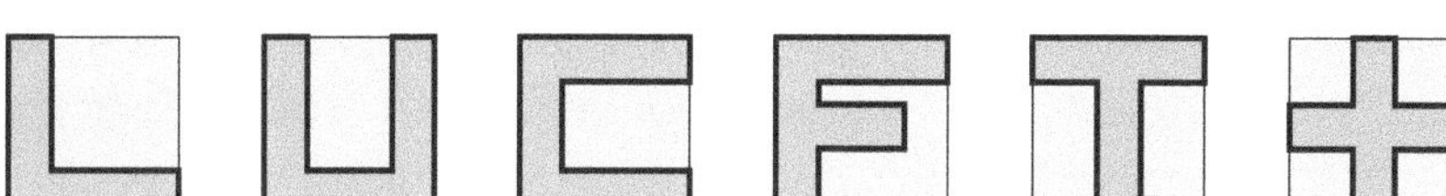

Nach dem Ausmalen zieht er bei allen den Rand dick nach und fragt sich, bei wie vielen der Buchstaben oder Zeichen dieser Rand länger ist als der Umfang des Quadrats, in das er sie gemalt hat. Wie viele sind das?

(**A**) 1 (**B**) 2 (**C**) 3 (**D**) 4 (**E**) 5

A-Ben (10) und Jun (2), D/CH-5/6 (12) und 9/10 (1) –13

**A 4.29** Die beiden abgebildeten Figuren bestehen aus denselben fünf Teilen: zwei großen Viertelkreisen, zwei kleinen Viertelkreisen und einem Rechteck, das 10 cm lang und 5 cm breit ist. Die Umfänge der Figuren sind jedoch verschieden. Sie unterscheiden sich um

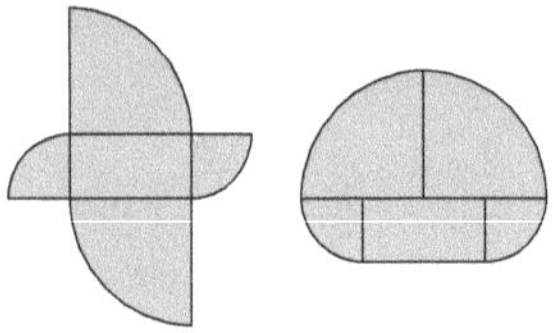

(**A**) 30 cm (**B**) 20 cm (**C**) 15 cm
(**D**) 10 cm (**E**) 5 cm

A-Ben (21), D/CH-5/6 (15) –12

**A 4.30** Ein Viereck hat eine Seite von 4 cm und eine Seite von 1 cm Länge. Eine der beiden Diagonalen ist 2 cm lang. Diese Diagonale teilt das Viereck in zwei gleichschenklige Dreiecke. Welchen Umfang hat das Viereck?

(**A**) 8 cm (**B**) 9 cm (**C**) 10 cm (**D**) 11 cm (**E**) 12 cm

A-Jun (21), D/CH-9/10 (18) –12

## Mit den Sätzen von Pythagoras und Thales

**A 4.31** Es sei $ABC$ ein rechtwinkliges Dreieck, dessen Katheten 6 cm bzw. 8 cm lang sind. Die Punkte $P$, $Q$ und $R$ seien die Mittelpunkte der drei Dreiecksseiten. Welchen Umfang hat das Dreieck $PQR$?

(**A**) 10 cm (**B**) 12 cm (**C**) 15 cm (**D**) 20 cm (**E**) 24 cm

A-Jun (8), D/CH-9/10 (14) –12

**A 4.32** Mit Nagel und Faden hat Maksim 5 verschieden große rechteckige Bilder an die Wand gehängt. Die 5 Nägel hat er genau 2,50 m über dem Fußboden in die Wand geschlagen. Die 5 Fäden sind jeweils 2 m lang und enden an den beiden oberen Ecken (s. Abb.). Für welches Bild ist der Abstand der Unterkante des Bildes zum Fußboden am geringsten? (Angaben Breite × Höhe, jeweils in cm)

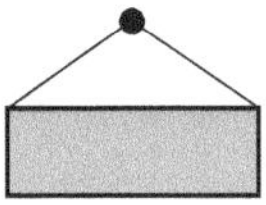

(**A**) $120 \times 90$ (**B**) $120 \times 50$ (**C**) $120 \times 40$ (**D**) $160 \times 100$ (**E**) $160 \times 60$

A-Jun (12), D/CH-9/10 (16) –14

**A 4.33** Herr Pythagoras hat – seinem Namen Ehre machend – ein Beet in der abgebildeten Form angelegt. In das rechtwinklige Dreieck in der Mitte pflanzt er rote Rosen, in das große Quadrat weiße Rosen und in die zwei identischen kleineren Quadrate gelbe Rosen. Insgesamt ist das Beet 16 m breit. Welchen Flächeninhalt hat es?

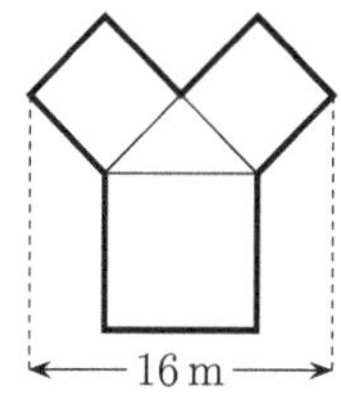


(**A**) $114\,\text{m}^2$ (**B**) $130\,\text{m}^2$ (**C**) $144\,\text{m}^2$
(**D**) $160\,\text{m}^2$ (**E**) $186\,\text{m}^2$

A-Stu (16), D/CH-11/13 (13) -12

---

**A 4.34** Die Kreise $k_1$ und $k_2$ haben denselben Mittelpunkt. Der Radius von $k_1$ ist dreimal so lang wie der Radius von $k_2$ (*Abb. nicht maßstabsgerecht*). $\overline{AC}$ ist ein Durchmesser von $k_1$, die Sehne $\overline{BC}$ ist gleichzeitig Tangente an $k_2$. Es ist $|\overline{AB}| = 12$. Wie lang ist der Radius von $k_1$?

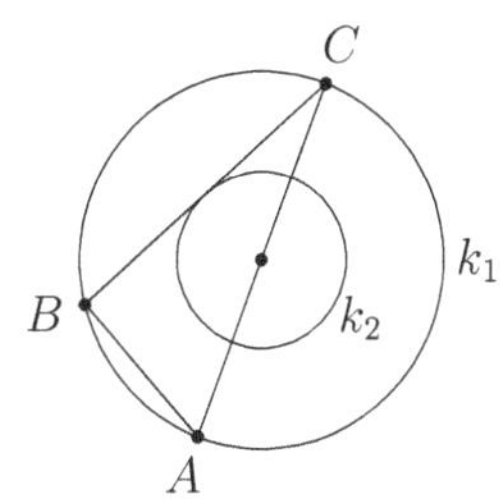


(**A**) 15 (**B**) 18 (**C**) 21 (**D**) 24 (**E**) 27

A-Stu (13), D/CH-11/13 (19) -14

---

**A 4.35** In einer 6 cm langen rechteckigen Schachtel liegen 8 einander berührende Münzen. Welche Breite (in cm) hat diese Schachtel?

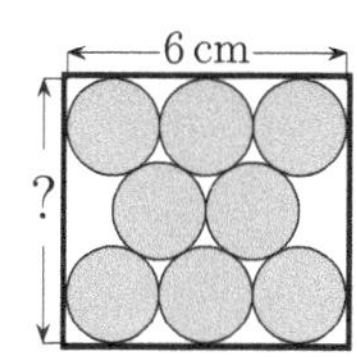


(**A**) 5 (**B**) $4\sqrt{2}$ (**C**) $2\sqrt{3}+2$
(**D**) $2\sqrt{2}+3$ (**E**) $3\sqrt{3}$

A-Jun (15), D/CH-9/10 (20) -12

---

**A 4.36** Die Abbildung zeigt zwei sich berührende Kreise mit Radius 1 und ein Quadrat, das die Kreise berührt. Eine Quadratseite liegt auf einer gemeinsamen Tangente der Kreise. Wie groß ist die Seitenlänge dieses Quadrats?

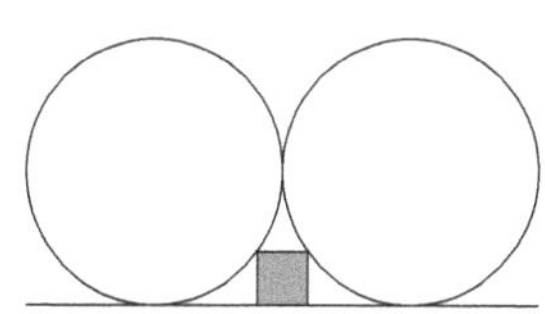

(**A**) $\frac{2}{5}$ (**B**) $\frac{1}{4}$ (**C**) $\frac{1}{\sqrt{2}}$ (**D**) $\frac{1}{5}$ (**E**) $\frac{1}{2}$

A-Stu (24), D/CH-11/13 (25) -14

**A 4.37** Zacharias Zeiger hat sich eine modische, rechteckige Uhr gebaut. Die Zeiger drehen sich gleichmäßig wie bei jeder anderen Uhr. Der Abstand zwischen der 8 und der 10 beträgt 12 cm. Wie groß (in cm) ist der Abstand zwischen der 1 und der 2? (*Abb. nicht maßstabsgerecht*)

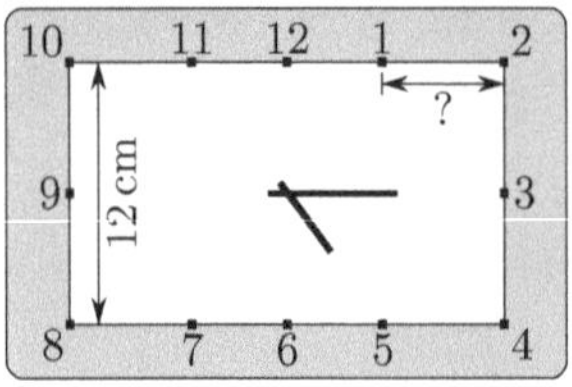


(**A**) $3\sqrt{3}$ (**B**) $2\sqrt{3}$ (**C**) $4\sqrt{3}$
(**D**) $2+\sqrt{3}$ (**E**) $12-3\sqrt{3}$

A-Stu (19), D/CH-11/13 (26) –12

**A 4.38** Es sei $ABCD$ ein Rechteck, $P$ Mittelpunkt der Seite $\overline{AB}$ und $Q$ der Fußpunkt des Lotes von $C$ auf $PD$. Dann gilt sicher

(**A**) $|\overline{CQ}| = |\overline{DQ}|$ (**B**) $|\overline{BC}| = |\overline{BQ}|$ (**C**) $|\overline{BC}| = |\overline{CQ}|$
(**D**) $|\overline{BQ}| = |\overline{DQ}|$ (**E**) $|\overline{BQ}| = |\overline{CQ}|$

D/CH-9/10 (29) –13

## Winkelberechnungen

**A 4.39** Ein Trapez mit ganzzahligen Seitenlängen hat den Umfang 5. Wie groß sind die beiden kleinsten Innenwinkel dieses Trapezes?

(**A**) 60° und 60° (**B**) 30° und 30° (**C**) 45° und 45°
(**D**) 30° und 60° (**E**) 45° und 90°

A-Kad (13), D/CH-7/8 (15) –13

**A 4.40** Die im Bild markierten Winkel betragen: $\alpha = 55°$, $\beta = 40°$ und $\gamma = 35°$. Wie groß ist $\delta$? (*Abb. nicht maßstabsgerecht*)

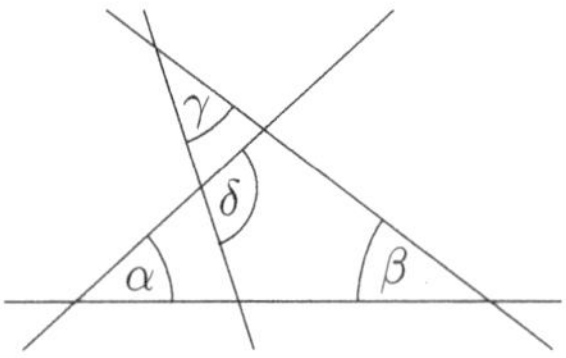


(**A**) 100° (**B**) 105° (**C**) 120°
(**D**) 125° (**E**) 130°

A-Kad (12), D/CH-7/8 (16) –13

**A 4.41** Wie groß ist der mit dem Fragezeichen gekennzeichnete Winkel? (*Abb. nicht maßstabsgerecht*)

(**A**) 51° (**B**) 55° (**C**) 56°
(**D**) 60° (**E**) 65°

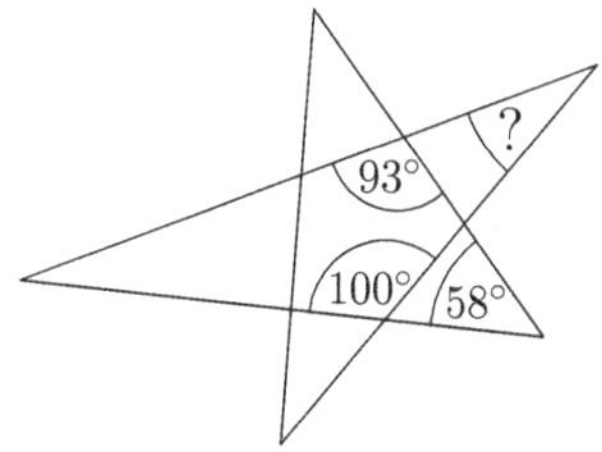


A-Kad (14), D/CH-7/8 (20) –12

**A 4.42** Das Quadrat $DEFG$ ist durch eine Drehung des Quadrats $ABCD$ um den Punkt $D$ entstanden, der eingezeichnete Winkel $\gamma$ misst 20° (*Abb. nicht maßstabsgerecht*). Wie groß ist der Winkel $\measuredangle GCB$?

(**A**) 45° (**B**) 47,5° (**C**) 50°
(**D**) 55° (**E**) 57,5°

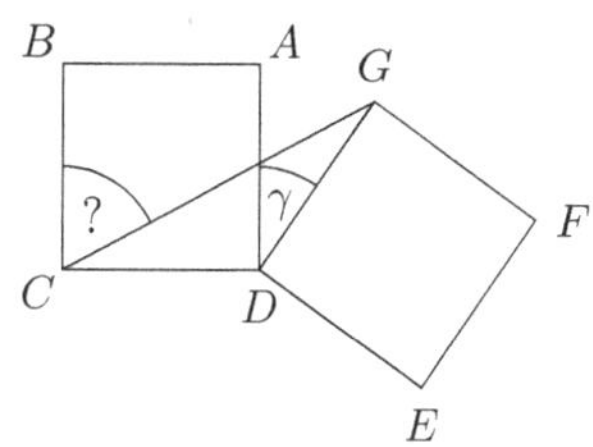


A-Jun (11), D/CH-9/10 (16) –13

**A 4.43** Im Dreieck $ABC$ ist $\overline{BH}$ die Höhe auf die Seite $\overline{AC}$ und $\overline{CD}$ die Winkelhalbierende des Winkels bei $C$. Mit $\alpha$ ist der Winkel $DCB$ bezeichnet, $S$ ist der Schnittpunkt von $\overline{BH}$ und $\overline{CD}$. Wie groß ist $\alpha$, wenn der Winkel $BSC$ 4-mal so groß ist wie $\alpha$? (*Abb. nicht maßstabsgerecht*)

(**A**) 30° (**B**) 32,5° (**C**) 35°
(**D**) 37,5° (**E**) 40°

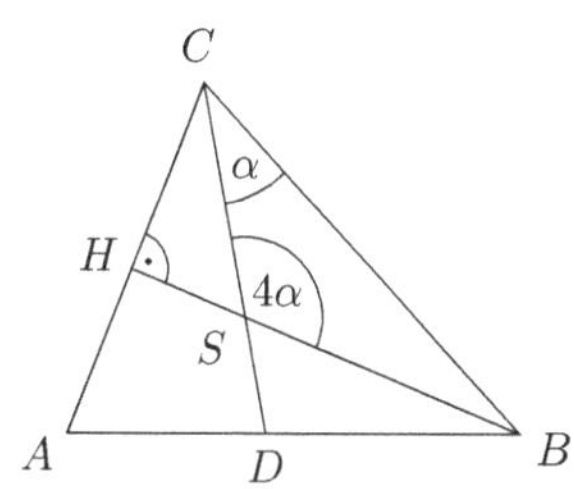


A-Kad (16), D/CH-7/8 (20) –14

**A 4.44** Im Dreieck $ABC$ liegen die Punkte $M$ und $N$ auf der Seite $\overline{AB}$. Es gilt $|\overline{AN}| = |\overline{AC}|$, $|\overline{BM}| = |\overline{BC}|$ und $\measuredangle MCN = 43°$ (*Abb. nicht maßstabsgerecht*). Dann ist $\measuredangle ACB$=

(**A**) 86° (**B**) 89° (**C**) 90°
(**D**) 92° (**E**) 94°

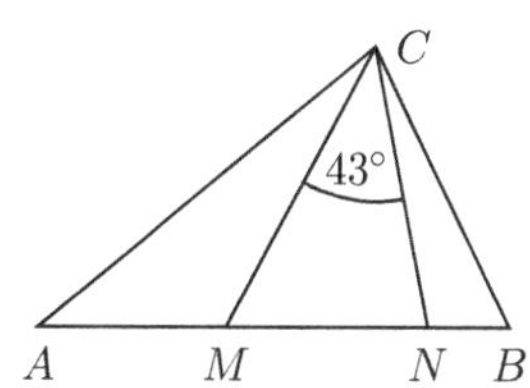


A-Stu (20), D/CH-11/13 (20) –13

**A 4.45** Wie groß ist der kleinstmögliche Winkel in einem gleichschenkligen Dreieck $ABC$, in dem es eine Seitenhalbierende gibt, die das Dreieck $ABC$ in zwei gleichschenklige Dreiecke zerlegt?

(**A**) 15° (**B**) 22,5° (**C**) 30° (**D**) 36° (**E**) 45°

D/CH-11/13 (24) –12

**A 4.46** Gegeben ist ein Kreis $k$ und ein Punkt $P$ außerhalb von $k$. $T$ ist der Berührungspunkt der Tangente $PT$ an den Kreis $k$. Die Gerade $PR$ verläuft durch den Mittelpunkt $O$ von $k$. Die Winkelhalbierende von $\measuredangle TPR$ schneidet $RT$ in $S$. Wie groß ist $\measuredangle PST$?

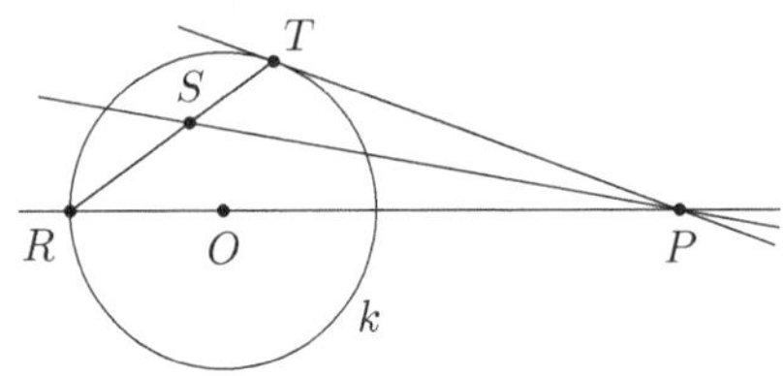


(**A**) 37,5° (**B**) 45° (**C**) 54°
(**D**) 60° (**E**) Es hängt von der Lage von $P$ ab.

A-Jun (27), D/CH-9/10 (26) –14

**A 4.47** Auf einem Würfel ist ein Streckenzug gezeichnet, der benachbarte Kantenmittelpunkte verbindet (s. Abb.). Wenn $A$ ein Eckpunkt des Streckenzugs ist und $X$ und $Y$ dessen Nachbarn, so wird als *Winkel des Streckenzugs bei A* der Innenwinkel $\measuredangle XAY$ im Dreieck $AXY$ bezeichnet. Wie groß ist die Summe aller 12 Winkel dieses Streckenzugs?

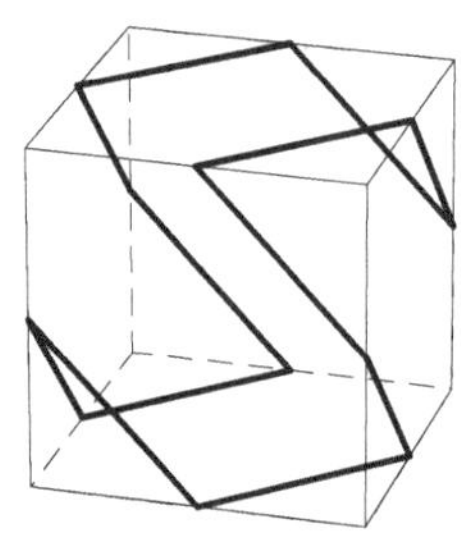

(**A**) 720° (**B**) 1080° (**C**) 1200°
(**D**) 1440° (**E**) 1800°

A-Stu (28), D/CH-11/13 (29) –14

## Dreiecksgeometrie

Auch wenn die Geometrie im Mathematikunterricht oft ein Stiefkind ist und insbesondere zur Geometrie des Dreiecks nur einige wenige Eigenschaften etwas näher behandelt werden, kommt doch eine Vielzahl von Aufgaben aus diesem Gebiet. Sie sind gut dazu geeignet, den Umgang mit Winkeln und Längen, mit den Ähnlichkeits- oder Strahlensätzen, mit den Dreieckstransversalen und ihren Schnittpunkten usw. zu üben. Auch zu einfachen Aufgaben gibt es oft ganz unterschiedliche Lösungswege. Für die Aufgaben 4.51 und 4.52 haben wir das einmal exemplarisch aufgeschrieben.

*Ähnliche Aufgaben*: **4.51** und **4.52**

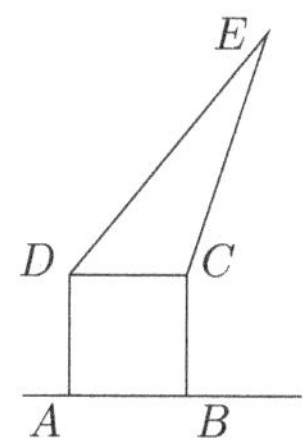


**A 4.48** Das Quadrat $ABCD$ hat die Seitenlänge 4 cm. Das Dreieck $DCE$ hat denselben Flächeninhalt wie das Quadrat. Welchen Abstand hat $E$ von der Geraden durch $A$ und $B$?

(**A**) 8 cm (**B**) $(4+\sqrt{3})$ cm (**C**) $10\sqrt{2}$ cm

(**D**) 12 cm (**E**) Das hängt von der Lage von $E$ ab.

A-Jun (9), D/CH-9/10 (5) –12

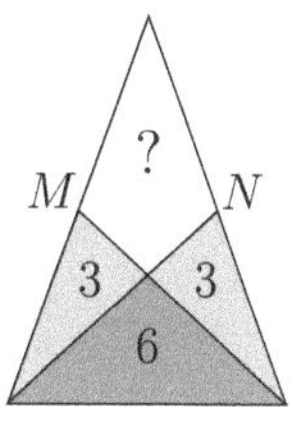


**A 4.49** Das rechts gezeichnete Dreieck ist gleichschenklig, die Punkte $M$ und $N$ sind die Mittelpunkte der Schenkel. Von drei Teilflächen ist der Flächeninhalt bekannt. Welchen Flächeninhalt hat die vierte, weiße Teilfläche?

(**A**) 3 (**B**) 4 (**C**) 5 (**D**) 6 (**E**) 7

A-Jun (4), D/CH-11/13 (8) –12

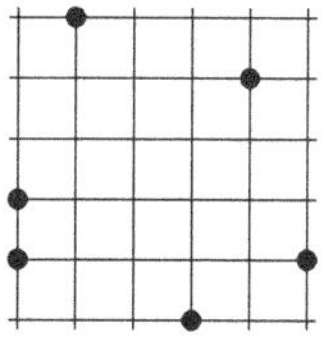

**A 4.50** Die Zellen des abgebildeten Gitters sind Quadrate der Seitenlänge 1. Je drei der sechs markierten Punkte können zu einem Dreieck verbunden werden. Wir vergleichen die Flächeninhalte dieser Dreiecke. Wie groß ist der kleinste dieser Flächeninhalte?

(**A**) $\frac{1}{2}$ (**B**) $\frac{3}{4}$ (**C**) 1 (**D**) 2 (**E**) $\frac{5}{2}$

A-Jun (5), D/CH-9/10 (12) –13

**A 4.51** Das Dreieck mit den Seitenlängen 5, 12 und 13 ist rechtwinklig (*Abb. nicht maßstabsgerecht*). Welche Länge hat der Radius des einbeschriebenen Halbkreises?

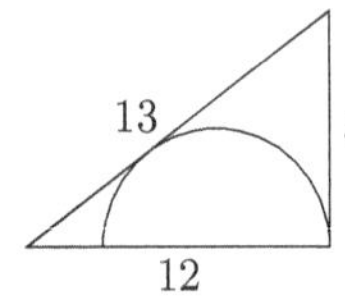


(**A**) $\frac{10}{3}$ (**B**) $\frac{12}{3}$ (**C**) $\frac{13}{3}$ (**D**) $\frac{15}{3}$ (**E**) $\frac{17}{3}$

A-Jun (17), D/CH-9/10 (16) –12

Dasselbe Problem mit anderen Seitenlängen ist in der folgenden Aufgabe gestellt. Für die Lösungshinweise zu diesen beiden Aufgaben wurden allerdings unterschiedliche geometrische Sätze benutzt, sodass es sich lohnt, dies zu vergleichen.

**A 4.52** Einem rechtwinkligen Dreieck mit den Seitenlängen 8, 15 und 17 ist ein Halbkreis einbeschrieben (*Abb. nicht maßstabsgerecht*). Wie groß ist sein Radius?

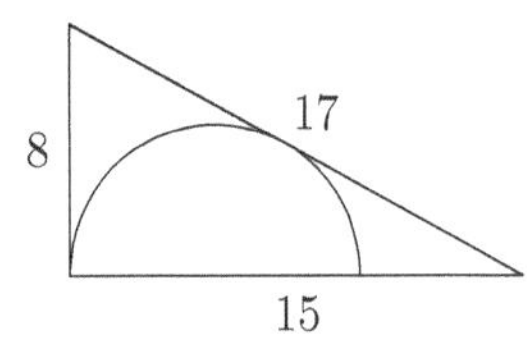


(**A**) $\frac{24}{5}$ (**B**) $\frac{17}{3}$ (**C**) $\frac{21}{4}$ (**D**) $\frac{20}{3}$ (**E**) 5

A-Stu (17), D/CH-11/13 (15) –12

**A 4.53** Ein Dreieck wird durch 3 Strecken in drei Vierecke und vier Dreiecke zerlegt. Die Umfänge der drei Vierecke ergeben zusammen 25 cm, die der 4 Dreiecke zusammen 20 cm, und der Umfang des Ausgangsdreiecks beträgt 19 cm (*Abb. nicht maßstabsgerecht*). Wie lang sind die 3 Strecken zusammen?

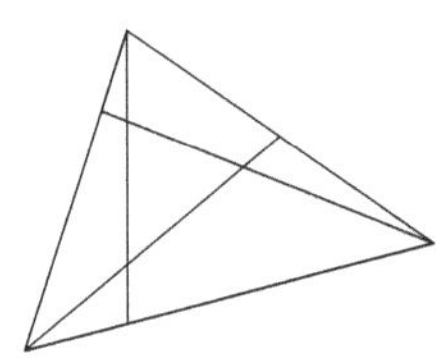

(**A**) 11 cm (**B**) 12 cm (**C**) 13 cm (**D**) 14 cm (**E**) 15 cm

A-Kad (30), D/CH-7/8 (27) –12

**A 4.54** Johannes hatte die Absicht, zwei gleichseitige Dreiecke zu zeichnen, die eine gemeinsame Seite haben (s. Abb.). Als er die Winkel in seiner Zeichnung nachmisst, stellt er fest, dass er ungenau gezeichnet hat. Nicht alle Winkel sind gleich 60°. Welche der fünf Strecken in Johannes' Zeichnung ist die längste?

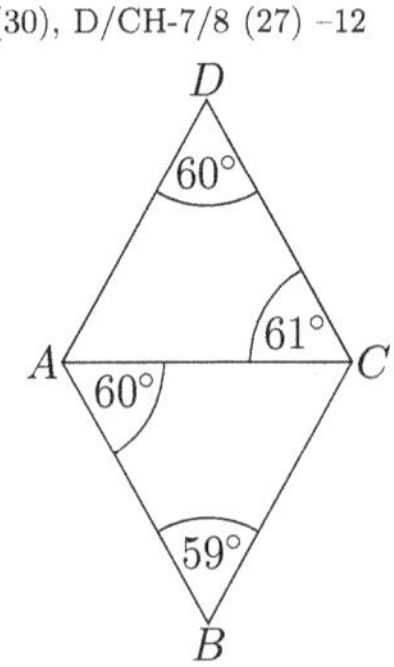


(**A**) $\overline{AD}$ (**B**) $\overline{AC}$ (**C**) $\overline{AB}$ (**D**) $\overline{BC}$ (**E**) $\overline{CD}$

A-Jun (17), D/CH-9/10 (26) –13

# 4.2 Räumliche Geometrie

## Räumliches Vorstellungsvermögen

**A 4.55** Ein grauer und ein weißer Ring sind ineinander verschlungen. Hakim hält sie hoch. Else steht vor ihm und sieht die Ringe wie im Bild rechts. Dann geht sie um Hakim herum und guckt von hinten auf die Ringe. Was sieht Else jetzt?

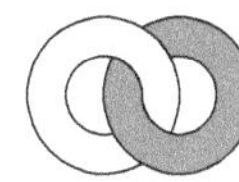

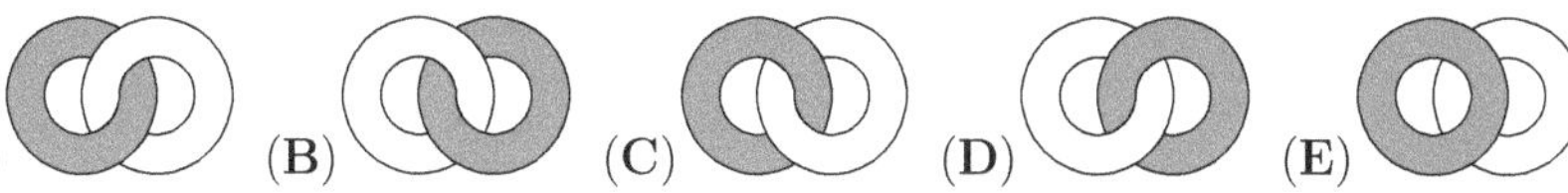

(A) (B) (C) (D) (E)

A-Ben (3), D/CH-5/6 (3) -14

**A 4.56** Der abgebildete Körper besteht aus acht gleich großen Würfeln. Wie sieht er von oben aus?

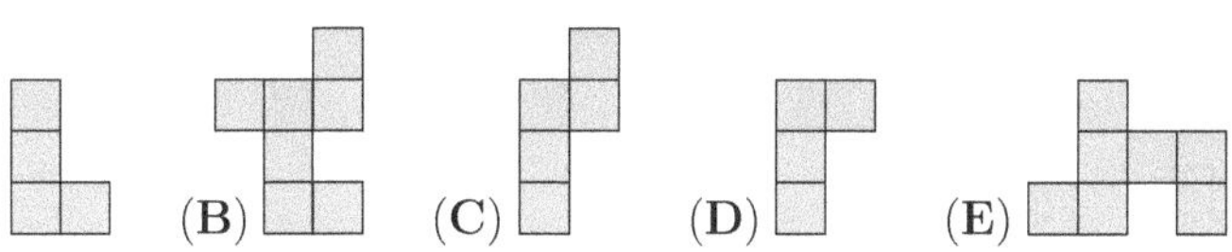

(A) (B) (C) (D) (E)

A-Eco (10), D/CH-3/4 (16) -14

**A 4.57** In jedem Kästchen eines 4 × 4-Feldes sind einer oder mehrere Würfel übereinander gelegt – wie viele das jeweils sind, ist rechts im Bauplan zu sehen. Was sieht man, wenn man von hinten auf das Würfel-Bauwerk schaut?

hinten

| | | | |
|---|---|---|---|
| 4 | 2 | 3 | 2 |
| 3 | 3 | 1 | 2 |
| 2 | 1 | 3 | 1 |
| 1 | 2 | 1 | 2 |

vorn

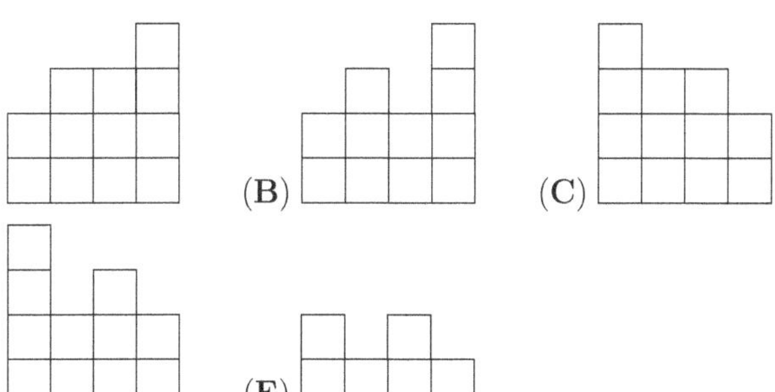

(A) (B) (C) (D) (E)

A-Kad (20), D/CH-7/8 (9) und 5/6 (10) -13

**A 4.58** Eine hölzerne Pyramide mit quadratischer Grundfläche ist in einem durchsichtigen Würfel verpackt. Die Spitze der Pyramide liegt genau auf der Mitte einer Würfelkante (s. Abb). Wir betrachten die Pyramide durch die sechs Würfelseiten und zeichnen einige Ansichten. Welche der folgenden Abbildungen ist keine solche Ansicht der Pyramide?

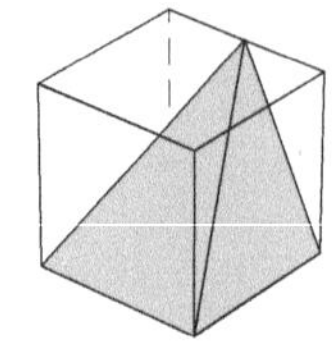

(**A**) 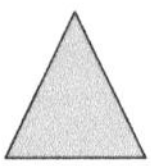 (**B**) 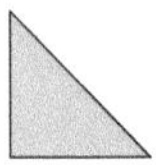 (**C**)  (**D**) 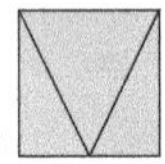 (**E**) 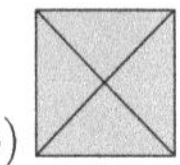

A-Stu (9), D/CH-11/13 (5) –13

**A 4.59** Im Bild rechts sind die Ansichten eines Körpers von vorn und von oben zu sehen, wobei unsichtbare Kanten gestrichelt gezeichnet sind. Welche der folgenden Zeichnungen kann die Ansicht von links darstellen?

(**A**) 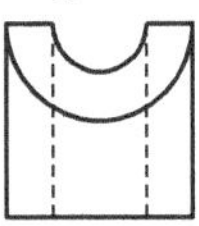 (**B**) 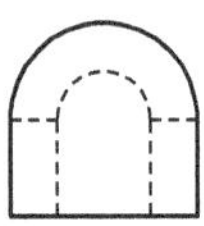 (**C**) 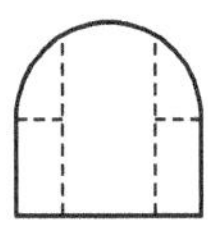

(**D**) 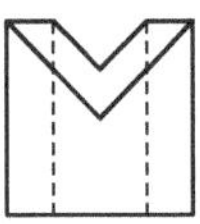 (**E**) keiner der Vorschläge (**A**) bis (**D**)

D/CH-9/10 (25) und 11/13 (16) –12

## Passender Baustein gesucht

**A 4.60** Ein Quader wird aus drei Bausteinen zusammengesetzt. Jeder Baustein hat eine andere Farbe und setzt sich aus 4 Würfeln zusammen. Wie sieht der weiße Baustein aus?

(**A**) 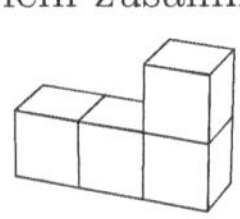 (**B**) 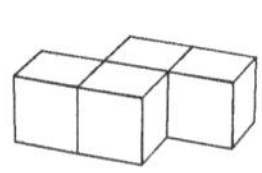 (**C**) 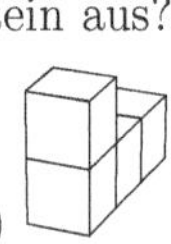

(**D**) 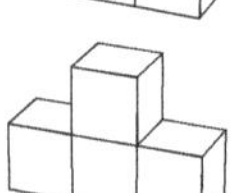 (**E**) 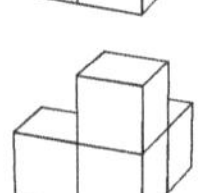

A-Eco (13), Kad (10), Jun (6) –12

**A 4.61** Der abgebildete Quader besteht aus 4 verschieden gefärbten Teilen, die aus jeweils 4 Würfeln zusammengesetzt sind. Welche Form hat das hintere, gestreifte Teil?

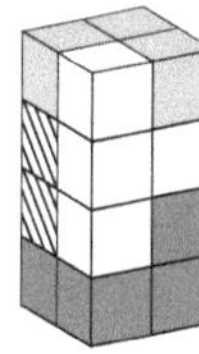

(A) 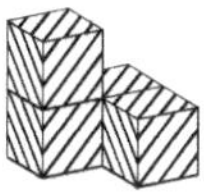 (B) 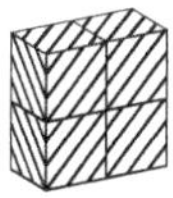 (C) 

(D) 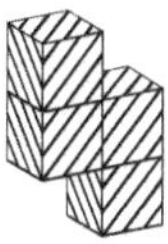 (E) 

D/CH-7/8 (11) –12

---

**A 4.62** Der Quader rechts besteht aus vier verschieden bemalten Bausteinen, jeder dieser Bausteine aus vier Würfeln. Wie sieht der gemusterte Baustein aus?

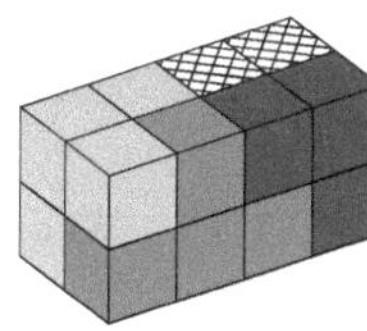

(A) 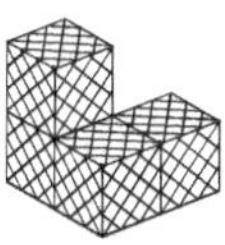 (B) 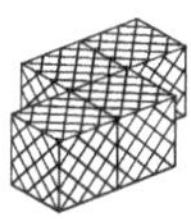 (C) 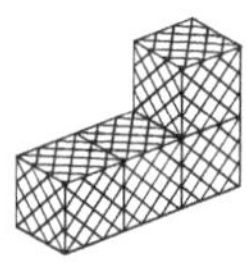

(D) 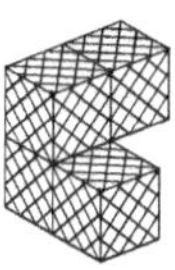 (E) 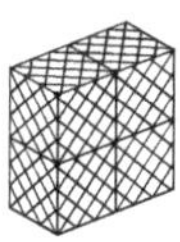

D/CH-9/10 (3) –12

---

**A 4.63** Im Bild rechts ist ein Quader zu sehen, der aus 3 Bausteinen gebaut ist. Jeder Baustein besteht aus 4 Würfeln. Welche 2 Möglichkeiten gibt es für den kariert gemusterten Baustein?

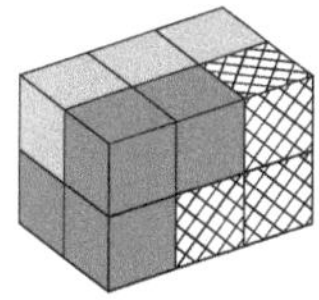

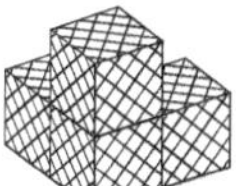 1 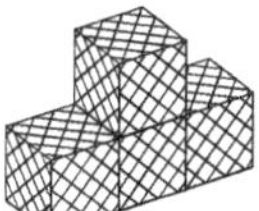 2 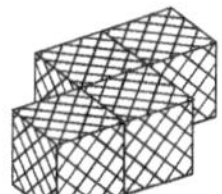 3 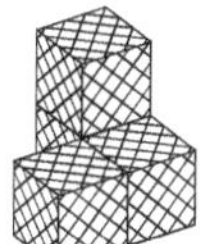 4 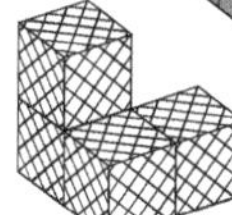 5

(A) 1 und 2 (B) 1 und 4 (C) 2 und 5 (D) 3 und 5 (E) 1 und 5

D/CH-3/4 (21) –12

## Würfelei

*Ähnliche Aufgaben*: **4.70** und **4.71**

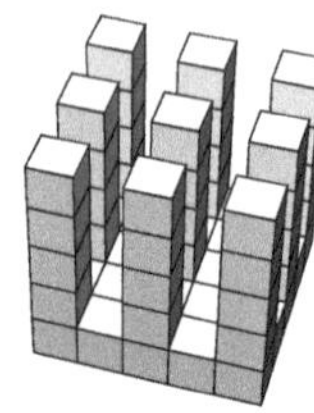

**A 4.64** Aus einem $5 \times 5 \times 5$-Würfel wurden einige kleine Würfel entfernt. Übrig geblieben sind die unterste Würfelschicht und mehrere gleich hohe Säulen (s. Abb.). Wie viele kleine Würfel wurden entfernt?

(**A**) 60 (**B**) 64 (**C**) 68 (**D**) 72 (**E**) 80

A-Stu (1), D/CH-11/13 (1) –14

**A 4.65** Hagen will den gleichen Würfel wie Micha bauen, aber ihm fehlen dazu einige kleine Würfel. Wie viele?

Micha

Hagen

(**A**) 5 (**B**) 6 (**C**) 7 (**D**) 8 (**E**) 9

A-Eco (7) und Ben (2), D/CH-3/4 (2) –13

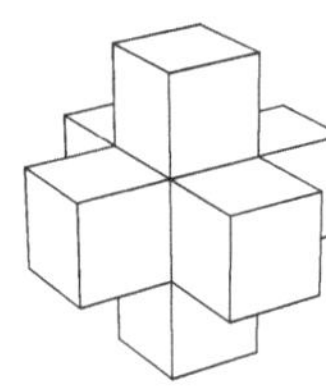

**A 4.66** Der abgebildete Körper besteht aus sieben gleich großen Würfeln. Wie viele solche Würfel müssen ergänzt werden, damit ein Würfel mit der dreifachen Kantenlänge der kleinen Würfel entsteht?

(**A**) 20 (**B**) 18 (**C**) 16 (**D**) 14 (**E**) 12

A-Kad (8), D/CH-7/8 (5) –14

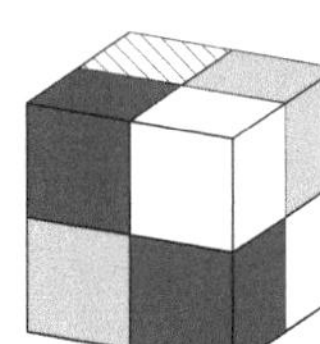

**A 4.67** Winni besitzt Würfel aus 4 unterschiedlichen Materialien. Sie hat 8 davon zu einem größeren Würfel zusammengesetzt, bei dem an keiner Stelle Würfel aus dem gleichen Material mit einer Seitenfläche aneinanderstoßen (siehe Bild). Einer der 8 Würfel ist im Bild nicht zu sehen. Wie sieht dieser Würfel aus?

(**A**) 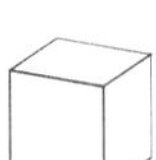 (**B**) 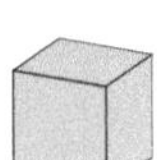 (**C**)  (**D**)  (**E**) Es gibt mehr als eine Möglichkeit.

A-Ben (13), D/CH-5/6 (12) –12

**A 4.68** Von einem Holzwürfel, dessen Seiten 4 cm lang sind, wird an einer Ecke ein kleiner Würfel mit der Seitenlänge 1 cm säuberlich herausgesägt (siehe Bild). Wie viele Flächen hat der Körper, der übrig bleibt, wenn an *jeder* Ecke des großen Würfels solch ein kleiner Würfel herausgesägt worden ist?

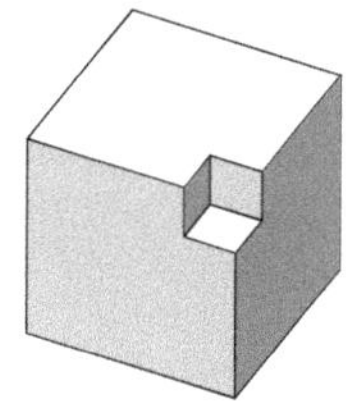

(**A**) 16 (**B**) 20 (**C**) 22 (**D**) 24 (**E**) 30

A-Ben (14), D/CH-5/6 (15) -13

---

**A 4.69** Ein 3 × 3 × 3-Würfel besteht aus 27 kleinen Würfeln (siehe Bild). Wie viele davon müssen weggenommen werden, damit der übrigbleibende Körper von vorn, von rechts und von oben aussieht, wie die neben dem Würfel abgebildete Ansicht zeigt?

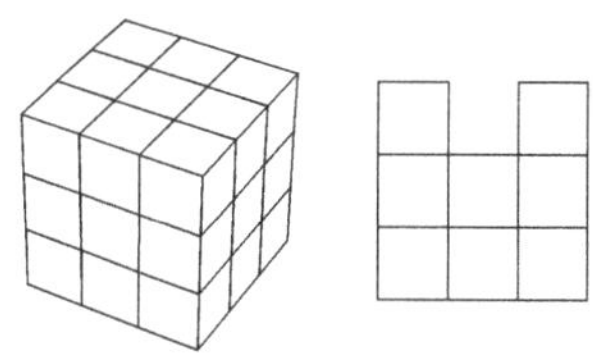

(**A**) 3 (**B**) 5 (**C**) 6 (**D**) 7 (**E**) 9

A-Ben (19), D/CH-5/6 (19) -14

---

**A 4.70** Rechts ist zweimal derselbe Würfel abgebildet, jedoch aus unterschiedlichen Blickrichtungen. Er besteht aus 27 gleich großen Würfeln, von denen einige grau sind. Welche maximale Anzahl von Würfeln kann grau sein?

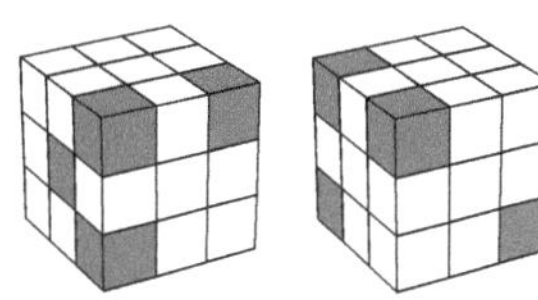

(**A**) 5 (**B**) 7 (**C**) 8 (**D**) 9 (**E**) 10

A-Jun (23), D/CH-9/10 (24) -14

---

**A 4.71** Rechts ist zweimal derselbe Würfel abgebildet, jedoch aus unterschiedlichen Blickrichtungen. Er besteht aus 27 gleich großen Würfeln, von denen einige grau sind. Welche maximale Anzahl von Würfeln kann grau sein?

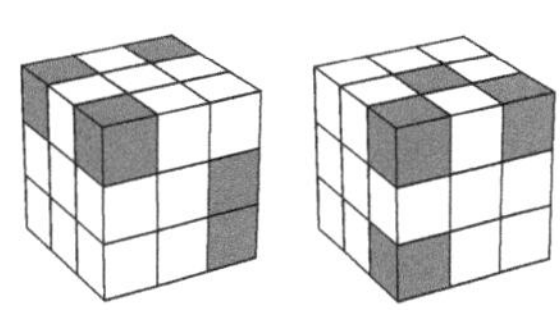

(**A**) 6 (**B**) 7 (**C**) 8 (**D**) 9 (**E**) 10

D/CH-11/13 (15) -14

## Würfelnetze

*Ähnliche Aufgaben*: **4.75** und **4.76**

**A 4.72** Der rechts abgebildete Würfel besteht aus vier weißen und vier schwarzen kleinen Würfeln. Mit welchem der Würfelnetze ließe sich ein Würfel bauen, der ebenso aussieht?

(A) 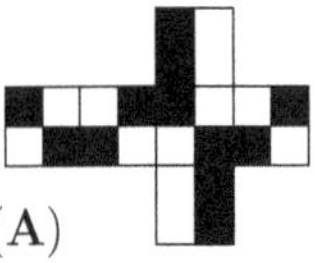
(B) 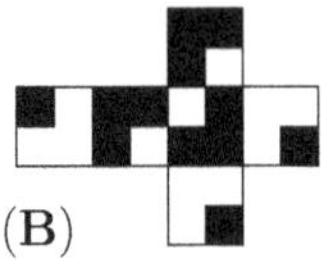
(C) 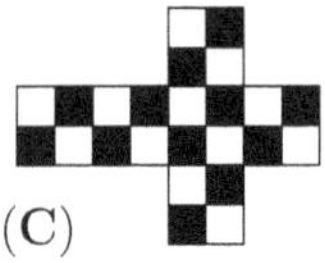

(D) 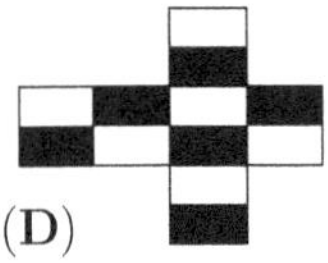
(E) 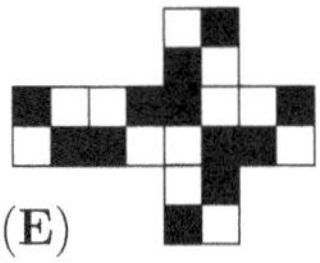

A-Jun (7), D/CH-9/10 (7) -13

**A 4.73** Ich habe einen Würfel aus Pappe gefaltet. Auf die Seitenflächen habe ich A, B, C, D, E und F geschrieben. Folgende Seiten haben eine gemeinsame Kante: A und D, A und E, A und B, D und E, D und F, D und B. Welche Würfelseite liegt gegenüber von Seite F?

(**A**) Seite A (**B**) Seite B (**C**) Seite C (**D**) Seite D (**E**) Seite E

A-Ben (18), D/CH-5/6 (15) -14

**A 4.74** Genau eines der folgenden Netze kann *nicht* zu einem Würfel gefaltet werden. Welches?

(A) 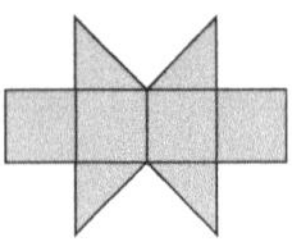
(B) 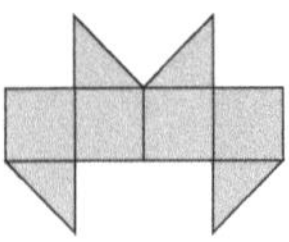
(C) 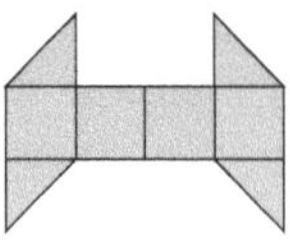

(D) 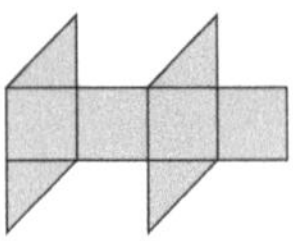
(E) 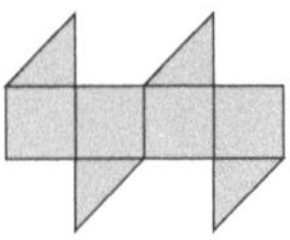

A-Kad (14), D/CH-7/8 (19) -13

**A 4.75** Ein Würfel wird über seine Kanten auf den abgebildeten Feldern von A nach G gerollt. Auf genau zwei Feldern kommt der Würfel dabei mit derselben Seitenfläche zu liegen. Das sind die Felder

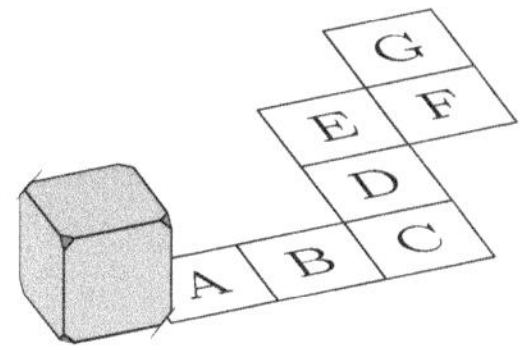


(**A**) B und E (**B**) B und F (**C**) A und E
(**D**) B und G (**E**) A und F

D/CH-7/8 (21) -12

**A 4.76** Ein Würfel wird über seine Kanten auf den abgebildeten Feldern von A nach G gerollt. Auf genau zwei Feldern kommt der Würfel dabei mit derselben Seitenfläche zu liegen. Das sind die Felder

(**A**) A und G (**B**) A und F (**C**) A und E
(**D**) B und F (**E**) B und G

A-Kad (22), D/CH-11/13 (11) -12

## Eigenschaften von Körpern

**A 4.77** Das Prisma im Bild hat 5 Flächen und 9 Kanten. Wie viele Kanten hat ein Prisma, das 2013 Flächen besitzt?

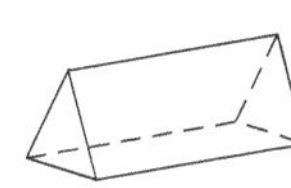

(**A**) 2011 (**B**) 2013 (**C**) 4022 (**D**) 4024 (**E**) 6033

A-Stu (3), D/CH-11/13 (7) -13

**A 4.78** Ein Quader hat die Kantenlängen $a$, $b$ und $c$, wobei $1 < a < b < c$ gilt. Ich stelle mir einen zweiten Quader vor, bei dem eine der drei Kantenlängen $a$, $b$ oder $c$ um 1 verkürzt ist. In welchem Fall ist das Volumen dieses Quaders am kleinsten?

(**A**) wenn $a$ verkürzt ist
(**B**) wenn $b$ verkürzt ist
(**C**) wenn $c$ verkürzt ist
(**D**) Es hängt von den Maßen von $a$, $b$, $c$ ab.
(**E**) Die Volumina bei (**A**), (**B**) und (**C**) sind alle gleich groß.

A-Stu (11), D/CH-11/13 (13) -14

**A 4.79** Ich habe zwei Zylinder gleicher Höhe. Mit einem quadratischen Stück Papier kann ich den Mantel des kleinen Zylinders vollständig und ohne Überlappungen bekleben. Für den großen Zylinder brauche ich genau zwei solche quadratische Stücke Papier. In welchem Verhältnis steht das Volumen des großen Zylinders zum Volumen des kleinen Zylinders?

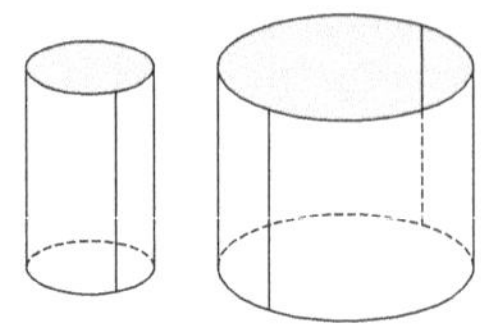

(**A**) $2 : 1$ (**B**) $3 : 1$ (**C**) $\pi : 1$

(**D**) $4 : 1$ (**E**) $2\pi : 1$

A-Stu (9), D/CH-11/13 (9) -14

**A 4.80** Zu jedem Eckpunkt des Würfels $ABCDEFGH$ stelle ich mir die Ebene vor, die durch die drei zu diesem Eckpunkt benachbarten Eckpunkte bestimmt ist. Zum Eckpunkt $E$ gehört z. B. die Ebene durch $A$, $F$ und $H$. Ich schneide entlang aller dieser acht Ebenen. Dadurch zerfällt der Würfel in mehrere Teilkörper. Welche Gestalt hat der Teilkörper, der den Würfelmittelpunkt enthält?

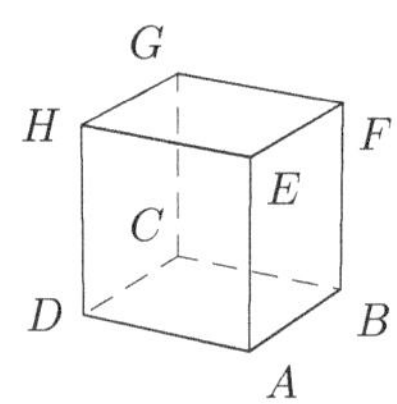


(**A**) 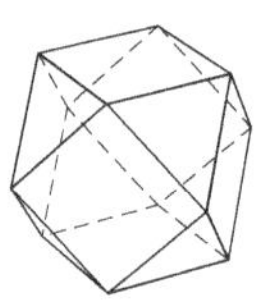 (**B**) 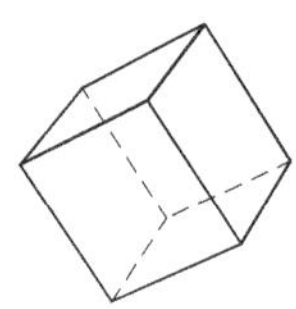 (**C**) 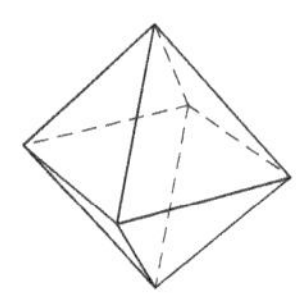

(**D**) 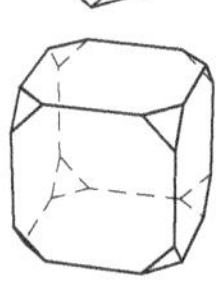 (**E**) Es bleibt nur der Würfelmittelpunkt übrig.

A-Stu (23), D/CH-11/13 (24) -13

# 4.3 Geometrisches Allerlei

## Orientierung in Ebene und Raum

**A 4.81** Wenn Paco im Park seinen Hund ausführt, ändert er an jeder Kreuzung die Richtung, damit es interessanter ist. Heute ist er in Pfeilrichtung losgegangen und dann nach rechts, nach links, nach links, nach rechts, nach links, nach links. Wo ist er dann?

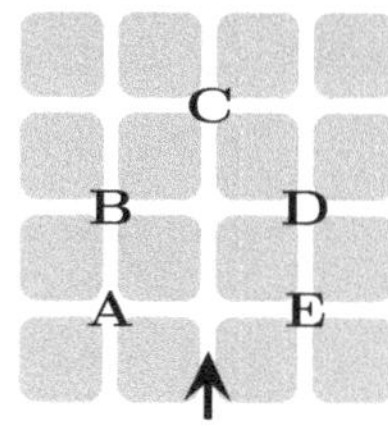


(**A**) bei A (**B**) bei B (**C**) bei C
(**D**) bei D (**E**) bei E

A-Eco (6), D/CH-3/4 (7) –13

**A 4.82** Mein großer Bruder Nick hat vor kurzem mit der Fahrschule begonnen. Rechtsherum fährt er schon ganz gut, aber Linkskurven muss er noch üben. Er nimmt sich vor, auf dem Übungsplatz ohne Rechtskurven vom Punkt $A$ zum Punkt $B$ zu fahren. Wie viele Linkskurven muss er dann mindestens fahren?

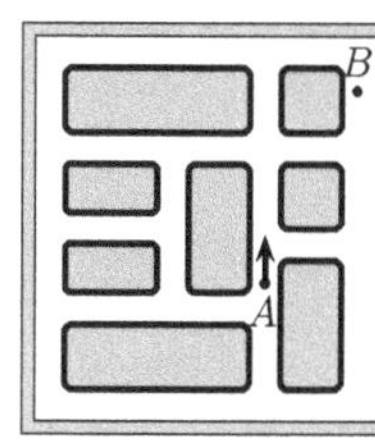


(**A**) 3 (**B**) 4 (**C**) 6 (**D**) 7 (**E**) 10

A-Ben (4), D/CH-5/6 (4) –13

**A 4.83** Die Wanderwürmer Walli und Willi sind mehrere Meter gemeinsam gewandert. Jetzt trennen sie sich. Walli kriecht 2 m nach Westen, dann 2 m nach Süden, dann noch einmal 2 m nach Westen. Willi kriecht zuerst 3 m nach Süden, dann 4 m nach Westen. Wie muss Willi jetzt kriechen, um wieder bei Walli anzukommen?

(**A**) Er ist schon dort. (**B**) 1 m nach Norden
(**C**) 1 m nach Osten (**D**) 1 m nach Süden
(**E**) 1 m nach Westen

D/CH-5/6 (10) –14

**A 4.84** Joanna hat zwei Spielgeldmünzen nebeneinander auf den Tisch gelegt. Sie rollt die eine Münze so um die andere, wie es im Bild rechts dargestellt ist. In welcher Position befinden sich die beiden Kängurus auf den Münzen, nachdem die rollende Münze die gestrichelt gezeichnete Endposition erreicht hat?

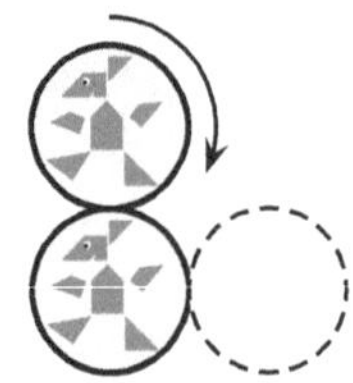

(A) 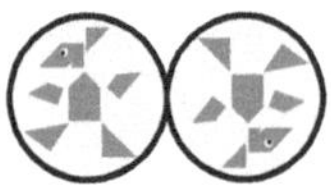 (B) 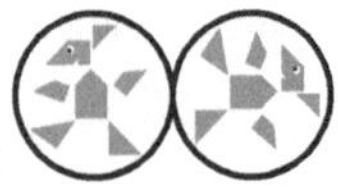 (C) 

(D)  (E) 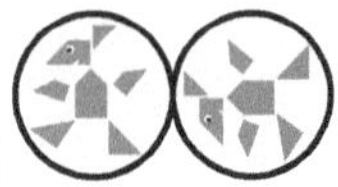

A-Ben (16), D/CH-5/6 (13) –12

**A 4.85** Manja und Finn haben die alte Eisenbahn ihres großen Bruders entdeckt. Für die Gleise liegen lauter gleiche Teile  bereit. Schnell steckt Finn einen Kreis zusammen. Manja will es anders versuchen und beginnt mit zwei Teilen wie im Bild zu sehen. Wie viele Teile insgesamt braucht sie mindestens für eine geschlossene Fahrstrecke?

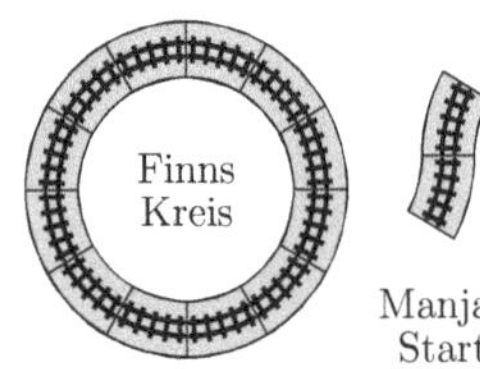


(A) 14 (B) 16 (C) 18 (D) 20 (E) 24

A-Ben (22), D/CH-5/6 (23) –13

**A 4.86** Auf einen durchsichtigen Würfel wurde eine Zickzack-Linie durch alle 8 Ecken gemalt (siehe Bild). Wir betrachten den Würfel von vorn, hinten, rechts, links, oben und unten. Was können wir *ganz sicher nicht* sehen?

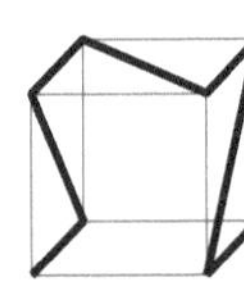

(A)  (B)  (C) 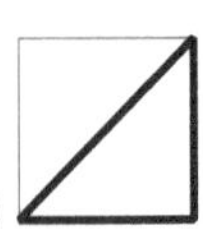 (D) 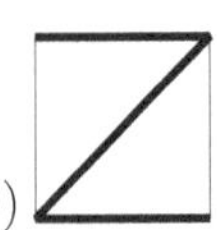 (E) 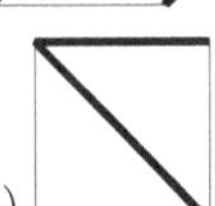

D/CH-5/6 (17) –14

**A 4.87** Vier identisch bemalte Würfel werden so zu einem Quader zusammengestellt, dass auf der Oberseite ein großer schwarzer Kreis entsteht (s. Bild).

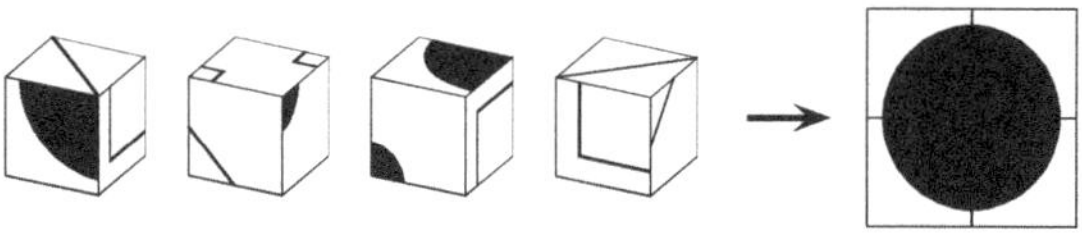

Was ist auf der Unterseite zu sehen?

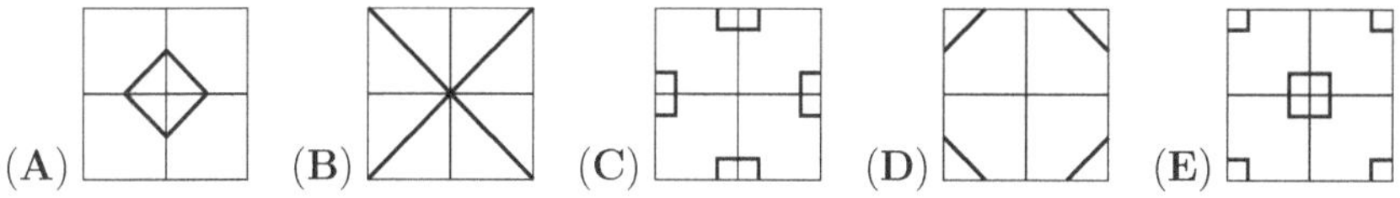

A-Kad (26), D/CH-7/8 (23) –14

## Wer kann gut falten?

**A 4.88** Ein Papierstreifen ist in gleichseitige Dreiecke aufgeteilt (s. Bild). Welche Figur entsteht, wenn der Streifen entlang der gestrichelten Linien gefaltet wird?

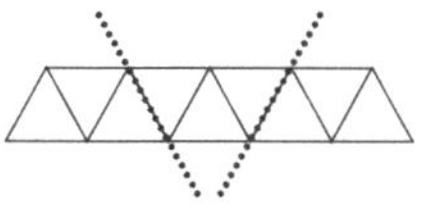

(**A**) ein Dreieck (**B**) ein Viereck (**C**) ein Fünfeck
(**D**) ein Sechseck (**E**) ein Neuneck

D/CH-9/10 (7) –12

**A 4.89** Ein regelmäßiges Achteck ist dreimal gefaltet worden. Danach ist, wie es die Zeichnung zeigt, die Ecke abgeschnitten worden. Welches Bild zeigt das nach dem Abschneiden auseinandergefaltete Achteck?

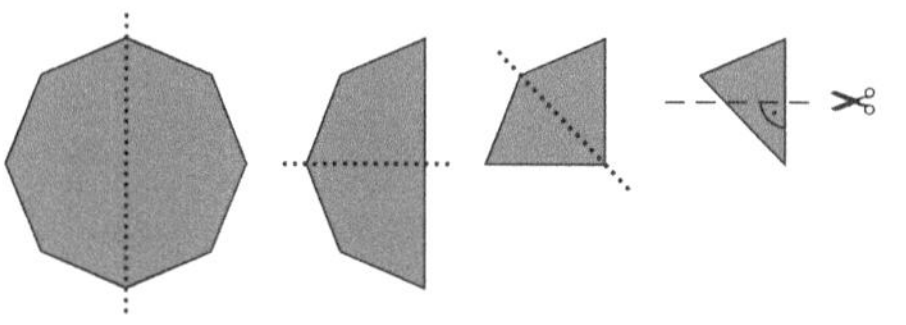

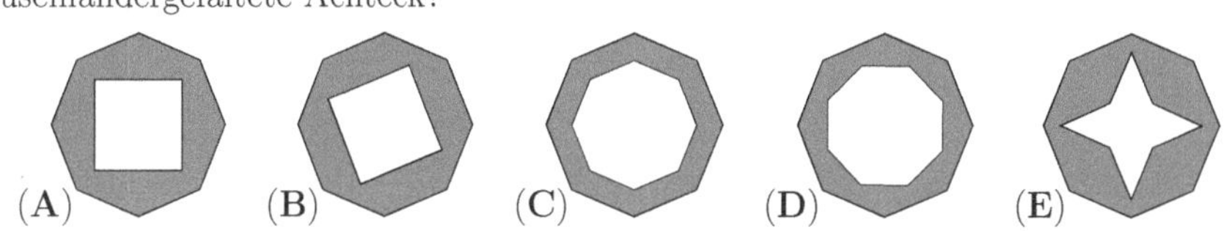

A-Ben (20), D/CH-5/6 (20) –12

**A 4.90** Ulla faltet ein rechteckiges Blatt Papier einmal auf die Hälfte (siehe Bild). Dann macht sie mit einer Schere 2 gerade Schnitte und faltet das Blatt wieder auseinander. Wie sieht das Blatt dann sicher *nicht* aus?

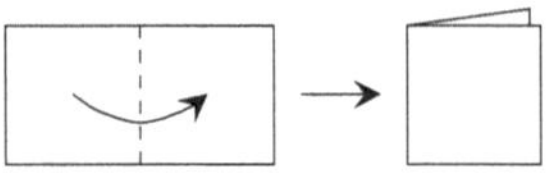

(A) 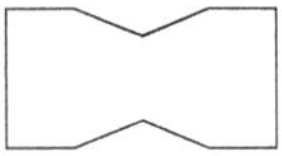 (B) 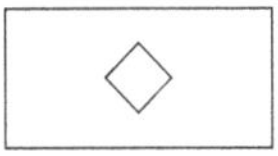 (C) 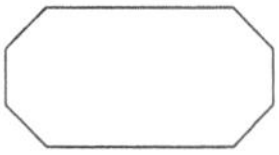

(D) 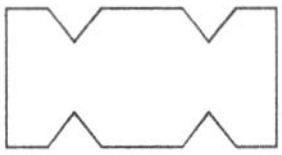 (E) 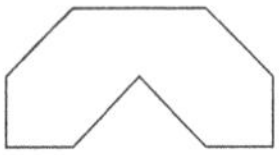

A-Kad (9), D/CH-7/8 (10) –12

**A 4.91** Ein quadratisches Blatt Papier mit einem Flächeninhalt von $64\,\text{cm}^2$ wird wie dem Bild zu entnehmen zweimal gefaltet. Welchen Flächeninhalt besitzen die beiden grauen Flächen zusammen?

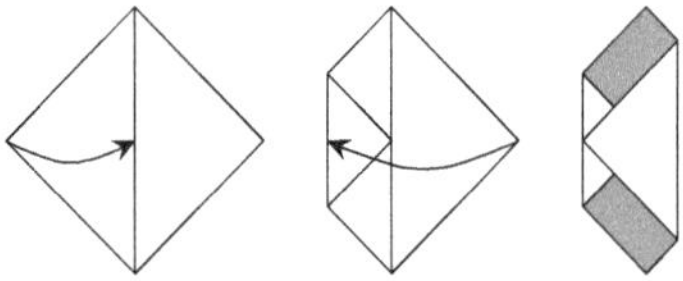

(**A**) $10\,\text{cm}^2$ (**B**) $14\,\text{cm}^2$ (**C**) $15\,\text{cm}^2$
(**D**) $16\,\text{cm}^2$ (**E**) $24\,\text{cm}^2$

A-Ben (23) –12

**A 4.92** Ein Rechteck $ABCD$ aus Papier, das die Seitenlängen 16 cm und 4 cm hat, wird entlang der Strecke $MN$ so gefaltet, dass $C$ mit $A$ zusammenfällt. Welchen Flächeninhalt hat das Fünfeck $ABNMD'$?

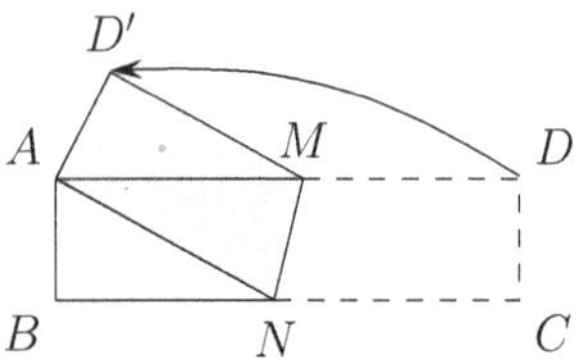


(**A**) $44\,\text{cm}^2$ (**B**) $45\,\text{cm}^2$ (**C**) $46\,\text{cm}^2$
(**D**) $47\,\text{cm}^2$ (**E**) $48\,\text{cm}^2$

A-Jun (25) –12

## Gedrehtes und Symmetrisches

**A 4.93** Herr Wiese hat von innen einen Strauß an das Schaufenster seines Blumenladens gemalt (siehe Bild rechts). Wie sieht der Strauß von draußen aus?

A-Eco (7), D/CH-3/4 (9) -14

**A 4.94** Welche der fünf Zeichnungen unten zeigt einen Ausschnitt der Zeichnung rechts?

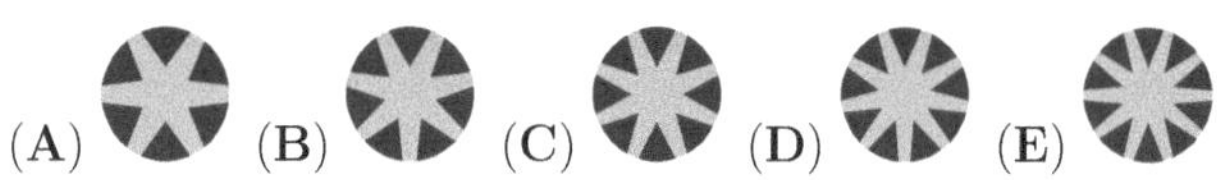


A-Eco (1), D/CH-3/4 (2) -14

**A 4.95** Welches Bild entsteht, wenn der rechts abgebildete Dreiviertelkreis samt Pfeil um 90° gegen den Uhrzeigersinn um den Koordinatenursprung gedreht und anschließend an der $x$-Achse gespiegelt wird?

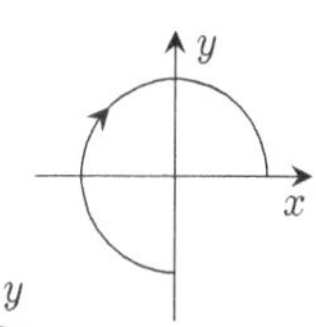


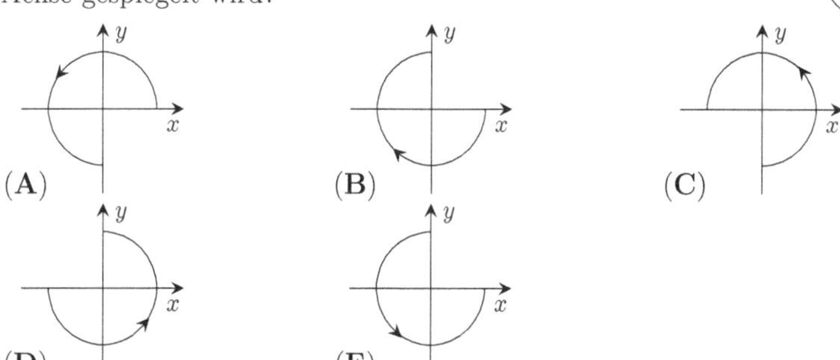


A-Jun (9), D/CH-9/10 (9) -13

**A 4.96** Architekt Peter vom Stein plant die Fußboden-Gestaltung des neuen Konzertsaals. Der Flügel soll in einem Kreis stehen, dessen Rand aus identischen Marmorplatten gebildet wird, die regelmäßige Fünfecke sind (s. Abb.). Wie viele Marmor-Fünfecke müssen für den vollständigen Kreisrand eingeplant werden?

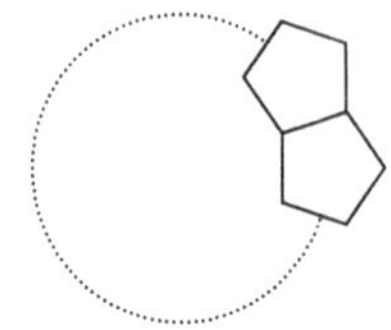

(**A**) 5 (**B**) 9 (**C**) 10 (**D**) 12 (**E**) 15

A-Stu (11), D/CH-11/13 (12) –13

**A 4.97** Zuerst zeichne ich ein gleichseitiges Dreieck. Dann drehe ich es um 3 Grad um seinen Mittelpunkt und zeichne das gedrehte Dreieck. Dieses gedrehte Dreieck drehe ich um seinen Mittelpunkt in dieselbe Richtung um weitere 9 Grad, dann um weitere 27 Grad usw., im $n$-ten Schritt also um weitere $3^n$ Grad. Ich zeichne das jeweilige Dreieck, sofern ich es nicht bereits gezeichnet habe. Wie viele Dreiecke, das erste eingeschlossen, muss ich insgesamt zeichnen?

(**A**) 4 (**B**) 12 (**C**) 24 (**D**) 120 (**E**) 360

D/CH-9/10 (26) –12

**A 4.98** Ein gleichseitiges Dreieck der Seitenlänge 1 rollt, ohne zu rutschen, um ein Quadrat der Seitenlänge 1.

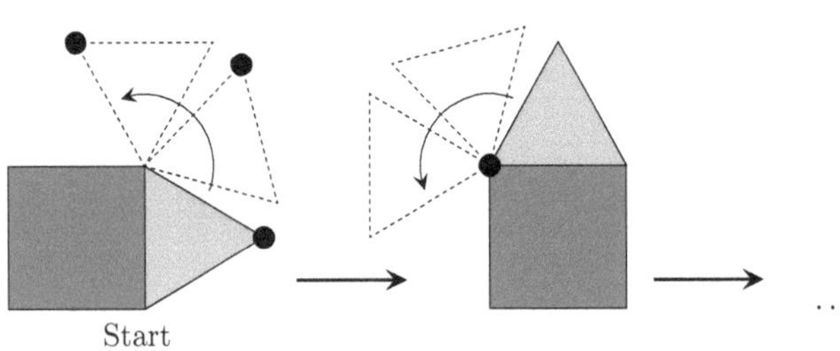


Wie lang ist der Weg, den der markierte Punkt zurückgelegt hat, wenn das Dreieck und der Punkt ihre Startposition zum ersten Mal wieder erreicht haben?

(**A**) $4\pi$ (**B**) $\frac{28}{3}\pi$ (**C**) $\frac{14}{3}\pi$ (**D**) $8\pi$ (**E**) $\frac{21}{2}\pi$

A-Stu (25), D/CH-11/13 (28) –12

**A 4.99** Es sei $a > b$. Rotiert die abgebildete Ellipse um die $x$-Achse, so entsteht das Ellipsoid $E_x$ mit dem Volumen $V_x$. Bei Rotation um die $y$-Achse entsteht entsprechend $E_y$ mit dem Volumen $V_y$. Welche der folgenden Aussagen ist wahr?

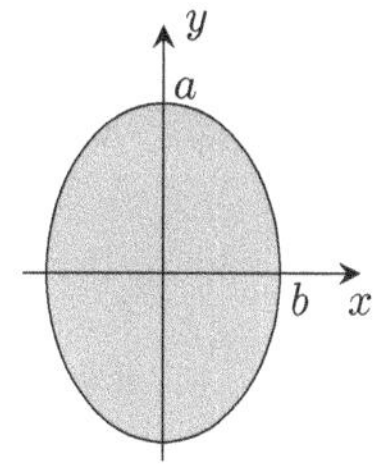


(**A**) $E_x = E_y$ und $V_x = V_y$ (**B**) $E_x = E_y$, aber $V_x \neq V_y$
(**C**) $E_x \neq E_y$ und $V_x > V_y$ (**D**) $E_x \neq E_y$ und $V_x < V_y$
(**E**) $E_x \neq E_y$, aber $V_x = V_y$

A-Stu (23) –12

## Geometrie im Koordinatensystem

*Ähnliche Aufgaben*: **4.102** und **4.103**

**A 4.100** Jasmin hat in der rechts gezeichneten Tafel einige Felder ausgemalt, und zwar A2, B1, B2, B3 und C3. Wie sieht die Tafel nun aus?

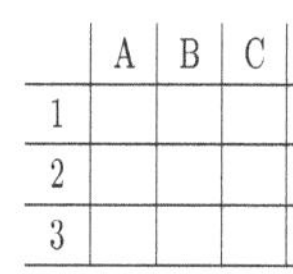


(**A**) 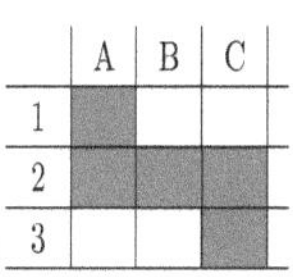
(**B**) 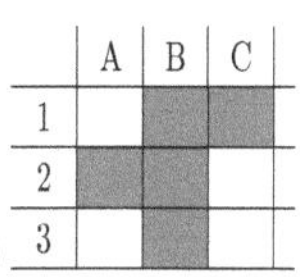
(**C**) 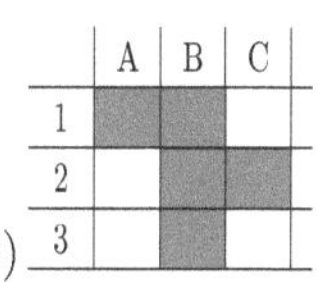
(**D**) 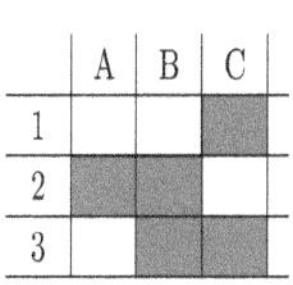
(**E**) 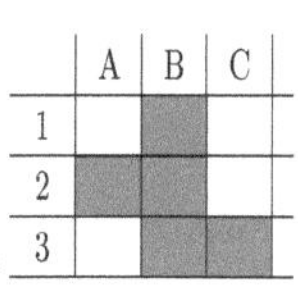

A-Eco (4), D/CH-3/4 (5) –12

**A 4.101** Laila hat ein Quadrat in ein Koordinatensystem so gezeichnet, dass eine der beiden Diagonalen auf der $x$-Achse liegt. Die Koordinaten der beiden Eckpunkte des Quadrats, die auf der $x$-Achse liegen, sind $(-1;0)$ und $(5;0)$. Welche Koordinaten hat einer der beiden anderen Eckpunkte?

(**A**) $(2;0)$ (**B**) $(2;-6)$ (**C**) $(3;5)$ (**D**) $(2;3)$ (**E**) $(3;-1)$

A-Jun (8), D/CH-9/10 (7) und 11/13 (6) –14

**A 4.102** Das Rechteck $ABCD$ liegt im 3. Quadranten des Koordinatensystems, seine Seiten sind parallel zu den Achsen. Wir bilden für jeden der 4 Eckpunkte den Quotienten aus der $y$-Koordinate und der $x$-Koordinate. Für welchen der 4 Eckpunkte erhalten wir den größten Quotienten $\frac{y}{x}$?

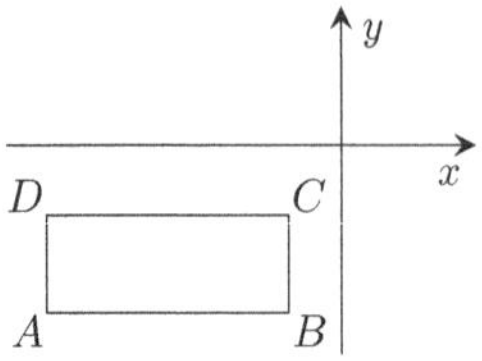


(**A**) für $A$ (**B**) für $B$ (**C**) für $C$
(**D**) für $D$ (**E**) Das hängt von der Gestalt des Rechtecks ab.

A-Jun (15), D/CH-9/10 (18) –13

**A 4.103** Das Rechteck $ABCD$ liegt im 4. Quadranten des Koordinatensystems, seine Seiten sind parallel zu den Achsen. Für welchen der 4 Eckpunkte ist der Quotient $\frac{y}{x}$ aus der $y$-Koordinate und der $x$-Koordinate am größten?

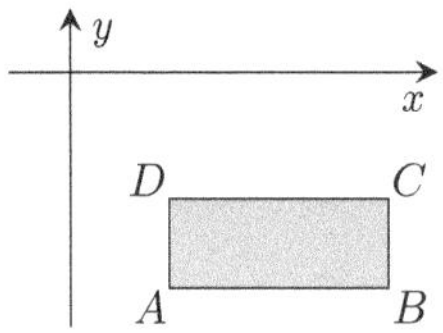


(**A**) für $A$ (**B**) für $B$ (**C**) für $C$
(**D**) für $D$ (**E**) Das hängt von der Gestalt des Rechtecks ab.

A-Kad (22), D/CH-11/13 (18) –13

**A 4.104** Drei Eckpunkte eines Würfels (nicht alle auf einer gemeinsamen Seitenfläche) haben die Koordinaten $P(3;4;1)$, $Q(5;2;9)$ und $R(1;6;5)$. Welche Koordinaten hat der Mittelpunkt des Würfels?

(**A**) $(4;3;5)$ (**B**) $(2;5;3)$ (**C**) $(3;4;7)$ (**D**) $(3;4;5)$ (**E**) $(2;3;5)$

A-Stu (28) –12

# 5 Kryptisches, Logisches, Magisches

## 5.1 Logisches mit und ohne Zahlen

Im abschließenden Kapitel sind Beispiele gesammelt, bei denen Fertigkeiten im Mittelpunkt stehen, die im Mathematikunterricht und überhaupt beim Lösen mathematischer Probleme eine tragende Rolle spielen – auch wenn dazu kein eigenes Teilgebiet im Unterricht existiert. Es geht um logisches Schließen und Argumentieren, um das Erkennen von wahren Aussagen, von Widersprüchen und von Strukturen.

### Logik führt zur Lösung

**A 5.1** Mareike hat im Herbst vor dem Haus Tulpenzwiebeln gesteckt: 6 rote, 3 violette, 10 weiße und 3 gelbe. Gerade haben sie zu blühen begonnen. Wie viele Tulpen müssen mindestens aufgeblüht sein, damit *ganz bestimmt* zwei Blüten in derselben Farbe zu sehen sind?

(**A**) 4 (**B**) 5 (**C**) 7 (**D**) 10 (**E**) 11

A-Kad (6), D/CH-7/8 (5) -13

**A 5.2** Artur, Egon, Ivo und Ole sind im selben Jahr geboren, einer am 19. April, einer am 12. Mai, einer am 12. Juni und einer am 25. Juni. Artur und Egon sind im selben Monat geboren, Artur und Ivo in verschiedenen Monaten, aber mit demselben Tagesdatum. Welcher der 4 Jungen ist am ältesten?

(**A**) Artur (**B**) Egon (**C**) Ivo
(**D**) Ole (**E**) Das kann nicht ermittelt werden.

A-Eco (19), D/CH-3/4 (18) und 7/8 (22) -13

**A 5.3** „Im letzten Urlaub hatten wir ganz merkwürdiges Wetter“, erzählt meine Tante, „vor jedem Regentag gab es 2 Sonnentage. Und nach jedem Sonnentag war 5 Tage später wieder ein Sonnentag.“ „Wenn das dort immer so ist, kann man es ja für Wettervorhersagen nutzen“, freut sich mein Vater. Im Internet findet er heraus, dass dort heute ein Regentag ist. Wie viele der kommenden 3 Tage sind demnach Regentage?

(**A**) keiner (**B**) einer (**C**) zwei (**D**) drei (**E**) ungewiss

D/CH-5/6 (18) -14

**A 5.4** 40 Burschen und 28 Mädchen fassen sich an den Händen und bilden einen großen Kreis. Genau 18 Burschen geben ihre rechte Hand einem Mädchen. Wie viele Burschen geben die linke Hand einem Mädchen?

(**A**) 18 (**B**) 9 (**C**) 28 (**D**) 14 (**E**) 20

A-Ben (24) –13

**A 5.5** Ein Goldschmied hat 12 zweigliedrige Stücke einer Kette. Daraus möchte er eine einzige 24-gliedrige geschlossene Kette zusammensetzen. Wie viele Kettenglieder muss er dafür *mindestens* öffnen und danach wieder schließen?

(**A**) 12 (**B**) 11 (**C**) 10 (**D**) 9 (**E**) 8

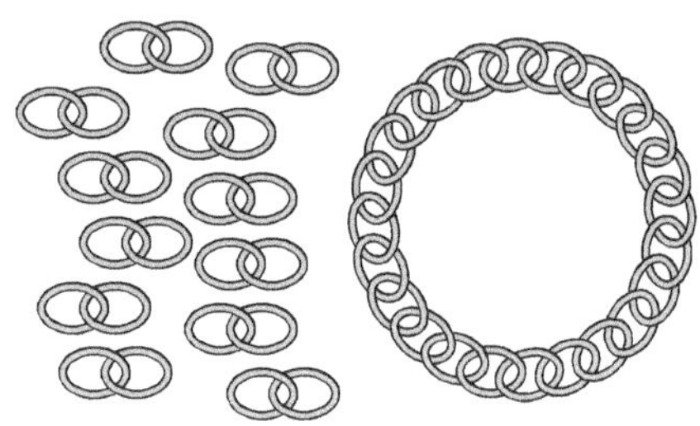

A-Jun (22) –12

**A 5.6** Unser Nachbar hat vier besonders schöne Kuckucksuhren. Damit stündlich alle Kuckucksrufe einzeln zu hören sind, geht allerdings jede entweder vor oder nach, eine 2 Minuten, eine 3 Minuten, eine 4 Minuten und eine 5 Minuten. Als ich gestern dort auf die Uhren guckte, zeigte eine gerade 6 Minuten vor 9 Uhr, eine 3 Minuten vor 9 Uhr, eine 2 Minuten nach 9 Uhr und eine 3 Minuten nach 9 Uhr. „Wie spät es in diesem Moment wirklich ist, kannst du leicht herausfinden“, sagte der Nachbar. Wie spät war es in diesem Moment?

(**A**) 8:57 Uhr (**B**) 8:58 Uhr (**C**) 8:59 Uhr (**D**) 9:00 Uhr (**E**) 9:01 Uhr

A-Jun (16), D/CH-9/10 (17) –12

**A 5.7** Im fernen Polygonien haust die Hexe Hexagona. Erst gestern hat sie das Quadrat Quentin verzaubert. Sagt Quentin eine wahre Aussage, wird jede seiner Seiten 2 cm kürzer. Bei einer falschen Aussage verdoppelt sich sein Umfang. Im Moment sind Quentins Seiten jeweils 8 cm lang, er traut sich kaum zu sprechen. Welche Seitenlänge kann das Quadrat Quentin nach 4 Aussagen, von denen 2 wahr und 2 falsch sind, höchstens haben?

(**A**) 28 cm (**B**) 26 cm (**C**) 22 cm (**D**) 20 cm (**E**) 16 cm

A-Kad (21), D/CH-7/8 (22) –12

**A 5.8** Ich lege 25 quadratische Teile wie das rechts abgebildete so zu einem 5 × 5-Quadrat, dass sich benachbarte Quadrate stets mit Seiten gleicher Farbe berühren. Der Rand des fertigen 5 × 5-Quadrats wird von grauen und schwarzen Quadratseiten gebildet. Welches ist die kleinste Anzahl an schwarzen Quadratseiten im Rand des 5 × 5-Quadrats?

(A) 4 (B) 5 (C) 6 (D) 7 (E) 8

A-Kad (30), D/CH-7/8 (26) -14

## Mit Logik den Spielstand ermitteln

**A 5.9** Beim Pokalfinale im Hockey fiel Tor auf Tor. Allein in der 1. Halbzeit gab es 6 Tore, und die Gäste lagen in Führung. Doch nach der Pause gelang es dem Heimteam, 3 Tore zu schießen, und das war der Sieg. Wie viele Tore hat das Heimteam in diesem Spiel insgesamt geschossen?

(A) 3 (B) 4 (C) 5 (D) 6 (E) 7

A-Ben (16), D/CH-5/6 (14) -13

**A 5.10** In unserer Schule ist das Schachfieber ausgebrochen. Fast alle machen mit. Wer eine Partie gewinnt, bekommt 3 Punkte, der Verlierer 0 Punkte. Beim Unentschieden erhalten die beiden Spieler je einen Punkt. Anna aus meiner Klasse erzählt, dass sie in 38 Partien 80 Punkte bekommen hat. Wie viele Partien hat sie höchstens verloren?

(A) 12 (B) 11 (C) 10 (D) 9 (E) 8

A-Eco (24), D/CH-3/4 (24) -12

**A 5.11** Heinrich hat beim Schach in 40 Spielen insgesamt 25 Punkte erzielt. Für einen Sieg gab es 1 Punkt, für ein Unentschieden 1/2 Punkt und bei einem verlorenen Spiel 0 Punkte. Wie viele Spiele hat Heinrich mehr gewonnen als verloren?

(A) 7 (B) 10 (C) 12
(D) 15 (E) Das ist nicht eindeutig bestimmt.

A-Jun (18), D/CH-9/10 (10) -14

**A 5.12** Vier Mannschaften bestreiten ein Floorball-Turnier. Jede tritt gegen jede andere genau einmal an. Der Sieger eines Spiels erhält 3 Punkte, der Verlierer keinen und bei einem Unentschieden erhalten beide Mannschaften je 1 Punkt. Zum Turnierende hat eine Mannschaft 7 Punkte, und zwei Mannschaften haben je 4 Punkte. Wie viele Punkte hat die vierte Mannschaft erreicht?

(**A**) 5 (**B**) 3 (**C**) 2 (**D**) 1 (**E**) 0

A-Stu (12), D/CH-11/13 (12) –14

## Logische Reihenfolge

*Ähnliche Aufgaben*: **5.18** und **5.19**

**A 5.13** Im Ferienlager haben die Kinder gelernt, wie man einen Kranich faltet. Adam hat nicht so viele gefaltet wie Nele, allerdings mehr als Iris. Otto hat mehr Kraniche gefaltet als Adam und mehr als Nele. Lulu hat zwar mehr Kraniche als Nele gefaltet, jedoch weniger als Otto. Welches der Kinder hat die meisten Kraniche gefaltet?

(**A**) Adam (**B**) Nele (**C**) Iris (**D**) Otto (**E**) Lulu

A-Eco (6), D/CH-3/4 (15) –14

**A 5.14** Die Kinder im Hort proben für das Theaterstück „Schneewittchen“. Die 7 Zwerge werden von Jungen und Mädchen gespielt. In ihren Kostümen stehen sie im Kreis. Nirgendwo stehen 2 Jungen nebeneinander und nirgendwo stehen 3 Mädchen nebeneinander. Wie viele der 7 Zwerge werden von Mädchen gespielt?

(**A**) 2 (**B**) 3 (**C**) 4 (**D**) 5 (**E**) 6

A-Eco (18), D/CH-3/4 (19) –14

**A 5.15** Nach dem Mathetest sprechen Yuri und Birte über die 5 Aufgaben. „Die 1. Aufgabe war leichter als die 3., aber schwerer als die 2.“, meint Yuri. „Stimmt“, sagt Birte, „und die 5. Aufgabe fand ich schwerer als die 3., aber leichter als die 4.“ Yuri ist derselben Meinung. Welche Aufgabe war für Yuri und Birte die schwierigste?

(**A**) die 1. (**B**) die 2. (**C**) die 3. (**D**) die 4. (**E**) die 5.

D/CH-3/4 (14) –13

**A 5.16** Grit, Erol und Imke sind unterschiedlich groß. Erstens gilt: Entweder ist Grit oder Erol am größten. Und zweitens gilt: Entweder ist Imke am größten oder Grit am kleinsten. Was ist richtig?

(**A**) Imke ist am größten, Grit am kleinsten.
(**B**) Erol ist am größten, Imke am kleinsten.
(**C**) Erol ist am größten, Grit am kleinsten.
(**D**) Grit ist am größten, Erol am kleinsten.
(**E**) Imke ist am größten, Erol am kleinsten.

D/CH-9/10 (14) –13

**A 5.17** Unsere Schildkröten Trude, Rosi und Kasimir haben wir zu einem Schildkrötenrennen antreten lassen und dazu Prognosen über die Zielankunft abgegeben. Meine Mutter: „Entweder Trude oder Rosi wird Sieger." Mein Vater: „Wenn Rosi Zweite ist, gewinnt Kasimir." Mein Bruder: „Falls Rosi Letzte ist, ist Trude nicht Erste." Und ich: „Entweder Rosi oder Kasimir wird Zweiter." Nach dem Rennen stellten wir fest, dass wir alle vier richtig prognostiziert hatten. Wie war die Zielankunft?

(**A**) Trude vor Rosi vor Kasimir
(**B**) Trude vor Kasimir vor Rosi
(**C**) Kasimir vor Rosi vor Trude
(**D**) Rosi vor Kasimir vor Trude
(**E**) Rosi vor Trude vor Kasimir

A-Jun (20), D/CH-9/10 (13) –12

**A 5.18** Die zwölf Zahlen von 1 bis 12 sind so im Kreis angeordnet, dass sich benachbarte Zahlen entweder um 1 oder um 2 unterscheiden. Welche der folgenden Zahlen müssen dann Nachbarn sein?

(**A**) 5 und 6 (**B**) 10 und 9 (**C**) 6 und 7 (**D**) 8 und 10 (**E**) 4 und 3

D/CH-5/6 (23) –12

**A 5.19** David ordnet die zwölf Zahlen von 1 bis 12 so im Kreis an, dass sich benachbarte Zahlen entweder um 2 oder um 3 unterscheiden. Welche Zahlen sind dann sicher Nachbarn?

(**A**) 5 und 8 (**B**) 3 und 5 (**C**) 7 und 9 (**D**) 4 und 6 (**E**) 6 und 8

A-Kad (26), D/CH-7/8 (28) –12

## Logik und Teilbarkeit

**A 5.20** Unsere Mathematiklehrerin hat die Zahl 325 an die Tafel geschrieben. Wir wollen Eigenschaften dieser Zahl finden. Emma sagt: „Alle Ziffern sind verschieden." Antoni sagt: „Die Zahl ist 3-stellig." Fanny sagt: „Die Summe der 3 Ziffern ist 10." Linda sagt: „Die Einerziffer ist 5." Wer hat sich geirrt?

(**A**) Emma (**B**) Antoni (**C**) Fanny (**D**) Linda (**E**) niemand

A-Eco (5), D/CH-3/4 (10) –13

**A 5.21** Von der Klassenfahrt zur Nordsee hat Lennart einen Beutel voller Muscheln mitgebracht. Um sie zu zählen, teilt er sie in Häufchen zu 3 Muscheln auf – dabei bleiben 2 Muscheln übrig. Auch bei der Aufteilung in Häufchen zu 5 Muscheln bleiben 2 übrig. Wie viele Muscheln müsste Lennart mindestens dazulegen, damit weder bei der Aufteilung in Dreierhäufchen noch bei der in Fünferhäufchen Muscheln übrig bleiben?

(**A**) 4 (**B**) 1 (**C**) 13 (**D**) 3 (**E**) 7

A-Ben (17), D/CH-5/6 (16) –14

**A 5.22** Wenn die Summe der Ziffern einer 6-stelligen Zahl 5 ist, dann ist das Produkt dieser Ziffern gleich

(**A**) 0 (**B**) 1 (**C**) 5
(**D**) $1 \cdot 2 \cdot 3 \cdot 4 \cdot 5$ (**E**) $1 \cdot 2 \cdot 3 \cdot 4 \cdot 5 \cdot 6$

A-Jun (7) und Stu (8), D/CH-9/10 (6) und 11/13 (2) –12

**A 5.23** Sebastian und Olivia haben für kurze Briefe eine Geheimschrift vereinbart. Zuerst wird dem A die 1, dem B die 2, dem C die 3 usw. zugeordnet, und anschließend die entsprechende Zahl mit 2 multipliziert und 9 addiert. So wird zum Beispiel aus dem F die Zahl $6 \cdot 2 + 9 = 21$. Heute früh fand Olivia in einer Nachricht von Sebastian: 25 — 19 — 33 — 42. Welches Wort ist hier verschlüsselt?

(**A**) HELD (**B**) HOLZ (**C**) HELM
(**D**) HOLD (**E**) Sebastian hat einen Fehler gemacht.

A-Jun (10), D/CH-9/10 (9) –12

**A 5.24** Die abgebildeten Karten sind auf der Rückseite so mit den Zahlen 2, 5, 7 und 12 beschriftet, dass die jeweilige Zahl die auf der Karte genannte Eigenschaft *nicht* besitzt. Welche Zahl steht auf der Rückseite der Karte mit der Beschriftung „größer als 100"?

(**A**) 2 (**B**) 5 (**C**) 7
(**D**) 12 (**E**) Es gibt mehrere Möglichkeiten.

A-Kad (15), D/CH-7/8 (18) -12

**A 5.25** Anela hat im Verlauf einer längeren Rechnung sowohl 128 als auch 193 durch dieselbe Zahl dividiert. Und beide Male hat sie den Rest 11 bekommen. „Dann weiß ich, durch welche Zahl du geteilt hast", sagt ihre Freundin Elisa. Es ist die

(**A**) 7 (**B**) 12 (**C**) 13 (**D**) 15 (**E**) 19

A-Jun (13), D/CH-9/10 (12) -12

**A 5.26** Die vier Buchstaben $A$, $B$, $C$, $D$ sollen so durch die vier Zahlen 1, 2, 3 und 4 ersetzt werden, dass $A \cdot B + B \cdot C + C \cdot D + D \cdot A$ durch 3 teilbar ist. Wie viele Möglichkeiten gibt es dafür?

(**A**) 8 (**B**) 12 (**C**) 14 (**D**) 16 (**E**) 24

A-Stu (26), D/CH-11/13 (22) -12

**A 5.27** Die acht Ecken eines Würfels sollen so mit 1, 2, 3, 4, 5, 6, 7, 8 markiert werden, dass die 6 Summen von den jeweils 4 zu einer Würfelseite gehörenden Zahlen gleich sind. Drei Ecken sind bereits markiert. Für welche Zahl steht $x$?

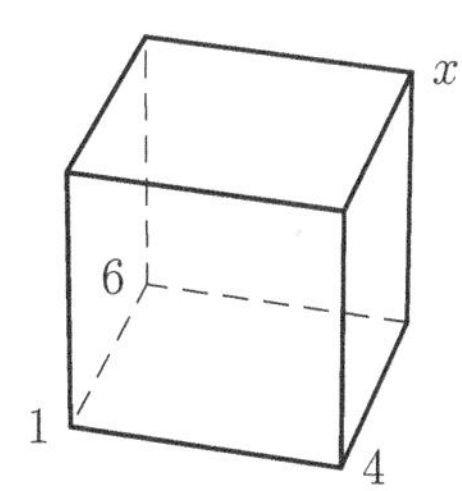


(**A**) 2 (**B**) 3 (**C**) 5 (**D**) 7 (**E**) 8

A-Stu (16), D/CH-11/13 (21) -14

**A 5.28** Eine natürliche Zahl $N$ ist kleiner als die Summe ihrer drei größten Teiler, wobei $N$ selbst nicht als Teiler mitgezählt wird. Was ist dann ganz sicher richtig?

(**A**) $N$ ist durch 4 teilbar. (**B**) $N$ ist durch 5 teilbar.
(**C**) $N$ ist durch 6 teilbar. (**D**) $N$ ist durch 7 teilbar.
(**E**) Ein solches $N$ existiert nicht.

A-Jun (30), D/CH-7/8 (30) –13

## 5.2 Mit Logik der Lüge zu Leibe

**A 5.29** Als Cora, Fred und Alma aus dem Kino kommen, stecken sie jeder noch einen Flyer ein, entweder vom neuen Trickfilm oder vom neuen Abenteuerfilm. „Ich glaub, ich hab denselben Flyer wie Fred eingesteckt“, sagt Cora. „Und ich glaube, ich hab denselben wie Alma“, sagt Fred. Alma glaubt: „Genau zwei von uns haben den Trickfilmflyer.“ Als sie später in ihren Taschen nachgucken, stellen sie fest, dass alle drei sich falsch erinnert haben. Was trifft folglich zu?

(**A**) Cora hat den Flyer vom Abenteuerfilm.
(**B**) Cora hat einen anderen Flyer als Alma.
(**C**) Fred hat den Flyer vom Abenteuerfilm.
(**D**) Alma hat den Trickfilmflyer.
(**E**) Keine der Feststellungen (**A**) bis (**D**) trifft zu.

A-Kad (16), D/CH-5/6 (19) –13

**A 5.30** Auf einer Insel lebten 2013 Einwohner. Einige dieser Einwohner waren „Ehrliche“, die anderen „Lügner“. Die Ehrlichen sagten immer die Wahrheit, während die Lügner immer logen. Jeden Tag sagte einer der Bewohner: „Wenn ich die Insel verlassen habe, dann wird die Anzahl der Ehrlichen gleich groß wie die Anzahl der Lügner sein.“ Dann verließ er die Insel. Nach 2013 Tagen gab es auf dieser Insel keine Bewohner mehr. Wie viele Lügner bewohnten ursprünglich diese Insel?

(**A**) 0 (**B**) 1006 (**C**) 1007
(**D**) 2013 (**E**) Das lässt sich nicht eindeutig bestimmen.

A-Ben (23) –13

**A 5.31** Jana schreibt Geschichten. In ihrer neuesten Erzählung erkundet Professor Teo Rettich die merkwürdige Kommunikation auf der winzigen Insel Malsomalso. Dort gibt es A-Leute, B-Leute und die Malsomalsos. A-Leute sagen immer die Wahrheit. B-Leute lügen stets. Jeder Malsomalso antwortet auf nacheinander gestellte Fragen stets abwechselnd mit der Wahrheit oder einer Lüge. Teo Rettich hat jedem der 20 Inselbewohner nacheinander dieselben 3 Fragen gestellt:

1. Bist du ein A-Leut? 2. Bist du ein Malsomalso? 3. Bist du ein B-Leut?

Auf die 1. Frage antworteten 17 Bewohner mit „Ja“, auf die 2. Frage 12 und auf die 3. Frage 8. Die anderen antworteten jeweils mit „Nein“. Wie viele A-Leute wohnen auf der Insel Malsomalso?

(**A**) 3 (**B**) 5 (**C**) 9 (**D**) 13 (**E**) 17

A-Kad (27), D/CH-7/8 (30) –14

**A 5.32** Die Probe der Theatergruppe begann heute mit einem Erwärmungsspiel. Jeder bekam eine Rolle zugewiesen und ist nun entweder ein „Bösling“, der stets lügt, oder ein „Gutling“, der stets die Wahrheit spricht. René, der verspätet kommt, soll durch Ja-Nein-Fragen erkunden, welche Rollen Jan und Jörg haben. „Seid ihr beide Gutlinge?“, fragt er Jan, der voll in seiner Rolle ist. Dessen Antwort reicht jedoch nicht aus, um zu wissen, wer welche Rolle hat. René fragt daher Jörg: „Ist Jan ein Gutling?“ Nach Jörgs Antwort ist René voll informiert und kann die Rollen der beiden benennen. Was gilt?

(**A**) Beide sind Böslinge.

(**B**) Beide sind Gutlinge.

(**C**) Jan ist ein Gutling, Jörg ein Bösling.

(**D**) Jörg ist ein Gutling, Jan ein Bösling.

(**E**) Man muss Jans und Jörgs Antworten kennen, um die Rollen zu bestimmen.

A-Stu (28), D/CH-11/13 (29) –13

**A 5.33** Im Wald des Wandels gibt es merkwürdige Wesen: 17 Bimsel, 55 Gnafze und 6 Ylpen. Treffen ein Bimsel und ein Gnafz aufeinander, verschmelzen sie zu einer Ylpe. Treffen ein Bimsel und eine Ylpe aufeinander, verschmelzen sie zu einem Gnafz. Treffen ein Gnafz und eine Ylpe aufeinander, verschmelzen sie zu einem Bimsel. Dies führt dazu, dass irgendwann nur noch eine der drei Arten übrig ist. Wie viele Wesen dieser Art sind dann höchstens übrig?

(**A**) 1 (**B**) 6 (**C**) 17 (**D**) 23 (**E**) 35

A-Stu (30), D/CH-11/13 (30) –14

## Wo liegt ein Widerspruch?

**A 5.34** Volker hat vier Freunde, die wie er Brieftauben besitzen. Sie schreiben sich häufig. Heute sind 8 Tauben von seinen Freunden in Volkers Taubenschlag angekommen. Nur eine der folgenden Aussagen ist *mit Sicherheit* richtig. Welche?

(**A**) Jeder der vier Freunde hat 2 Tauben geschickt.

(**B**) Jeder der vier Freunde hat mindestens eine Taube geschickt.

(**C**) Keiner der vier Freunde hat 8 Tauben geschickt.

(**D**) Einer der vier Freunde hat mindestens 2 Tauben geschickt.

(**E**) Zwei der Tauben wurden von verschiedenen Freunden geschickt.

A-Stu (8), D/CH-11/13 (5) –14

**A 5.35** Welche der folgenden Aussagen ist gleichbedeutend mit der Aussage: „Nicht jeder von uns hat mehr als 20 Aufgaben gelöst.“?

(**A**) Keiner von uns hat mehr als 20 Aufgaben gelöst.

(**B**) Es gibt einen von uns, der weniger als 21 Aufgaben gelöst hat.

(**C**) Jeder von uns hat weniger als 21 Aufgaben gelöst.

(**D**) Es gibt einen von uns, der genau 20 Aufgaben gelöst hat.

(**E**) Es gibt einen von uns, der mehr als 20 Aufgaben gelöst hat.

A-Jun (7), D/CH-9/10 (13) –14

**A 5.36** Von einer 6-stelligen Zahl ist bekannt, dass die Summe ihrer Ziffern eine gerade Zahl und das Produkt ihrer Ziffern eine ungerade Zahl ist. Welche der folgenden Aussagen ist dann wahr?

(**A**) Es gibt keine solche Zahl.

(**B**) Zwei oder vier der Ziffern sind gerade.

(**C**) Alle Ziffern sind verschieden.

(**D**) Die Anzahl der ungeraden Ziffern ist ungerade.

(**E**) Keine der Aussagen (**A**) bis (**D**) ist wahr.

A-Jun (20), D/CH-9/10 (17) –13

**A 5.37** Boris baut eine raffinierte Schaltung mit 5 Lampen. Jede Lampe lässt sich einzeln ein- und ausschalten. Wird eine der Lampen ein- bzw. ausgeschaltet, so wird außerdem zufällig irgendeine der anderen Lampen ausgewählt und auch deren Zustand geändert. Sie geht aus, falls sie vorher an war und umgekehrt. Als Boris die Schaltung fertig hat, sind alle Lampen aus. Welche der folgenden Aussagen ist nach 10-maligem Schalten *mit Sicherheit* wahr?

(**A**) Es sind alle Lampen an.

(**B**) Dass alle Lampen aus sind, kann nicht sein.

(**C**) Keine Lampe ist an.

(**D**) Dass alle Lampen an sind, kann nicht sein.

(**E**) Keine der Aussagen (**A**) bis (**D**) ist wahr.

A-Jun (28), D/CH-9/10 (27) –12

**A 5.38** Wir betrachten folgende Aussage über eine für alle ganzen Zahlen $x$ definierte Funktion $f : \mathbb{Z} \to \mathbb{Z}$: „Für jede gerade Zahl $x$ ist die Zahl $f(x)$ gerade.“ Wie lautet die Verneinung (Negation) dieser Aussage?

(**A**) Für jede gerade Zahl $x$ ist $f(x)$ ungerade.

(**B**) Für jede ungerade Zahl $x$ ist $f(x)$ gerade.

(**C**) Für jede ungerade Zahl $x$ ist $f(x)$ ungerade.

(**D**) Es existiert eine gerade Zahl $x$, für die $f(x)$ ungerade ist.

(**E**) Es existiert eine ungerade Zahl $x$, für die $f(x)$ ungerade ist.

A-Stu (14) –13

# 5.3 Kryptogramme und andere magische Figuren

## Wie heißt die richtige Aufgabe?

**A 5.39** Durch welche Ziffer muss ich ★ ersetzen, damit ★★·★ = 176 ist?

(**A**) 8 (**B**) 7 (**C**) 6 (**D**) 4 (**E**) 3

A-Ben (6), D/CH-5/6 (5) –13

**A 5.40** Es gibt 2-stellige Zahlen mit folgender Eigenschaft: Subtrahieren wir 27 von einer solchen Zahl, so erhalten wir wieder eine 2-stellige Zahl. Diese besteht aus denselben Ziffern wie die ursprüngliche Zahl, allerdings stehen die Ziffern in umgekehrter Reihenfolge. Wie viele solche Zahlen gibt es?

(**A**) 6 (**B**) 9 (**C**) 10 (**D**) 12 (**E**) 13

D/CH-5/6 (20) –13

**A 5.41** Gegeben sind drei 2-stellige Zahlen $AA$, $BB$ und $CC$, die aus je zwei gleichen Ziffern bestehen. Wenn $AA + BB + CC = 198$ gilt, wie groß ist dann $A + B + C$?

(**A**) 15 (**B**) 16 (**C**) 17 (**D**) 18 (**E**) 19

D/CH-11/13 (3) –13

**A 5.42** Benjamin verteilt die Ziffern 0, 1, 2, 3, 4, 5 und 6 so auf die Kästchen, dass eine richtige Additionsaufgabe entsteht. Welche der Ziffern muss er in das graue Kästchen schreiben?

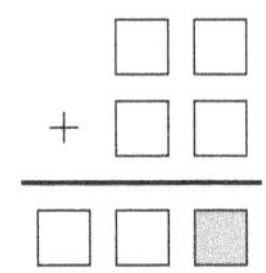


(**A**) 2 (**B**) 3 (**C**) 4 (**D**) 5 (**E**) 6

A-Eco (22), D/CH-3/4 (22) –14

**A 5.43** In $J \cdot O \cdot (D + E + L + N) = 33$ sind die 6 Buchstaben so durch 6 verschiedene ganze Zahlen von 0 bis 9 zu ersetzen, dass die Gleichung korrekt ist. Wie viele verschiedene Möglichkeiten gibt es dafür?

(**A**) 12 (**B**) 24 (**C**) 30 (**D**) 48 (**E**) 60

A-Jun (21), D/CH-9/10 (20) –14

**A 5.44** Ich denke mir eine 4-stellige Zahl, streiche in Gedanken eine Ziffer und erhalte so eine 3-stellige Zahl. Die Summe aus dieser 3-stelligen Zahl und der gedachten 4-stelligen Zahl ist 5271. Damit lässt sich herausfinden, welche Ziffer ich in Gedanken gestrichen habe. Es war eine

(**A**) 1 (**B**) 2 (**C**) 3 (**D**) 8 (**E**) 9

A-Kad (24), D/CH-7/8 (24) –13

## Mit Logik lassen sich Löcher füllen

**A 5.45** In einem Rechen-Sudoku erscheinen die Zahlen 1, 2, 3 und 4 als Ergebnisse der kleinen Rechenaufgaben jeweils genau einmal in jeder Zeile und in jeder Spalte. Welche Zahl gehört ins graue Feld?

| | | | |
|---|---|---|---|
| $1 \cdot 1$ | | $1 \cdot 3$ | |
| $2 \cdot 2$ | $6-3$ | | $6-5$ |
| $4-1$ | $1+3$ | $8-7$ | |
| $9-7$ | $2-1$ | | (grau) |

(**A**) 1 (**B**) 2 (**C**) 3
(**D**) 4 (**E**) 1 oder 2

A-Eco (17) –12

**A 5.46** „Heute ist Logik gefragt!“, sagt unser Mathelehrer und zeichnet fünf $4 \times 4$-Felder an die Tafel. An jede Zeile und jede Spalte schreibt er eine Zahl. „Es sollen in jeder Zeile und jeder Spalte so viele Kästchen blau ausgemalt werden, wie dort als Zahl vermerkt ist. Aber passt auf, das klappt nur in einem einzigen Fall. Und den müsst ihr finden“, setzt er fort. Welches Feld ist gemeint?

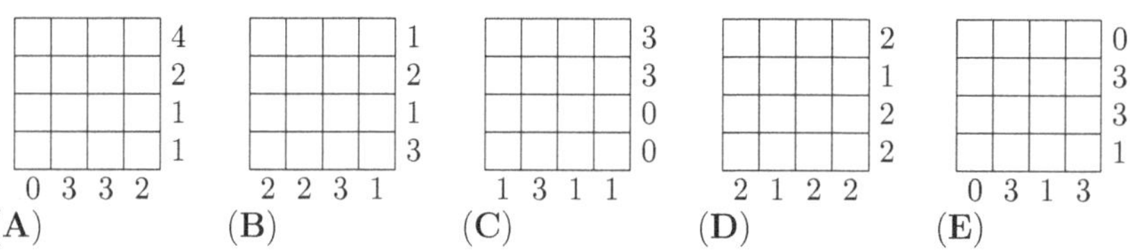


A-Ben (22), D/CH-5/6 (21) –12

**A 5.47** In jedes Kästchen des abgebildeten $4 \times 4$-Quadrats ist eine Zahl einzutragen. Waagerecht oder senkrecht benachbarte Zahlen unterscheiden sich um 1. Eine 3 steht schon da, und wir wissen, dass zu den Zahlen auch eine 9 gehört. Wie viele *verschiedene* Zahlen kommen im ausgefüllten Quadrat vor?

| | | | |
|---|---|---|---|
| 3 | | | |
| | | | |
| | | | |
| | | | |

(**A**) 8 (**B**) 7 (**C**) 6 (**D**) 5 (**E**) 4

A-Ben (19), D/CH-5/6 (16) –13

**A 5.48** In die leeren Felder der Figur hat Cathy die Zahlen 5, 6, 7, 8 und 9 eingetragen. Die Summe der Zahlen in den Nachbarfeldern der 5 ist 13. Die Summe der Zahlen in den Nachbarfeldern der 6 ist auch 13. Welche Zahl hat Cathy in das mittlere Feld geschrieben?

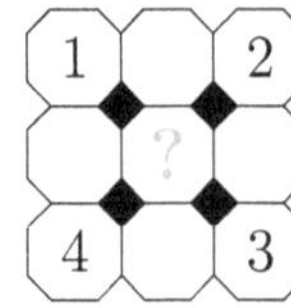


(**A**) 5 (**B**) 6 (**C**) 7 (**D**) 8 (**E**) 9

A-Eco (24), D/CH-3/4 (24) –14

**A 5.49** Die Zahlen von 1 bis 7 sind so in die Kreise zu platzieren, dass die Summe der Zahlen auf jeder Linie dieselbe ist. Welche Zahl gehört in die obere Ecke des Dreiecks?

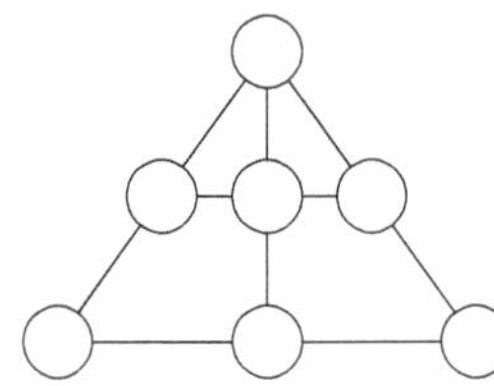

(**A**) 1 (**B**) 3 (**C**) 4 (**D**) 5 (**E**) 6

A-Ben (17), D/CH-5/6 (24) –12

**A 5.50** In das $3 \times 3$-Feld sollen positive rationale Zahlen so geschrieben werden, dass das Produkt der 3 Zahlen in jeder Zeile und in jeder Spalte gleich 1 ist und das Produkt der 4 Zahlen in jedem $2 \times 2$-Teilquadrat gleich 2 ist. Welche Zahl gehört ins mittlere Feld?

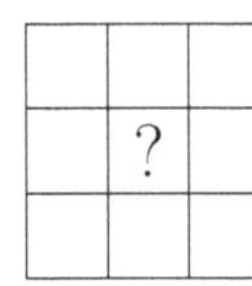


(**A**) 16 (**B**) 8 (**C**) 4 (**D**) $\frac{1}{4}$ (**E**) $\frac{1}{8}$

A-Jun (30), D/CH-7/8 (29) –12

**A 5.51** In jeden der Kreise in der abgebildeten Figur soll eine der Zahlen 1, 2, 3, 4, 5, 6, 7, 8, 9 und 11 eingetragen werden, sodass jede dieser Zahlen genau einmal vorkommt. Dabei soll in jedem kleinen Kreis die Summe der Zahlen aus den beiden benachbarten großen Kreisen stehen. Die 9 ist schon eingetragen. Für welche Zahl steht das Fragezeichen?

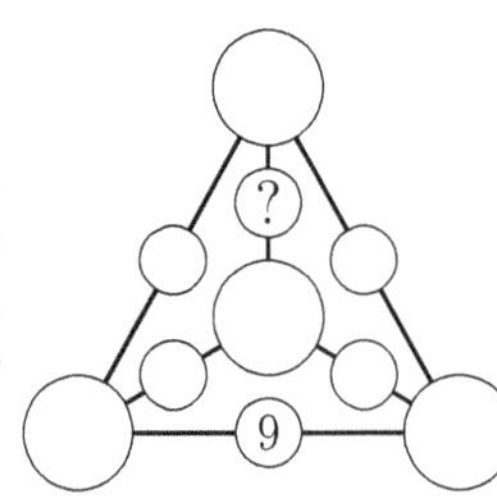


(**A**) 4 (**B**) 5 (**C**) 6 (**D**) 8 (**E**) 11

A-Kad (29), D/CH-7/8 (28) –13

# Lösungen

# 1 Zahlen und Rechnen

## 1.1 Rechnereien zum Aufwärmen

**L 1.1** (D) Am Montag waren 3 Jalousien vollständig unten, am Dienstag 2, am Mittwoch auch 2, am Donnerstag 4 und am Freitag 3. Am Donnerstag waren es am meisten.

**L 1.2** (D) Zwei Wochen, das sind 14 Tage. Onkel Oskar gießt 2-mal täglich, also in zwei Wochen wegen $14 \cdot 2 = 28$ insgesamt 28-mal.

**L 1.3** (C) Die Häuser 1 und 3 bestehen aus den gleichen Teilen. Das sind ein großes und drei kleine Dreiecke sowie drei unterschiedlich große Rechtecke.

**L 1.4** (B) Der rechte Stapel ist aus dem linken entstanden, indem der linke auf eine aus 5 Steinen bestehende Reihe aufgesetzt worden ist. Es sind also im rechten Stapel 5 Steine mehr als im linken.

**L 1.5** (E) Maren muss die folgenden 7 Buchstabenkarten drehen:

**L 1.6** (B) Schauen wir uns die Anzahl der Medaillen aufmerksam an, so fällt auf, dass die Siegerschule zwar eine Goldmedaille mehr als unsere Schule errungen hat, aber unsere Schule hat dafür eine Bronzemedaille mehr als die Siegerschule – das gleicht sich bei der Gesamtzahl der Medaillen aus. Die Differenz bei den Silbermedaillen beträgt $14 - 9 = 5$. Die Siegerschule hat insgesamt 5 Medaillen mehr errungen als unsere Schule.

Dasselbe Ergebnis erhält, wer die Differenz zwischen den Gesamtmedaillenzahlen der Siegerschule und unserer Schule bildet: $(8+14+4)-(7+9+5) = 26-21 = 5$.

**L 1.7** (B) Wenn in der ersten Schachtel 3 Schachteln sind, so sind das zusammen schon $1 + 3 = 4$ Schachteln, eine große, 3 mittelgroße. Nun sind in jeder der 3 mittelgroßen Schachteln wiederum 3 Schachteln, folglich gibt es insgesamt $3 \cdot 3 = 9$ kleine Schachteln. Die kommen zu den 4 schon gezählten Schachteln dazu. Insgesamt sind es also $4 + 9 = 13$ Schachteln.

**L 1.8** (A) Die beiden kompletten Brotpackungen enthalten insgesamt $2 \cdot 12 = 24$ Scheiben Brot, die halbe Packung 6, was zusammen $24 + 6 = 30$ Scheiben Brot ergibt. Da für jedes Sandwich 2 Scheiben vonnöten sind, können wir $30 : 2 = 15$ Sandwiches mit auf die Wanderung nehmen.

**L 1.9** (A) Wir erkennen, dass vom 1. zum 2. Dreieck 3 Muscheln, vom 2. zum 3. Dreieck 4 Muscheln und so in jedem Schritt eine um 1 größere Zahl von Muscheln hinzugefügt wird. Für das 6. Dreieck braucht Janoš wegen $3+3+4+5+6+7=28$ also insgesamt 28 Muscheln.

**L 1.10** (D) Die 9 cm lange Nase verlängert sich durch 3-maliges Schwindeln um $3 \cdot 6\,\text{cm} = 18\,\text{cm}$. Und die Nase verkürzt sich durch 2-maliges Wahrheitsagen um $2 \cdot 2\,\text{cm} = 4\,\text{cm}$. Insgesamt ergibt das $9\,\text{cm} + 18\,\text{cm} - 4\,\text{cm} = 23\,\text{cm}$ für die Länge der Nase beim Mittagessen.

**L 1.11** (C) Es gibt 6 Kerzenhalter für 5 Kerzen. In diese gehören insgesamt $6 \cdot 5 = 30$ Kerzen. In die restlichen $15-6=9$ Kerzenhalter passen jeweils 3 Kerzen. Für diese Kerzenhalter werden $9 \cdot 3 = 27$ Kerzen benötigt. Dann waren also insgesamt $30+27=57$ Kerzen anzuzünden.

**L 1.12** (D) Von der Gesamtbeinzahl 44 ziehen wir die Zahl der Häschenbeine $3 \cdot 4 = 12$ und die Zahl der Beine der Enten- und Gänseküken $(4+2) \cdot 2 = 6 \cdot 2 = 12$ ab. Wir erhalten die Lämmergesamtbeinzahl $44 - 12 - 12 = 20$. Da jedes der Lämmer 4 Beine hat, ist noch durch 4 zu teilen. Es sind also $20 : 4 = 5$ Lämmer.

**L 1.13** (C) Im Flugzeug befanden sich genau 24 Sitzreihen, denn es fehlte ja die 13. Reihe. Von den 24 Reihen hatten 23 jeweils 6 Plätze und eine, die 15. Reihe, nur 4 Plätze. Damit waren es insgesamt $23 \cdot 6 + 1 \cdot 4 = 142$ Sitzplätze.

**L 1.14** (B) Wer aufmerksam abzählt, kommt zum richtigen Ergebnis. Es ist allerdings effektiver, sich die Zeichnung genauer anzuschauen, um eine geeignete Struktur zu entdecken und sich so das mühselige Abzählen zu verkürzen.
Eine Möglichkeit ist es, 2 Typen von Reihen zu unterscheiden, und zwar 4 Reihen, jede aus 8 Kästchen mit je 5 Punkten bestehend, und 3 Reihen, jede aus 7 einzelnen Punkten, was insgesamt $4 \cdot 8 \cdot 5 + 3 \cdot 7 = 160 + 21 = 181$ Punkte ergibt.
Eine andere Möglichkeit ist es, 3 Typen von Reihen zu unterscheiden, und zwar 8 Reihen, die je 16 einzelne Punkte enthalten, 4 Reihen, die je 8 einzelne Punkte enthalten, und 3 Reihen, die je 7 einzelne Punkte enthalten. Und natürlich erhalten wir auch hier insgesamt $8 \cdot 16 + 4 \cdot 8 + 3 \cdot 7 = 128 + 32 + 21 = 181$ Punkte.

**L 1.15** (B) Da in der Abbildung von den weißen und grauen Plättchen je eines weniger als von den schwarzen Plättchen zu sehen ist, müssen die 5 Spielplättchen auf die 3 Farben so aufgeteilt werden, dass es von den Farben grau und weiß je ein Plättchen mehr sind. Das geht nur, wenn es $2+2+1=5$ sind, also je 2 graue bzw. weiße und ein schwarzes. Dann waren es zu Beginn 6 schwarze Plättchen.

**L 1.16** (E) Wer die Zahlen genauer anschaut, stellt schnell fest, dass die Summe der im mittleren Ring getroffenen Punkte von Ines mit der Summe der beiden größten Punktezahlen, die Lara getroffen hat, übereinstimmt: $25 + 35 = 15 + 45$. Also ist nur noch der Unterschied zwischen den 7 Punkten auf dem äußeren Kreis von Ines und den 3 Punkten auf dem von Lara von Bedeutung. Sofort ist klar, dass Ines mit 4 Punkten Vorsprung gewonnen hat.
Die Aufgabe können wir ebenso lösen, indem wir zuerst die drei Punktergebnisse von Ines addieren, $25 + 35 + 7 = 67$, dann die drei Punktergebnisse von Lara, $15 + 45 + 3 = 63$, und anschließend die Differenz $67 - 63 = 4$ bilden. Natürlich finden wir auch hier, dass Ines um 4 Punkte besser war als Lara.

**L 1.17** (D) Unter den 13 Teilnehmern, die gestern am Krafttraining teilnahmen, waren die 7 Teilnehmer des Camps, die das Training täglich absolvieren, während $13 - 7 = 6$ Teilnehmer zur Gruppe der 9 Teilnehmer gehören, die jeden zweiten Tag am Krafttraining teilnehmen. Dann sind also heute 3 Teilnehmer aus dieser Gruppe mit dem Krafttraining dran. Zusammen mit den 7, die täglich dran sind, sind es heute $3 + 7 = 10$ Teilnehmer.

**L 1.18** (E) Eine gute Möglichkeit zum Lösen der Aufgabe ist es, die fehlenden Kästchen zu ergänzen, dem Muster entsprechend auszumalen und dann abzuzählen.
Es geht jedoch auch ohne zu malen. Wenn wir uns vorstellen, dass der Boden komplett mit Platten ausgelegt ist, dann gibt es in jeder der 5 Reihen 4 dunkle und 4 gestreifte Bodenplatten, insgesamt also $5 \cdot 4 = 20$ dunkle und ebenso 20 gestreifte Platten. Auf dem Boden, aus dem für die Renovierungsarbeiten einige Platten entfernt wurden, befinden sich 14 gestreifte Bodenplatten, wie sich auf dem Bild leicht auszählen lässt. Es fehlen also $20 - 14 = 6$ gestreifte Bodenplatten.

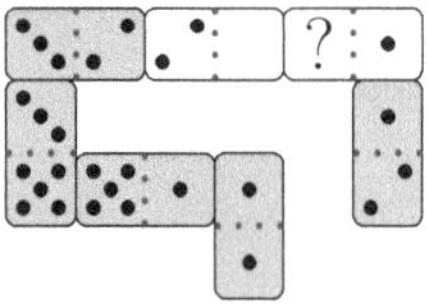


**L 1.19** (C) Aus der Spielregel (benachbarte Steine stoßen stets mit derselben Punktzahl aneinander) ergeben sich die eingetragenen Punkte auf den weißen Steinen. Wir zählen alle jetzt sichtbaren Punkte zusammen: $1+2\cdot1+2\cdot5+2\cdot3+2\cdot2+2\cdot1+2 = 1+2+10+6+4+2+2 = 27$. Die Differenz zur von Ayla gezählten Gesamtpunktzahl 35 ist 8. Folglich gehören wegen $8 : 2 = 4$ auf das Fragezeichenfeld 4 Punkte.

**L 1.20** (D) Von den Quadraten mit Sonne und Mond gibt es in der Breite 9 Stück, die sich auf 90 cm verteilen. Daher wissen wir, dass jedes Quadrat eine Seitenlänge von 10 cm hat. Daraus folgt, dass es in der Länge 15 Quadrate sind. Es wechseln sich Reihen mit 4 und mit 5 Monden ab. Da es in der ersten Reihe 4 Monde gibt, sind es auch in der letzten Reihe 4 Monde. Es gibt also von den 15 Reihen 8 Reihen mit 4 und 7 Reihen mit 5 Monden. Insgesamt sind es dann $8 \cdot 4 + 7 \cdot 5 = 67$ Monde.

## Jahreszahlen-Knobeleien

**L 1.21** (**E**) Es ist $20 - 14 + 2 - 0 + 1 - 4 = 5$.

**L 1.22** (**B**) Es ist $2014 \cdot 2014 : 2014 - 2014 = 0$.

**L 1.23** (**A**) Die erste Ziffer der Jahreszahl muss eine 1 sein, da es zwischen 2000 und 2013 keine Zahl mit der geforderten Bedingung gibt. Die größte mit 1 beginnende vierstellige Zahl aus vier aufeinanderfolgenden Ziffern ist 1432 – also ist 1432 das Gründungsjahr. Das war vor 581 Jahren.

**L 1.24** (**A**) Wir versuchen, 2013 als Summe von Zahlen zu schreiben, deren sämtliche Ziffern 0 oder 1 sind. Für die 3 an der Einerstelle brauchen wir ganz sicher mindestens 3 Summanden. Und tatsächlich reichen 3 Summanden aus, denn $1011 + 1001 + 1 = 2013$.

**L 1.25** (**A**) Die beiden Zahlen, zwischen denen die größte Differenz auftritt, haben sicher verschiedene Tausender, also 1 und 2 oder 2 und 3. Die größte Zahl an der Tafel, die an der Tausenderstelle eine 1 hat, ist 1320 und die kleinste mit einer 2 an der Tausenderstelle ist 2013. Ihre Differenz ist 693. Im zweiten Fall sind die beiden Zahlen 2310 und 3012 mit der Differenz 702, was größer als 693 ist. Also ist (**A**) richtig.

**L 1.26** (**D**) Es ist $2013 - 1023 = 990$. Und diese Zahl ist offenbar durch 2, durch 3, durch 5 und durch 11 teilbar, jedoch nicht durch 7.

**L 1.27** (**C**) Das Ergebnis der „Datumsrechnung“ ist $\frac{15}{3} + \frac{20}{12} = \frac{15}{3} + \frac{5}{3} = \frac{20}{3}$.

**L 1.28** (**E**) Es ist $\frac{20}{100} + \frac{14}{1000} = 0{,}2 + 0{,}014 = 0{,}214$.

**L 1.29** (**E**) Wer ein gutes Gefühl für Brüche hat, kann bemerken, dass $\frac{1503}{2012}$ sehr nahe bei $\frac{3}{4}$ liegt, denn $\frac{1503}{2012} \approx \frac{1500}{2000} = \frac{3}{4}$. Da $2012 : 4 = 503$ ist, erweitern wir $\frac{3}{4}$ mit 503 und erhalten $\frac{3}{4} = \frac{3 \cdot 503}{4 \cdot 503} = \frac{1509}{2012}$. Nun sehen wir: $\frac{1503}{2012} < \frac{1509}{2012} = \frac{3}{4}$.

**L 1.30** (**C**) $20^{13}$ ist die bei weitem größte der fünf Zahlen.

**L 1.31** (**C**) Wir quadrieren und vergleichen: (**A**) $20 \cdot 13$, (**B**) $20 \cdot 13^2$, (**C**) $20^2 \cdot 13$, (**D**) $201 \cdot 3^2$, (**E**) 2013. Offenbar ist $20^2 \cdot 13 > 20 \cdot 13^2 > 20 \cdot 13$. Außerdem ist $20^2 \cdot 13 = 400 \cdot 13 > 4000$, also $20^2 \cdot 13 > 201 \cdot 3^2$ und ebenso $20^2 \cdot 13 > 2013$.

**L 1.32** (**B**) Wie man sich leicht überlegen kann, ist 2014 in diesem Jahrhundert die erste Jahreszahl, bei der die letzte Ziffer größer als die Summe der drei anderen ist und außerdem alle Ziffern verschieden sind. Wir müssen also im vorigen Jahrtausend nach einer Lösung suchen. Damit die letzte Ziffer größer als die Summe der anderen drei Ziffern ist, darf die Summe der ersten drei Ziffern höchstens 8 sein und da sie möglichst nah zur 2014 sein soll, also gleich 8. Das führt uns zur gesuchten Jahreszahl, es ist 1709, also vor 305 Jahren.

## Kompliziertere Rechenaufgaben

**L 1.33** (**E**) Wir rechnen rückwärts. Tom hatte zuletzt 12 addiert, also war das Zwischenergebnis vor diesem letzten Schritt $2012 - 12 = 2000$. Diese Zahl war aus einer Multiplikation mit 10 hervorgegangen. Die Zahl, die mit 10 multipliziert wurde, war dann 200. Die 200 war durch Halbieren entstanden, also müssen wir jetzt beim Rückwärtsrechnen verdoppeln, d. h. vor der 200 befindet sich die 400 in der Rechenschlange usw. Das Schema zeigt das Ergebnis:

$$\boxed{?} \xrightarrow{?\cdot ?} \boxed{\phantom{00}} \xrightarrow{-9} \boxed{\phantom{00}} \xrightarrow{\cdot 10} \boxed{\phantom{00}} \xrightarrow{:2} \boxed{\phantom{00}} \xrightarrow{\cdot 10} \boxed{\phantom{00}} \xrightarrow{+12} \boxed{2012}$$

$$\boxed{7} \xleftarrow{7\cdot 7} \boxed{49} \xleftarrow{+9} \boxed{40} \xleftarrow{:10} \boxed{400} \xleftarrow{\cdot 2} \boxed{200} \xleftarrow{:10} \boxed{2000} \xleftarrow{-12} \boxed{2012}$$

**L 1.34** (**D**) Wir rechnen zuerst die Summe auf der linken Seite der Gleichung aus: $1 + 3 + 6 \cdot 2 = 16$. Das ist um 6 kleiner als die 22, die auf der rechten Seite der Gleichung steht. Also muss die 6 statt mit 2 mit 3 multipliziert werden. Roger hat die 2 um 1 erhöht.

**L 1.35** (**B**) Die kleinste durch 3 teilbare 4-stellige Zahl ist 1002 und die größte durch 4 teilbare 3-stellige Zahl ist 996. Die gesuchte Differenz ist $1002 - 996 = 6$.

**L 1.36** (**E**) Die Summe lässt sich berechnen und die Endziffer ablesen. Es geht aber auch ohne viel zu rechnen, und zwar so: Der erste Summand endet auf 1, der zweite Summand endet auf 3. Da die anderen drei Summanden ungerade Vielfache von 5 sind, enden sie alle auf 5. Folglich ist die gesuchte Endziffer die Endziffer von $1 + 3 + 5 + 5 + 5 = 19$, also 9.

**L 1.37** (**B**) Jede der Rechnungen hat die Form

$$\overline{AA} \cdot \overline{BBB} = (A \cdot 11) \cdot (B \cdot 111) = (A \cdot B) \cdot (11 \cdot 111)$$

Das Ergebnis hängt also nur von der Größe des entsprechenden Produkts $A \cdot B$ ab: (**A**) $3 \cdot 7 = 21$, (**B**) $5 \cdot 6 = 30$, (**C**) $6 \cdot 4 = 24$, (**D**) $7 \cdot 3 = 21$, (**E**) $9 \cdot 2 = 18$. Das größte Ergebnis liefert Rechnung (**B**).

**L 1.38** (**E**) Eine Möglichkeit, die Aufgabe zu lösen, besteht darin, für jeden der fünf Ausdrücke den Wert zu berechnen, dann eine beliebige andere Ziffer anstelle der 8 einzusetzen (zum Beispiel 1), diesen Wert zu berechnen und anschließend zu vergleichen. Wir tun dies beispielhaft für (**A**): $(8+8) : 8+8 = 16 : 8+8 = 2+8 = 10$ und $(1+1) : 1+1 = 2 : 1+1 = 2+1 = 3$. (**A**) ist also nicht die Lösung. Dies müssten wir für die anderen Lösungsvorschläge ebenso tun, und wenn wir für *nur* einen der fünf Ausdrücke dasselbe Ergebnis erhalten, muss dieser – nach den Regeln des Känguru-Wettbewerbs – der gesuchte sein.
Einfacher ist es, die 8 durch eine Variable, zum Beispiel $x$, zu ersetzen, da der Wert eines der Ausdrücke unabhängig davon sein soll, durch welche Zahl die 8 ersetzt wird. Wir erhalten:
(**A**) $(x+x) : x+x = 2x : x+x = 2+x$, (**B**) $x \cdot (x+x) : x = x \cdot 2x : x = 2x$,
(**C**) $x+x-x+x = 2x$, (**D**) $(x+x-x) \cdot x = x \cdot x = x^2$,
(**E**) $(x+x-x) : x = x : x = 1$.
Nur beim letzten Ausdruck ist der Wert unabhängig von $x$, (**E**) ist die Lösung.

# 1.2 Kleine Rechengeschichten

## Rechnen mit Sekunde und Stunde, mit Tag und Jahr

**L 1.39** (**B**) Von 14:20 Uhr bis 20:20 Uhr wären es genau 6 Stunden bzw. $6 \cdot 60 = 360$ Minuten. Der Zug ist aber schon 6 Minuten früher in Basel. Also sind wir nur $360 - 6 = 354$ Minuten unterwegs.

**L 1.40** (**D**) Der große Wasserfall wird um 15:05 Uhr zum ersten Mal angestellt, und da er bis zum Verlassen insgesamt 5-mal angestellt wurde, folgt also im Abstand von je 15 Minuten noch 4-mal das Anstellen. Da $4 \cdot 15 = 60$ ist, bleibt also eine Stunde bis zum Verlassen des Schwimmbads. Es war 16:05 Uhr, als ich das Schwimmbad verließ.

**L 1.41** (**D**) Da heute der 15. März ist, leben die Küken also 15 Tage im März. Daher müssen sie am 29. Februar, dem letzten Tag des Februars in diesem Schaltjahr, $20-15 = 5$ Tage alt gewesen sein. Folglich sind sie am 24. Februar geschlüpft.

**L 1.42** (E) Um 12:30 Uhr sind *die* Züge auf der Strecke, die um 7, um 8, um 9, um 10, um 11 und um 12 Uhr in Hamburg losgefahren sind, insgesamt also 6 Züge.

**L 1.43** (D) Jonas kam 25 Minuten vor dem pünktlich um 15:45 Uhr eintreffenden Leo, also um 15:20 Uhr. Tobias kam eine Viertelstunde, d. h. 15 Minuten, später als Jonas, also um 15:35 Uhr.

**L 1.44** (C) Der 4. Dienstag im Januar fällt genau dann auf das frühestmögliche Januardatum, wenn der 1. Januar ein Dienstag ist. Dann ist der 4. Dienstag der 22. Januar.

**L 1.45** (A) Da weniger als eine Stunde vergangen ist, hat der Minutenzeiger von seiner Startrichtung nach „Süden" bis zu seiner Endrichtung nach „Osten" eine Dreiviertel-Umdrehung vollzogen. Dafür hat er eine Dreiviertelstunde, also 45 Minuten gebraucht.

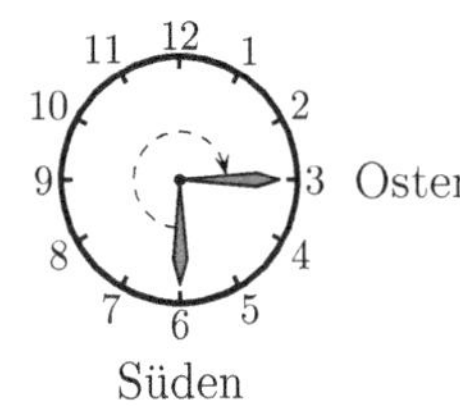


**L 1.46** (A) Die Richtung Nordost ist die Winkelhalbierende der senkrecht aufeinander stehenden Himmelsrichtungen Nord und Ost. Ebenso ist die Richtung Nordwest die Winkelhalbierende der senkrecht aufeinander stehenden Himmelsrichtungen Nord und West. Nordost und Nordwest stehen also senkrecht aufeinander. Der Winkel, den der Uhrzeiger in weniger als einer Stunde von Nordost bis Nordwest zurücklegt, ist also 270°. Dem entsprechen 45 Minuten.

**L 1.47** (D) Eine Woche besteht aus 7 Tagen, ein Tag aus 24 Stunden, eine Stunde aus 60 Minuten und eine Minute aus 60 Sekunden. Also sind 6 Wochen $= 6 \cdot 7 \cdot 24 \cdot 60 \cdot 60$ Sekunden $= 6 \cdot 7 \cdot (3 \cdot 8) \cdot (10 \cdot 2 \cdot 3) \cdot (5 \cdot 4 \cdot 3)$ Sekunden bzw. geeignet umgeordnet 6 Wochen $= 1 \cdot 2 \cdot 3 \cdot 4 \cdot 5 \cdot 6 \cdot 7 \cdot 8 \cdot 9 \cdot 10$ Sekunden.

## Rechnen mit Euro und Cent

**L 1.48** (C) Für 5 Cent + 13 Cent = 18 Cent kann Sabinas Schwester 3 Luftballons kaufen. Dann kostet also ein Luftballon ein Drittel der 18 Cent, d. h. $18 : 3 = 6$ Cent.

**L 1.49** (B) Um möglichst viel Cent zu nehmen, musst du dir von den 20-Cent-Münzen die höchstmögliche Zahl, also 3 Stück, nehmen. Von den 10-Cent-Münzen musst du dir 2 nehmen. Für die eine Münze, die du noch nehmen darfst, wählst du die jetzt noch wertvollste, also eine 2-Cent-Münze. Insgesamt hast du dann $3 \cdot 20 + 2 \cdot 10 + 1 \cdot 2 = 82$ Cent.

**L 1.50** (B) Für die 3 Fahrten, die Aaron mit dem Karussell mehr gemacht hat als Johanna, hat er zusammen 6 Euro bezahlt, eine einzelne Fahrt hat also 6 Euro : 3 = 2 Euro gekostet.

**L 1.51** (C) Zu den 16 Mini-Puddings gehören zweimal 6, von denen wir je nur 5 zu bezahlen haben. Insgesamt bezahlen wir also statt 16 nur 14 Mini-Puddings, und die kosten 2,80 €.

## Rechnen mit Brüchen

**L 1.52** (D) Wir rechnen:

$$\frac{3333}{101} - \frac{6666}{303} = \frac{3 \cdot 1111}{101} - \frac{6 \cdot 1111}{3 \cdot 101} = 3 \cdot \frac{1111}{101} - 2 \cdot \frac{1111}{101} = 1 \cdot \frac{1111}{101} = 11.$$

**L 1.53** (B) Die Summe der natürlichen Zahlen, die in dieser Rechnung enthalten sind, ist: $2+3+4+5+6 = 20$. Die Summe der Brüche brauchen wir nicht zu berechnen, eine Schätzung geht schneller. Die Summe ist größer als 1, denn das gilt bereits für die Summe der ersten 3 Brüche: $\frac{1}{2}+\frac{1}{3}+\frac{1}{4} > \frac{1}{2}+\frac{1}{4}+\frac{1}{4} = 1$. Sie ist aber auch ganz sicher kleiner als 2, denn $\frac{1}{2}+\frac{1}{3}+\frac{1}{4}+\frac{1}{5}+\frac{1}{6} < \frac{1}{2}+\frac{1}{2}+\frac{1}{4}+\frac{1}{4}+\frac{1}{4} = 1+\frac{3}{4} < 2$. Also liegt das Ergebnis der Rechnung zwischen 21 und 22.

Wer geschickt zusammenfasst, weil er erkennt, dass $\frac{1}{2} + \frac{1}{3} + \frac{1}{6} = 1$ gilt, braucht nur noch $\frac{1}{4} + \frac{1}{5}$ abzuschätzen, was ja offensichtlich zwischen 0 und 1 liegt.

**L 1.54** (A) Gesucht ist die Zahl, die um die halbe Differenz zwischen den beiden Zahlen größer ist als die kleinere, also $\frac{2}{3} + \frac{1}{2} \cdot \left(\frac{4}{5} - \frac{2}{3}\right) = \frac{1}{2}\left(\frac{4}{5} + \frac{2}{3}\right) = \frac{1}{2} \cdot \frac{12+10}{15} = \frac{11}{15}$. Die gesuchte Zahl ist das arithmetische Mittel der beiden gegebenen Zahlen.

**L 1.55** (C) Das Volumen des Eises ist $\frac{12}{11}$-mal so groß wie das Volumen des Wassers. Also beträgt das Volumen des Wassers $\frac{11}{12}$ des Volumens des Eises – das ist $\frac{1}{12}$ weniger.

**L 1.56** (**D**) Dass wir nicht 6 Brüche bilden können, die sich alle zu ganzen Zahlen kürzen lassen, liegt daran, dass zwei Zahlen, nämlich 7 und 11, jeweils nur mit der 1 im Nenner eine ganze Zahl bilden können. Also kann die Anzahl höchstens 5 sein. Im Beispiel lassen sich 5 Brüche kürzen, also ist 5 die Lösung: $\frac{12}{6} = 2$, $\frac{11}{1} = 11$, $\frac{10}{5} = 2$, $\frac{9}{3} = 3$, $\frac{8}{4} = 2$ und $\frac{7}{2}$.

## Rechnen mit speziellen Brüchen – Prozentrechnung

**L 1.57** (**A**) 20 % Rabatt auf 10 € sind 2 €. Folglich kosten die preisgesenkten Knieschützer 8 €. Der Sonderrabatt an der Kasse von 10 % auf diese 8 € sind 0,80 €. Melissa muss 7,20 € zahlen.

**L 1.58** (**B**) Wir bezeichnen den Preis der Äpfel vor der Freitagspreissenkung mit $P$. Nach dieser Preissenkung kosten die Äpfel $P \cdot 0{,}9$. Am Samstag wird dieser Preis weiter gesenkt, sodass er dann $P \cdot 0{,}9 \cdot 0{,}8 = P \cdot 0{,}72$ beträgt. Die Äpfel kosten nun noch 72 % des ursprünglichen Preises, sind also um 28 % billiger als am Donnerstag.

**L 1.59** (**A**) Die Anzahl der Mädchen, die in die Klasse gehen, wird mit $M$, die der Jungen mit $J$ bezeichnet. Hätte jedes Mädchen 3 Punkte mehr bekommen, würde der Klassendurchschnitt um 1,2 Punkte steigen, d. h. $1{,}2 = \frac{3 \cdot M}{M + J}$.
Der Anteil der Mädchen in der Klasse ist also $\frac{M}{M + J} = 1{,}2 : 3 = 0{,}4 = 40\,\%$.
Die Lösung kann auch durch Schätzen erhalten werden. Bewirken nämlich 3 Punkte mehr pro Mädchen nur ein Ansteigen der Durchschnittspunktzahl um 1,2 Punkte ($< 1{,}5$ Punkte), so müssen in der Klasse weniger als die Hälfte Mädchen sein. Also kann von den vorgeschlagenen Antworten nur 40 % die Lösung sein.

**L 1.60** (**A**) Da es bei dieser Aufgabe nur um Verhältnisse von Zahlen geht, ist es eine gute Strategie, ein geeignetes Zahlenbeispiel zu wählen, mit dem sich leicht rechnen lässt. Wir wählen 100 als die größere der beiden Zahlen. Dann ist der Durchschnitt der beiden Zahlen, der um 30 % kleiner als 100 ist, gleich 70. Die kleinere der beiden Zahlen ist in diesem Fall 40. Der Durchschnitt 70 der beiden Zahlen ist demzufolge um 30 größer als 40, also um $30 : 40 \cdot 100\,\% = 75\,\%$.

**L 1.61** (**D**) An jeder der 4 angebotenen Sport-AGs nehmen 20 % der Kinder *nicht* teil. Der größte Anteil von Kindern, die an einer AG *nicht* teilnehmen, ist also $4 \cdot 20\,\% = 80\,\%$. Das ist der Fall, wenn jedes Kind, das an einer AG *nicht* teilnimmt, an allen drei anderen teilnimmt, da dann keines an mehreren AGs *nicht* teilnimmt. Also nehmen mindestens 20 % der Klasse an allen vier AGs teil.

**L 1.62** (B) Der Frischkäse besteht aus einem Trockenanteil und Wasser. Wir bezeichnen mit $f$ die Fettmasse, mit $w$ die Wassermasse und mit $t$ die Trockenmasse. Dann wissen wir bereits aus der Aufgabenstellung, dass $\frac{f}{w+t} = \frac{24}{100}$ und $\frac{f}{t} = \frac{64}{100}$. Daraus errechnet sich dann der Wasseranteil im Frischkäse: $\frac{w}{w+t} = \frac{w+t-t}{w+t} = 1 - \frac{t}{w+t} = 1 - \frac{t}{f} \cdot \frac{f}{w+t} = 1 - \frac{24}{64} = \frac{40}{64} = \frac{5}{8} = 62{,}5\,\%$.

**L 1.63** (B) Wir bezeichnen die Anzahl der blauen Frösche vor der Dürre mit $b_1$, die Anzahl danach mit $b_2$, analog die Anzahl der grünen Frösche vor der Dürre mit $g_1$, danach mit $g_2$. Dann ist uns bekannt, dass $b_2 = \frac{40}{100} b_1 = \frac{2}{5} b_1$ und $g_2 = \frac{160}{100} g_1 = \frac{8}{5} g_1$ ist. Des Weiteren gilt $\frac{b_1}{g_1} = \frac{g_2}{b_2} = \frac{\frac{8}{5} g_1}{\frac{2}{5} b_1} = 4\frac{g_1}{b_1}$. Daraus errechnen wir $b_1^2 = 4g_1^2$, woraus, da ja $b_1$ und $g_1$ positiv sind, $b_1 = 2g_1$ folgt. Damit gilt: $\frac{b_2 + g_2}{b_1 + g_1} = \frac{\frac{2}{5} b_1 + \frac{8}{5} g_1}{b_1 + g_1} = \frac{\frac{4}{5} g_1 + \frac{8}{5} g_1}{2g_1 + g_1} = \frac{1}{5} \cdot \frac{12g_1}{3g_1} = \frac{4}{5} = \frac{80}{100}$.
Die Gesamtzahl ist um 20 % gesunken.

## Rechnen mit Potenzen

**L 1.64** (C) Wir schreiben $4^3 = (2^2)^3 = 2^6$ und $8^2 = (2^3)^2 = 2^6$. Damit ist $4^3+8^2 = 2 \cdot 2^6 = 2^7$. Das lässt sich natürlich auch ohne die verkürzende Anwendung der Potenzgesetze so ausrechnen: $4^3 + 8^2 = 64 + 64 = 128 = 2^7$.

**L 1.65** (B) Es ist $8^2 = (2^3)^2 = 2^{3 \cdot 2} = 2^6$, und $2^8 = 2^{2+6} = 4 \cdot 2^6$ ist 4-mal so groß wie $8^2$.

**L 1.66** (E) Es ist $(2^3)^4 \cdot (5^4)^3 = 2^{12} \cdot 5^{12} = 10^{12}$. Das ist eine Eins mit 12 Nullen, also eine 13-stellige Zahl.

**L 1.67** (B) Wir schreiben den Term unter der Wurzel um und vereinfachen anschließend: $\sqrt[3]{2\sqrt{2}} = \sqrt[3]{(\sqrt{2})^2\sqrt{2}} = \sqrt[3]{(\sqrt{2})^3} = \sqrt{2}$.

**L 1.68** (C) Wir fassen geeignet zusammen: $2^{59} \cdot 3^4 \cdot 5^{53} = (2 \cdot 5)^{53} \cdot 2^6 \cdot 3^4 = (10)^{53} \cdot 2^6 \cdot 3^4$. Die letzte von Null verschiedene Ziffer ist also die letzte Ziffer der Zahl $2^6 \cdot 3^4$. Wer jetzt weiß, dass $2^6 = 64$ und $3^4 = 81$ ist, hat sofort die 4 als letzte Ziffer gefunden. Wer es nicht weiß, muss die entsprechenden Potenzen ausrechnen.

**L 1.69** (A) Wir formen um: $3^{(3^3)} = 3^{3\cdot3\cdot3} = (3^{3\cdot3})^3 = \left(3^{(3^2)}\right)^3$. Die dritte Wurzel aus $3^{(3^3)}$ ist also $3^{(3^2)}$.

## Vermischtes

**L 1.70** (C) Da ein Achtel der Länge 500 m sind, ist $8 \cdot 500\,\text{m} = 4000\,\text{m} = 4\,\text{km}$ die Länge der gesamten Strecke, die der kleine Muck gelaufen ist.

**L 1.71** (A) Im Wäldchen sind heute insgesamt 13 Kinder. Boris ist der Sucher, gehört also nicht zu den Kindern, die sich verstecken müssen. Verstecken müssen sich folglich $13 - 1 = 12$ Kinder. Und nachdem Boris 9 Kinder gefunden hat, fehlen ihm noch $12 - 9 = 3$ Kinder. Die sind noch versteckt.

**L 1.72** (A) Da 16 Kinder beim Tischtennis dabei waren, haben $24 - 16 = 8$ Kinder nicht am Tischtennisturnier teilgenommen. Da jedes Kind bei mindestens einem Turnier mitgemacht hat, waren diese 8 Kinder ganz sicher beim Schachturnier dabei. Die übrigen $12 - 8 = 4$ Schachspieler haben auch beim Tischtennis mitgemacht, also waren 4 Kinder bei beiden Turnieren dabei.

**L 1.73** (A) Nachdem 15 Kekse mit Rosinen dekoriert sind, hat Konrad noch 5 Kekse ohne Belag. Diese belegt er mit Mandeln, um so wenig Kekse wie möglich doppelt zu dekorieren. Anschließend muss er von den bereits mit Rosinen dekorierten Keksen noch 10 mit Mandeln dekorieren, damit insgesamt 15 Kekse mit Mandeln dekoriert sind. Er muss also mindestens 10 Kekse mit beidem, mit Rosinen *und* mit Mandeln, belegen.

**L 1.74** (C) Das Abschlagen eines Drachenkopfes senkt die Zahl der Köpfe um 1, dann wachsen 5 neue Köpfe, sodass jede „Abschlagaktion“ zu einer Vergrößerung der Kopfzahl um 4 führt. Da es 6 „Abschlagaktionen“ gibt, erhöht sich die Zahl der Drachenköpfe auf $5 + 6 \cdot 4 = 29$.

**L 1.75** (C) Die kritische Höhe von 2,10 m wurde vom Beginn des 3. bis zum Ende des 8. Tages sowie am 12. und am 13. Tag überstiegen. Das sind insgesamt 8 Tage.

**L 1.76** (B) Wenn ein Ballon den leeren Korb und 80 kg Last heben kann, so können 2 Ballons 2 leere Körbe und $2 \cdot 80\,\text{kg} = 160\,\text{kg}$ Last heben. Da es aber nur ein Korb ist, in dem die Last sich befindet, und diese Last 180 kg sein kann, wiegt der leere Korb $180\,\text{kg} - 160\,\text{kg} = 20\,\text{kg}$.

**L 1.77** (A) Wenn das linke Rad sich einmal um seine Achse dreht, haben seine 30 Zähne das Rad mit den 15 Zähnen Zahn für Zahn bewegt und dieses Rad hat dabei 2 Umdrehungen gemacht. Dabei hat es 30 Zähne des großen Rades berührt, wodurch dieses Rad eine halbe Umdrehung gemacht hat. Und auch am kleinsten Rad haben 30 Zähne ineinander gegriffen, wodurch dieses Rad mit seinen 10 Zähnen folglich 3 Umdrehungen gemacht hat.

**L 1.78** (C) Um 30 Eier zu haben, könnte der Koch beispielsweise 5 Körbchen mit je 6 Eiern kaufen. Gefragt ist jedoch, wie viele Körbchen er *mindestens* kaufen muss. Da 3 der Körbchen mit den meisten Eiern zu wenig sind, denn $3 \cdot 9 = 27$ ist kleiner als 30, muss er mindestens 4 Körbchen kaufen. Und mit 4 Körbchen kann er auch tatsächlich 30 Eier zusammenbekommen. Er könnte 2 Körbchen mit je 6 Eiern und 2 Körbchen mit je 9 Eiern kaufen. Dann hätte er exakt 30 Eier. Das klappt auch, wenn er 3 Körbchen mit je 8 Eiern und eines mit 6 Eiern kauft.

**L 1.79** (D) Marina lässt $206 - 6 = 200$ Karten zu Hause. Eine der 6 Karten, die sie in die Schule mitnimmt, bekommt sie nicht getauscht. Bei den anderen 5 Karten ist sie erfolgreich, für jede dieser 5 bekommt sie 3 Karten, zusammen also $5 \cdot 3 = 15$ Karten. Damit hat Marina jetzt insgesamt $200 + 1 + 15 = 216$ Karten.

**L 1.80** (B) Wir gucken uns an, wie das Füttern innerhalb der 7 Tage abgelaufen sein kann.

1. Fall: Olli füttert an keinem Tag 9 Petersilienstängel. Dann kann er an den 7 Tagen wegen $7 \cdot 4 = 28$ höchstens 28 Stängel verfüttert haben, es waren aber 30. Also kann dieser Fall nicht vorliegen.

2. Fall: Olli füttert an genau einem Tag 9 Petersilienstängel. Die restlichen $30 - 9 = 21$ Stängel muss er in 4er-Päckchen verfüttern. Das ist aber nicht möglich, da die ungerade Zahl 21 nicht durch 4 teilbar ist. Also kann auch dieser Fall nicht vorliegen.

3. Fall: Olli füttert an genau 2 Tagen je 9 Petersilienstängel. Dann hat er für die Tage mit 4er-Päckchen noch $30 - 18 = 12$ Stängel übrig, die für genau 3 Tage reichen. An diesen Tagen füttert er je eine Möhre. An den $7 - 2 - 3 = 2$ Tagen, an denen es keine Petersilienstängel gibt, füttert er je 2 Möhren. Insgesamt füttert er also $3 + 2 \cdot 2 = 7$ Möhren.

4. Fall: Olli füttert an 3 Tagen je 9 Petersilienstängel. Dann bleiben $30 - 3 \cdot 9 = 3$ Stängel übrig, die aber nicht für ein 4er-Päckchen und erst recht nicht für weitere Tage mit nur Petersilienstängeln reichen. Dieser Fall kann also auch nicht vorliegen.

## 1.3 Teilbarkeit im Text versteckt

**L 1.81** (C) Von den angegebenen Summen aus 2 Trefferpunkten hat nur eine eine *ungerade* Zehnerstelle, die 90. Die 90 kann gewiss nicht als Summe zweier Zahlen mit *ungerader* Zehnerstelle entstanden sein.

**L 1.82** (B) Wenn unter Eriks Mitschülern doppelt so viele Mädchen wie Jungen sind, dann hat Erik insgesamt 3-mal so viele Mitschüler wie es außer ihm selbst Jungen in der Klasse gibt. Mit anderen Worten: Die Anzahl der *Mitschüler* von Erik muss durch 3 teilbar sein. Gehen wir nun die vorgeschlagenen Zahlen durch, so sind $29 = 30 - 1$, $19 = 20 - 1$, $28 = 29 - 1$ und $23 = 24 - 1$ nicht durch 3 teilbar. Nur $24 = 25 - 1$ ist durch 3 teilbar. In Eriks Klasse könnten *insgesamt* 25 Kinder gehen.

**L 1.83** (B) Wir versuchen, jede der Zahlen von 22 bis 29 durch ihren Einer zu teilen. Wir stellen fest, dass 22 durch 2, 24 durch 4 und 25 durch 5 teilbar ist. Das sind 3 der Zahlen. Die anderen Zahlen sind sämtlich nicht durch ihren Einer teilbar.

**L 1.84** (E) Die einzige Möglichkeit, 100 als Produkt von drei der vorgegebenen Zahlen zu schreiben, ist $1 \cdot 4 \cdot 25$. Die gesuchte Summe ist also $1 + 4 + 25 = 30$.

**L 1.85** (B) Wenn jeder Mitspieler dieselbe Anzahl Karten bekommt und Caroline alle Karten verteilt, dann muss die Anzahl der Spieler, multipliziert mit der Anzahl der Karten, die jeder Spieler hat, 36 ergeben. Mit anderen Worten, die Anzahl der Spieler muss ein Teiler der Zahl 36 sein. Von den vorgeschlagenen Zahlen ist nur 8 kein Teiler von 36.

**L 1.86** (D) Die Anzahl der Flöhe, also 42, ist unabhängig von ihrer Aufstellung stets das Produkt aus der Anzahl der Gruppen und der Anzahl der Flöhe je Gruppe. Die Anzahl der Gruppen ist also ein Teiler von 42. Während 2, 6, 7 und 14 Teiler von 42 sind, trifft das auf 12 nicht zu.

**L 1.87** (E) Die durchschnittliche Anzahl von Kindern in den Familien ist gleich der Gesamtzahl der Kinder dividiert durch die Anzahl der Familien, d. h. durch 5. Die Gesamtzahl der Kinder ist also 5-mal so groß wie die durchschnittliche Anzahl. Damit ist (**E**) die Lösung, denn $5 \cdot 2{,}5 = 12{,}5$. Das kann natürlich nicht die Gesamtzahl der Kinder sein.

# 2 Gleichungen, Ungleichungen und Funktionen

## 2.1 Lineare Gleichungen

### Terme und einfache lineare Gleichungen

**L 2.1** (**D**) Nach dem ersten Addieren soll das Resultat, also die Summe, mit 2 multipliziert werden. Folglich muss $6+3$ in Klammern gesetzt werden. Zum Ergebnis der Multiplikation mit 2 soll 1 addiert werden. Die auszuführende Rechnung ist somit $(6+3)\cdot 2+1$, das Ergebnis ist 19. Die anderen Rechnungen führen – wie zu erwarten – zu anderen Ergebnissen: (**A**) $(6+3\cdot 2)+1=13$, (**B**) $6+3\cdot 2+1=13$, (**C**) $(6+3)\cdot(2+1)=27$ und (**E**) $6+3\cdot(2+1)=15$.

**L 2.2** (**E**) Der Dezember hat 31 Tage. Und davon hat Pepe drei Wochen, also $7\cdot 3$ Tage geschlafen. Er war demnach an $31-7\cdot 3$ Tagen wach. Und da jeder Tag 24 Stunden hat, war Pepe insgesamt $(31-7\cdot 3)\cdot 24$ Stunden wach.

**L 2.3** (**D**) Wenn von 4 Teilen 3 so schwer sind wie der vierte Teil, so ist dieser vierte Teil am schwersten und wiegt die Hälfte des Ganzen, im Fall der Melone sind das 450 g.

***Lösungsvariante:*** Die 4 Teile, in die die Melone geteilt wurde, mögen (in g) $t_1, t_2, t_3$ und $t_4$ wiegen, wobei bekannt ist, dass $t_1+t_2+t_3=t_4$ und $t_1+t_2+t_3+t_4=900\,\text{g}$ ist. Folglich ist $2t_4=900\,\text{g}$ bzw. $t_4=450\,\text{g}$.

**L 2.4** (**E**) Die Lösung können wir finden, wenn wir 15 und 16 multiplizieren und dann durch 20 teilen. Wir können diese Rechnerei vermeiden, wenn wir die auftretenden Zahlen in Primfaktoren zerlegen: $15\cdot 16=3\cdot 5\cdot 2\cdot 2\cdot 2\cdot 2$ und $20\cdot x=5\cdot 2\cdot 2\cdot x$. Also ist $x=3\cdot 2\cdot 2=12$.

**L 2.5** (**E**) Wenn von einer Anzahl Käsewürfel die Hälfte vergeben wird, bleibt als Rest die andere Hälfte, also dieselbe Anzahl. Bevor der drittälteste Mausesohn seine Käsewürfel bekommt, waren also $2\cdot 6=12$ Käsewürfel in der Packung. Genauso finden wir: Bevor der zweitälteste seine Käsewürfel bekommt, waren $2\cdot 12=24$ Käsewürfel in der Packung. Und zu Beginn der Aufteilung waren $2\cdot 24=48$ Käsewürfel in der Packung.

***Lösungsvariante:*** Es sei $p$ die Anzahl der Käsewürfel in der vollen Packung. Dann muss gelten: $p=\frac{1}{2}p+\frac{1}{4}p+\frac{1}{8}p+6$, woraus wir $p-\frac{7}{8}p=6$ und daraus $p=48$ errechnen.

**L 2.6** (D) Die hinzugefügten 8 Liter Wasser sind die Differenz aus drei Vierteln und der Hälfte, machen also ein Viertel der Füllmenge des Aquariums aus. Folglich fasst das Aquarium $4 \cdot 8 = 32$ Liter.

***Lösungsvariante:*** Das Volumen von Johanns Aquarium sei $V$. Dann gilt $\frac{1}{2}V + 8 = \frac{3}{4}V$, also $8 = \frac{1}{4}V$ bzw. $V = 32$.

**L 2.7** (E) Die Anzahl Fische, die Helga gefangen hat, vermehrt um 12, sind das Dreifache dieser Anzahl. Also sind 12 Fische das Zweifache der Anzahl. Folglich ist die gesuchte Anzahl 6.

***Lösungsvariante:*** Mit $x$ bezeichnen wir die Anzahl der Fische, die Helga geangelt hat. Dann gilt $3x = x + 12$ bzw. $x = 6$.

**L 2.8** (C) Wir multiplizieren beide Seiten der Gleichung mit 60, dem Hauptnenner der beiden Brüche, und erhalten $\frac{60 \cdot (\bigstar + 3)}{12} = \frac{60 \cdot (9 + \bigstar)}{20}$ und formen um zu $5 \cdot \bigstar + 15 = 27 + 3 \cdot \bigstar$ bzw. $2 \cdot \bigstar = 12$, also $\bigstar = 6$.

**L 2.9** (B) Da Karl 21. wurde, sind 20 Teilnehmer vor ihm ins Ziel gekommen – doppelt so viele wie hinter Konrad lagen, was demnach 10 waren. Die Zahl der Teilnehmer hinter Karl sei $x$. Vor Konrad lagen damit $3x$ Teilnehmer. Da Karl genauso viele Gegner hatte wie Konrad, gilt $x + 20 = 10 + 3x$, woraus $x = 5$ folgt. Vor Konrad kamen folglich $3x = 15$ Teilnehmer ins Ziel, er belegte also Platz 16.

**L 2.10** (B) Katharina war 1 h lang spazieren. Wir bezeichnen die Zeit, die sie joggen will, mit $t\,\mathrm{h}$. Dann ist der Weg, den sie mit 8 km/h in einer Zeit von $t\,\mathrm{h}$ zurücklegt, gerade $8t\,\mathrm{km}$ lang. Für die angestrebte Durchschnittsgeschwindigkeit von 5 km/h gilt dann die folgende Gleichung: $\frac{4\,\mathrm{km} + 8t\,\mathrm{km}}{1\,\mathrm{h} + t\,\mathrm{h}} = 5\,\mathrm{km/h}$. Lösen wir nach $t\,\mathrm{h}$ auf, erhalten wir $t\,\mathrm{h} = \frac{1}{3}\,\mathrm{h}$. Also muss Katharina 20 Minuten joggen.

## Proportionen

**L 2.11** (D) Da Harry etwa halb so schnell liest wie Hermine, ist er nach einer Stunde etwa auf Seite 30 und nach drei Stunden etwa auf Seite 90.

**L 2.12** (D) Wenn Pauls Auto Hannis Auto einholt, ist Hannis Auto 4 Runden bzw. 8 halbe Runden gefahren und Pauls Auto in derselben Zeit eine halbe Runde mehr, d. h. 9 halbe Runden. Damit ist Pauls Auto $\frac{9}{8}$-mal so schnell wie Hannis Auto.

**L 2.13** (D) Nachdem König Alfredo sich eine Stunde lang wandernd vom Schloss entfernt hat, startet sein erster Fahrradbote. Da er doppelt so schnell wie der König ist, langt er bereits nach einer halben Stunde bei der kranken Königin an. Eine weitere halbe Stunde später startet – in einer Entfernung von nunmehr 10 km – der zweite Fahrradbote. Für die 10 km braucht er eine Stunde, erreicht also 90 min nach dem ersten Boten das Schloss. Für diesen wie für jeden folgenden Fahrradboten fällt vom Start des vorhergehenden Boten bis zu seinem Start die Stunde, in der er 5 km gemeinsam mit dem König wandert, sowie die Bewältigung dieser 5 km in umgekehrter Richtung mit dem Fahrrad an, bevor er den Startpunkt des vorhergehenden Boten erreicht. Und das nimmt exakt 90 min in Anspruch.

**L 2.14** (A) Da sich die Masse von Salz zu der von Wasser wie 7 : 193 verhält, erhalte ich „Nordsee-Wasser“, wenn ich 7 kg Salz in 193 kg Wasser auflöse, und zwar insgesamt 200 kg. Diese 200 kg sind ein Fünftel von 1000 kg, also sind in 1000 kg Nordsee-Wasser $5 \cdot 7\,\text{kg} = 35\,\text{kg}$ Salz enthalten.

**L 2.15** (A) Sei $j$ die Anzahl der Jungen in Inas Klasse, $m$ die der Mädchen. Die Gesamtpunktzahl der Mädchen ist $18m$, die der Jungen $21j$. Die Gesamtpunktzahl aller Schüler ist dann einerseits $18m+21j$, anderseits $20(m+j)$, da im Durchschnitt 20 Punkte erreicht wurden. Folglich gilt $18m + 21j = 20m + 20j$ bzw. $j = 2m$, also sind doppelt so viele Jungen wie Mädchen in Inas Klasse.

**L 2.16** (E) Die Wartezeit ist indirekt proportional zur Anzahl der geöffneten Schalter. Nachdem zwei weitere Schalter geöffnet wurden, waren es $\frac{5}{3}$-mal so viele wie zuvor. Damit fiel die Wartezeit auf $\frac{3}{5} \cdot 15\,\text{min} = 9\,\text{min}$ bzw. 6 Minuten weniger.

**L 2.17** (C) Im ersten Teil fährt Luise 3/4 der Strecke in 2/3 der geplanten Zeit. Im zweiten Teil fährt sie folglich 1/4 der Strecke in 1/3 der geplanten Zeit. Das gesuchte Verhältnis ist $\frac{3/4}{2/3} : \frac{1/4}{1/3} = \frac{3}{2} : 1 = 3 : 2$.

**L 2.18** (B) Wenn die Schildkröte Ida auf dem Laufband weiterläuft, ist ihre Geschwindigkeit die Summe aus ihrer eigenen und der des Laufbands, also 8 km/h. Lilly, die auf dem Laufband steht, bewegt sich hingegen genau mit 7 km/h, der Geschwindigkeit des Laufbands. Bei gleichförmigen Bewegungen sind Geschwindigkeit und Weg direkt proportional zueinander ($s = v \cdot t$). Wenn also Ida das Ende des Laufbands erreicht hat, verhält sich der zurückgelegte Weg $s$ von Lilly zu den 400 m von Ida genauso wie sich ihre Geschwindigkeiten zueinander verhalten, 7 : 8. Lilly hat folglich $s = 400\,\text{m} \cdot 7/8 = 350\,\text{m}$ zurückgelegt, wenn Ida das Ende des Laufbands erreicht, und Ida ist Lilly damit $400\,\text{m} - 350\,\text{m} = 50\,\text{m}$ voraus.

**L 2.19** (**B**) Da der Kegel vollständig gefüllt ist, befinden sich die restlichen 2/3 des Volumens vollständig im Zylinder. Dieser Teil des Zylinders hat eine Höhe von 90 cm − 50 cm = 40 cm. Wird das Gefäß umgedreht, so nimmt die Flüssigkeit genau die Hälfte der zwei Drittel ein, die im Moment leer sind, hätte also eine Höhe von 40 cm/2 = 20 cm.

**L 2.20** (**E**) Wir bezeichnen die Anzahl der Männer mit $m$, die der Frauen mit $f$ und die der Kinder mit $k$. Dann gilt $\frac{m}{f} = \frac{2}{3}$, also $m = \frac{2}{3}f$. Folglich ist die Gesamtzahl der Erwachsenen $m + f = \frac{5}{3}f$. Da das Verhältnis Frauen zu Kindern $\frac{f}{k} = \frac{8}{1}$ ist, ergibt sich $\frac{m+f}{k} = \frac{\frac{5}{3}\cdot f}{k} = \frac{5}{3}\cdot\frac{f}{k} = \frac{5}{3}\cdot\frac{8}{1} = \frac{40}{3}$.

**L 2.21** (**A**) Die Länge des EC 179 bezeichnen wir mit $s_e$, die Länge des RE 15 mit $s_r$. Für die Geschwindigkeiten der beiden Züge schreiben wir entsprechend $v_e$ bzw. $v_r$. Dann gilt für die Geschwindigkeit des EC, errechnet aus der Vorbeifahrzeit am (als punktförmig anzunehmenden) Signal, $v_e = \frac{s_e}{8\text{ s}}$, für die Summe der Geschwindigkeiten beider Züge, ermittelt aus der Vorbeifahrzeit der Züge aneinander, $v_e + v_r = \frac{s_e + s_r}{9\text{ s}}$ und für die Geschwindigkeit des RE, errechnet aus der Vorbeifahrzeit des RE am Signal, $v_r = \frac{s_r}{12\text{ s}}$. In die zweite Gleichung setzen wir die Einzel-Geschwindigkeiten ein und erhalten $\frac{s_e}{8\text{ s}} + \frac{s_r}{12\text{ s}} = \frac{s_e + s_r}{9\text{ s}}$, woraus durch Multiplikation mit 72 s die Gleichung $9s_e + 6s_r = 8s_e + 8s_r$ bzw. $s_e = 2s_r$ folgt. Der EC war also doppelt so lang wie der Regionalzug.

## 2.2 Lineare Gleichungssysteme

**L 2.22** (**E**) Von den 25 Stück Obst, die Franz und Thomas gepflückt haben, verzehren sie auf dem Nachhauseweg 4 Äpfel und 5 Birnen. Sie bringen also insgesamt noch $25 - 4 - 5 = 16$ Stück Obst bis nach Hause. Und das sind zur einen Hälfte Äpfel und zur anderen Hälfte Birnen, d. h. je 8 Stück. Folglich haben sie $8 + 5 = 13$ Birnen gepflückt.

***Lösungsvariante:*** Die Zahl der gepflückten Äpfel sei $a$ und die der gepflückten Birnen $b$. Dann gilt $a + b = 25$ und $a - 1 - 3 = b - 3 - 2$. Daraus finden wir $a = b - 1$ und nun durch Einsetzen in die erste Gleichung $b - 1 + b = 25$, woraus $b = 13$ (und $a = 12$) folgt.

**L 2.23** (D) Da sich die beiden Zahlen um 10 unterscheiden, ist also die Summe 104 um 10 vermindert das Doppelte der kleineren der beiden Zahlen, also 47. Die gesuchte Ziffer ist folglich 7.

***Lösungsvariante:*** Die größere der Zahlen, deren Einerziffer gesucht ist, sei $x$, die kleinere $y$. Es gilt $x+y=104$ und $x-y=10$. Wir addieren die beiden Gleichungen und erhalten $2x=114$, woraus $x=57$ folgt. Die gesuchte Ziffer ist 7.

**L 2.24** (E) Setzen wir für die Höhe des Tisches $t$, für die Größe von Bruder und Schwester $b$ bzw. $s$. Dann wissen wir, dass $b+t=s+80\,\text{cm}$ und weiter $s+t=b+100\,\text{cm}$ gilt. Addieren wir die beiden Gleichungen, so erhalten wir $b+t+s+t=b+s+180\,\text{cm}$ bzw. $2t=180\,\text{cm}$, woraus dann für die Höhe des Tisches $t=90\,\text{cm}$ folgt.

**L 2.25** (B) Wir stellen uns vor, dass wir gezählt haben, wie oft der Goldesel nach vorn speit, diese Zahl nennen wir $v$, und wie oft er nach hinten speit, diese Zahl nennen wir $h$. Dann gilt zum einen $v+h=30$ und zum anderen $3v=2h$. Dieses Gleichungssystem mit zwei Unbekannten lösen wir, indem wir die erste Gleichung nach $h$ auflösen und den für $h$ erhaltenen Term in die zweite Gleichung einsetzen. Wir erhalten $3v=2\cdot(30-v)$ bzw. $5v=60$, also $v=12$.

**L 2.26** (C) Da Charles und Robert doppelt so viele DVDs wie Steven besitzen, hat Steven ein Drittel der DVDs, also 16. Charles hat halb so viele DVDs wie Steven, also 8, womit sich $48-16-8=24$ DVDs für Robert ergeben.

***Lösungsvariante:*** Es seien $c$, $s$ bzw. $r$ die Anzahl der DVDs, die Charles, Steven bzw. Robert besitzen. Dann gilt: $c+s+r=48$ und $c+r=2s$ bzw. $r=2s-c$ sowie $s=2c$, womit $r=3c$ folgt. Dies eingesetzt in die erste Gleichung ergibt $c+2c+3c=48$ bzw. $c=8$, woraus $r=24$ folgt.

**L 2.27** (C) Johann hat 3-mal so viele Guppys wie Platys. Also lassen sich die Fische in 4 gleich große Gruppen einteilen: eine Platy-Gruppe und drei Guppy-Gruppen. Julius zählt hingegen doppelt so viele Guppys wie Platys. Für ihn zerfällt die Menge der Fische in 3 gleich große Gruppen: eine Platy-Gruppe und zwei Guppy-Gruppen. Weil Julius einen der Guppys für einen Platy hält, ist „seine" Platy-Gruppe, und so auch jede „seiner" Guppy-Gruppen um einen Fisch größer als die realen Gruppen. Die insgesamt drei Fische mehr in Julius' Gruppen sind also genauso viele, wie in jeder einzelnen von Johanns Gruppen sind. Folglich gibt es $3\cdot 3=9$ Guppys in Johanns Aquarium.

***Lösungsvariante:*** Wir bezeichnen mit $g$ die Anzahl der Guppys, mit $p$ die der Platys. Nach Johanns letztem Satz gilt $g=3p$. Aus Julius' Aussage erhalten wir $g-1=2(p+1)$. Wir setzen ein: $3p-1=2p+2$ bzw. $p=3$, woraus unmittelbar $g=9$ folgt.

**L 2.28** (**B**) Es gibt vier bez. der Kaninchenmahlzeiten verschiedene Tage. Die Anzahl der Tage mit 9 Möhrchen sei $x$, die der Tage mit 2 Salatherzen sei $y$ und die der Tage mit einem Salatherzen und 4 Möhrchen sei $z$. Die Differenz der Summe dieser Zahlen zu 10, der Anzahl der vergangenen Tage, ist die gesuchte Anzahl von Tagen, an denen die Kaninchen mit Gras auskommen mussten. Dann gilt $9x + 4z = 30$ und $2y + z = 9$. Aus der 1. Gleichung folgt, dass $z$ durch 3, aber nicht durch 9 teilbar sein muss, aus der 2. Gleichung, dass $z$ ungerade ist. Da außerdem $z$ wie auch die anderen Variablen kleiner als 7 sein muss, kommt nur $z = 3$ in Frage. Für $z = 3$ ist $x = 2$ und $y = 3$. Folglich ist die gesuchte Zahl $10 - 2 - 3 - 3 = 2$.

**L 2.29** (**D**) Aus der zweiten Aussage „wenn es 20 Knödel weniger wären, dann würde jeder 2 Knödel weniger bekommen“ folgt sofort, dass Oma Hilde $20 : 2 = 10$ Enkel hat, die alle da sind. Aus der ersten Aussage folgt nun, dass 2 Enkel insgesamt $(10 - 2) \cdot 3 = 24$ Knödel essen. Also verspeist jedes Enkelkind $24 : 2 = 12$ Knödel. Für ihre 10 Enkel hat Oma Hilde demzufolge insgesamt $10 \cdot 12 = 120$ der kleinen köstlichen Pflaumenknödel gemacht.

***Lösungsvariante:*** Mit $k$ für die Anzahl der Knödel und $e$ für die Anzahl der Enkel ist $\frac{k}{e}$ die Anzahl der Knödel je Enkel. Dann gilt: $k = (e-2)\left(\frac{k}{e} + 3\right) = k - 2\frac{k}{e} + 3e - 6$ sowie $k - 20 = e\left(\frac{k}{e} - 2\right) = k - 2e$. Daraus erhalten wir $e = 10$ und damit aus der ersten Gleichung $2\frac{k}{e} = 3e - 6$ bzw. $2k = 300 - 60$, also $k = 120$.

**L 2.30** (**B**) Die Differenz zwischen der Summe der ersten drei Zahlen und der der mittleren drei Zahlen entspricht dem Unterschied zwischen der ersten und der vierten Zahl in der Reihe (die zweite und dritte Zahl kommen ja in beiden Summen vor). Die vierte Zahl in der Reihe muss folglich um 10 größer sein als 2, also 12. Die mittlere Zahl können wir nun aus der Summe der letzten drei Zahlen ableiten: $30 - 15 - 12 = 3$. Die vollständige Reihe ist:

| 2 | 5 | 3 | 12 | 15 |
|---|---|---|---|---|

***Lösungsvariante:*** Wir bezeichnen die drei fehlenden Zahlen von links nach rechts mit $e$, $f$ und $g$. Dann gilt $2 + e + f = 10$, $e + f + g = 20$ und $f + g + 15 = 30$. Damit ist $e + f = 8$, woraus $8 + g = 20$ bzw. $g = 12$ folgt. Daraus finden wir wegen $f + 12 = 15$, dass $f = 3$ ist und schließlich, dass $e = 8 - 3 = 5$ gilt.

**L 2.31** (**A**) Wenn das Produkt der ersten drei Zahlen 20 und das der mittleren 60, also dreimal so groß ist, muss die Zahl links von der 10 dreimal so groß wie 2, also 6 sein. Und da das Produkt der drei rechts stehenden Zahlen 300 ist, ist die gesuchte Zahl $300 : (6 \cdot 10) = 5$.

***Lösungsvariante:*** Wir bezeichnen die drei fehlenden Zahlen von links nach rechts mit $k$, $l$ und $m$. Dann gilt $2 \cdot k \cdot l = 20$, $k \cdot l \cdot m = 60$ und $l \cdot m \cdot 10 = 300$. Damit ist $k \cdot l = 10$, woraus $10 \cdot m = 60$ bzw. $m = 6$ folgt. Also folgt wegen $l \cdot 6 \cdot 10 = 300$, dass $l = 5$ und damit $k = 2$ ist.

**L 2.32** (**D**) Wir bezeichnen die Anzahl der Teilnehmer, die vor Eva bzw. Silke ins Ziel gelangten, mit $x$ bzw. $y$. Dann haben $3y$ Teilnehmer hinter Eva und $2x$ Teilnehmer hinter Silke das Ziel erreicht. Da sowohl Silke als auch Eva gegen 100 andere Teilnehmer gelaufen ist, gilt $x+3y = 100$ und $y+2x = 100$. Die Lösung dieses Gleichungssystems liefert $x = 40$ und $y = 20$. Eva erreichte als 41. das Ziel.

**L 2.33** (**E**) Wir schreiben in die leeren Felder die Variablen $a$ bis $e$ (s. rechts oben). Da die Spaltensummen untereinander gleich sind, können wir schließen, dass $4+3+d = a+3+1$ bzw. $7+d = 4+a$ und analog, da die Zeilensummen untereinander gleich sind, $2+4+a+2 = 6+d+1+e$ bzw. $8+a = 7+d+e$ gilt. In der letzten Gleichung können wir $7+d$ durch $4+a$ ersetzen und erhalten $8+a = 4+a+e$ bzw. $e = 4$.
Indem wir die anderen Gleichungen für die Spalten bzw. Zeilen hinzuziehen, erhalten wir ein auf eindeutige Weise vollständig ausgefülltes $3 \times 4$-Gitter.

| 2 | 4 | $a$ | 2 |
|---|---|---|---|
| $b$ | 3 | 3 | $c$ |
| 6 | $d$ | 1 | $e$ |

| 2 | 4 | 8 | 2 |
|---|---|---|---|
| 4 | 3 | 3 | 6 |
| 6 | 5 | 1 | 4 |

**L 2.34** (**C**) Die folgende Skizze zeigt, wie der Strick gefaltet wird:

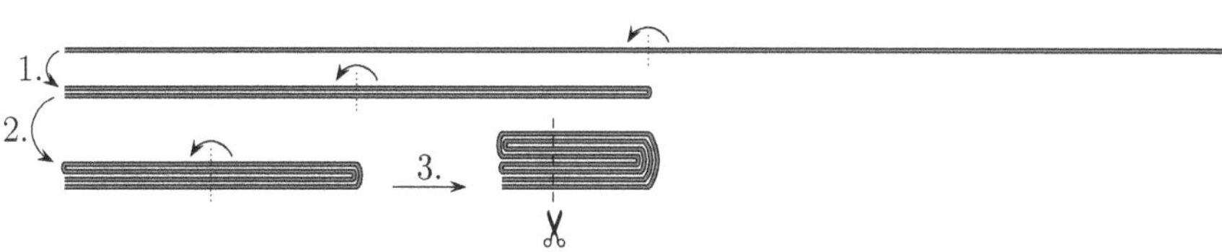


Durch das Durchschneiden des Bündels an einer beliebigen Stelle entstehen verschieden lange Stücke. Aus dem Bild erkennen wir, dass auf der rechten Seite des Schnitts 4 gleich lange Stücke entstehen, ihre Länge bezeichnen wir mit $x$. Auf der linken Seite entstehen zwei kurze Stücke der Länge $y$ und 3 doppelt so lange Stücke der Länge $z = 2y$. Damit können $y$ und $z$ nicht das 4 cm und das 9 cm lange Stück sein. Nun gibt es *genau 4* Möglichkeiten für die Maße 4 cm und 9 cm: eine dieser Längen ist $x$, die andere entweder $y$ oder $z$. Die vier Möglichkeiten und die Gesamtlänge des Stricks $4x + 2y + 3z = 4x + z + 3z = 4(x + z)$ sind in der Tabelle aufgelistet:

| $x$ | $y$ | $z$ | Gesamtlänge des Stricks |
|---|---|---|---|
| 4 cm | 9 cm | 18 cm | $4(x+z) = 4(4\,\text{cm} + 18\,\text{cm}) = 4 \cdot 22\,\text{cm} = 88\,\text{cm}$ |
| 4 cm | 4,5 cm | 9 cm | $4(x+z) = 4(4\,\text{cm} + 9\,\text{cm}) = 4 \cdot 13\,\text{cm} = 52\,\text{cm}$ |
| 9 cm | 4 cm | 8 cm | $4(x+z) = 4(9\,\text{cm} + 8\,\text{cm}) = 4 \cdot 17\,\text{cm} = 68\,\text{cm}$ |
| 9 cm | 2 cm | 4 cm | $4(x+z) = 4(9\,\text{cm} + 4\,\text{cm}) = 4 \cdot 13\,\text{cm} = 52\,\text{cm}$ |

Die Länge 72 cm ist nicht möglich.

## 2.3 Diophantische Gleichungen

**L 2.35** (D) Ein kluger Heiratskandidat kann zuerst einmal so hoch springen, wie es ihm mit den verlangten 3-Stufen-Sprüngen möglich ist. Das sind 7 Sprünge. Dabei landet er auf der 21. Stufe. So nahe an Lea muss er noch einmal kehrtmachen und abwärts hüpfen. Zunächst landet er auf der 17. Stufe $(21-1\cdot 4=17)$, jedoch trennen ihn von Lea nun $22-17=5$ Stufen – eine nicht durch 3 teilbare Zahl. Erst nach einem weiteren Abwärtssprung auf die 13. Stufe $(21-2\cdot 4=13)$ ist er wegen $22-13=9=3\cdot 3$ genau 3 Aufwärtssprünge von Lea entfernt. Insgesamt braucht ein kluger Heiratskandidat also $7+2+3=12$ Sprünge.

***Lösungsvariante:*** Es sei $m$ die Anzahl der Sprünge nach oben und $n$ die Anzahl der Sprünge nach unten. Gesucht ist die kleinste Summe $m+n$, für die die Gleichung $3m-4n=22$ gilt. Da 22 nicht durch 3 teilbar ist, ist $n \geq 1$. Außerdem muss $4n$ bei Division durch 3 den Rest 2 lassen, damit $22+4n$ die durch 3 teilbare Zahl $3m$ sein kann. Dies gilt für alle $n$, die bei Division durch 3 den Rest 2 lassen. Wir müssen nur noch das kleinste positive $n$ finden, für das dies gilt, und das ist $n=2$. Wegen $3m=22+4\cdot 2$ folgt $m=10$, und die Anzahl der benötigten Sprünge ist $m+n=12$.

**L 2.36** (D) Wir zerlegen 135 in das Produkt der Primteiler von 135: $135=3\cdot 3\cdot 3\cdot 5$. Es sind 4 Primfaktoren, und wir müssen nun so zusammenfassen, dass es 3 einstellige (es sollen ja Ziffern sein) Teiler sind. Das geht nur auf genau eine Weise, nämlich $135=3\cdot 5\cdot 9$. Die gesuchte Summe ist $3+5+9=17$.

**L 2.37** (E) Da die 3, die Bodo an die Tafel geschrieben hat, ein Faktor von 36 ist, ist das Produkt der anderen beiden Zahlen $36:3=12$. Damit können die beiden einstelligen Zahlen mit Produkt 12 entweder 2 und 6 oder 3 und 4 sein. Im ersten Fall wäre die weggewischte Zahl $15-2-6=7$, im zweiten Fall $15-3-4=8$. Bodo könnte entweder eine 7 oder eine 8 durch die 3 ersetzt haben.

***Lösungsvariante:*** Die durch eine 3 ersetzte Zahl sei $x$, die anderen beiden $y$ und $z$. Dann ist $x+y+z=15$ und $3\cdot y\cdot z=36$. Aus der letzten Gleichung folgt $y\cdot z=12$. Das ist – unter der Einschränkung, dass $y$ und $z$ einstellig sind – für $y=3, z=4$ und $y=2, z=6$ erfüllt, woraus für $x$ folgt: Entweder ist $x=15-7=8$ oder $x=15-8=7$. Eine Probe bestätigt, dass beide Zahlen für $z$ möglich sind.

**L 2.38** (A) Wir überlegen uns, wie wir die aus der Aufgabenstellung gewonnene Gleichung $x\cdot y=5(x+y)$ in ein anderes, für unsere Zwecke geeigneteres Produkt umformen können: $x\cdot y=5x+5y$ und weiter $x\cdot y-5x-5y+25=25$ bzw. $(x-5)(y-5)=25$. Also sind $x-5$ und $y-5$ Teiler von 25. Damit ergeben sich wegen $25=5\cdot 5=(-5)\cdot(-5)=1\cdot 25=(-1)\cdot(-25)$ und der Bedingung $x\leq y$ die folgenden 4 Möglichkeiten: $x-5=y-5=5$ bzw. $x=y=10$, $x-5=y-5=-5$ bzw. $x=y=0$, $x-5=1, y-5=25$ bzw. $x=6, y=30$, $x-5=-25, y-5=-1$ bzw. $x=-20, y=4$.

**L 2.39** (C) Da $q$ und $r$ positive ganze Zahlen sind, ist $\frac{1}{q+\frac{1}{r}} < 1$. Daraus folgt wegen $\frac{25}{19} = 1+\frac{6}{19}$, dass $p = 1$ und $\frac{1}{q+\frac{1}{r}} = \frac{6}{19}$ ist. Damit ist $q+\frac{1}{r} = \frac{19}{6} = 3+\frac{1}{6}$. Wir finden also $q = 3$ und $r = 6$, womit $pqr = 18$ folgt.

**L 2.40** (D) Nach mehreren ausgeführten Operationen hat Yildiz' Bruch die Form $\frac{7+8n}{8+7m}$, wobei $\frac{7+8n}{8+7m} = \frac{7}{8}$ gelten soll. Multiplikation mit den Nennern ergibt: $8(7+8n) = 7(8+7m)$ bzw. $64n = 49m$. Da $n$ und $m$ positiv und ganzzahlig sind und 64 und 49 keinen gemeinsamen Teiler haben, muss $n$ ein Vielfaches von 49 und $m$ ein Vielfaches von 64 sein. Die kleinsten positiven Zahlen, die das erfüllen, sind $n = 49$ und $m = 64$. Yildiz hat mindestens $49 + 64 = 113$ Operationen ausgeführt und war offenbar sehr geduldig.

## 2.4 Einige nichtlineare Gleichungen

**L 2.41** (B) Die beiden natürlichen Zahlen $x$ und $y$ müssen Potenzen von 2 sein. Für $x = 2^a$ und $y = 2^b$ ist $x^2y^3 = 2^{2a+3b} = 2^{33}$. Da $3b$ und 33 durch 3 teilbar sind, muss auch $2a$ durch 3 teilbar sein. Damit kann $a$ nur $0, 3, 6, 9, \ldots$ sein, die größte mögliche Zahl für $a$ ist 15. Die 6 Lösungen für $(a, b)$ sind somit $(0, 11)$, $(3, 9)$, $(6, 7)$, $(9, 5)$, $(12, 3)$ und $(15, 1)$.

**L 2.42** (E) Die gegebene Gleichung ist äquivalent zu $x^2 - x - (y - y^2) = 0$. Dies ist eine quadratische Gleichung in $x$ mit der Diskriminante $\frac{1}{4} + (y - y^2)$. Die quadratische Gleichung hat zwei Lösungen, wenn die Diskriminante positiv ist, was mit Sicherheit für $y - y^2 \geq 0$ erfüllt ist. Das trifft auf alle $y \in [0, 1]$, also unendlich viele, zu. Also hat diese Gleichung unendlich viele Lösungen $(x, y)$.

Wir geben eine zweite Lösungsidee: Die Menge aller Punkte, für die $x^2 + y^2 = c$ gilt, wobei $c > 0$ eine reelle Konstante ist, ist ein Kreis mit Mittelpunkt $(0, 0)$ und Radius $\sqrt{c}$. Die Menge aller Punkte, für die $x + y = c$ gilt, ist eine Gerade mit Anstieg $-1$ und Absolutglied $c$. Für jedes $c < 1$ ist $\sqrt{c} > c$, also schneidet die Gerade $x+y = c$ den Kreis $x^2+y^2 = c$ in zwei Punkten. Folglich gibt es unendlich viele Lösungen, darunter offenbar sogar unendlich viele Lösungen, für die beide Variablen positiv sind.

**L 2.43** (E) Beschränkt man sich für $x$ und $y$ zunächst einmal auf positive Werte, so kann man die „unsympathischen“ Betragszeichen weglassen und erhält die Aufgabe 2.42. Damit gibt es bereits für positive $x$ und $y$ unendlich viele Lösungen.

**L 2.44** (A) Um ohne Betragszeichen rechnen zu können, untersuchen wir die folgenden 3 Fälle:

1. Fall: $x \geq 3$. Dann ist $|x| = x$ und $|x-3| = x-3$. Also muss $x + (x-3) > 3$ bzw. $x > 3$ gelten.
2. Fall: $0 \leq x < 3$. Dann ist $|x| = x$ und $|x-3| = -(x-3) = -x+3$. Also muss $x + (-x+3) > 3$ gelten, was nicht möglich ist.
3. Fall: $x < 0$. Dann ist $|x| = -x$ und $|x-3| = -(x-3) = -x+3$. Also muss $-x - x + 3 > 3$ bzw. $x < 0$ gelten, und das ist erfüllt.

Insgesamt erhalten wir als Lösungsmenge der Ungleichung die Vereinigung zweier offener Intervalle, also die Menge aller $x$ mit $x < 0$ vereinigt mit der Menge aller $x$ mit $x > 3$.

## 2.5 Ungleichungen

**L 2.45** (E) Wir schreiben die Aussagen, die wir über Dorians Dressing erhalten, geordnet auf. Es ist zweimal so viel Öl wie Essig, und es ist dreimal so viel Öl wie Wasser, damit ist also weniger Wasser als Essig im Dressing. Daraus folgt: Da vom Essig halb so viel wie vom Öl im Dressing ist, ist vom Wasser weniger als halb so viel vorhanden. Folglich gibt es nicht nur am meisten Öl, sondern sogar mehr Öl als Essig und Wasser zusammen.

***Lösungsvariante:*** Mit $e$ sei die Menge Essig, mit $o$ die Menge Öl und mit $w$ die Menge Wasser bezeichnet. Dann gilt $o = 2e$ und $o = 3w$, woraus wegen $e + w = \frac{o}{2} + \frac{o}{3} = \frac{5}{6}o < o$ folgt, dass es mehr Öl ist, als Essig und Wasser zusammen.

**L 2.46** (A) Wir versuchen, den Gedankengang der Mutter nachzuvollziehen: Wären die 3 madigen Maronen genau ein Viertel der Maronen, dann wären es insgesamt 12 Maronen. Wenn 3 Maronen jedoch *mehr* als ein Viertel sind, dann können es höchstens 11 Maronen gewesen sein. Da die Maronen mehr als die Hälfte der gesammelten Pilze sind, gibt es von den anderen Pilzen weniger als von den Maronen. Falls es 11 Maronen waren, können es von den anderen Pilzen höchstens 10 gewesen sein, insgesamt also höchstens $11 + 10 = 21$ Pilze.

***Lösungsvariante:*** Die Anzahl der gesammelten Pilze bezeichnen wir mit $x$, die der Maronen mit $m$. Dann gilt $m > \frac{x}{2}$ und $3 > \frac{m}{4}$. Folglich ist $12 > m$ bzw. $m \leq 11$. Und weiterhin gilt $11 \geq m > \frac{x}{2}$ bzw. $22 > x$, woraus insgesamt für die Anzahl der gesammelten Pilze $x \leq 21$ folgt.

**L 2.47** (E) Wir ersetzen die zweite und die dritte Linie durch eine offenbar gleich lange, sodass sich die Längen der drei Linien gut vergleichen lassen:

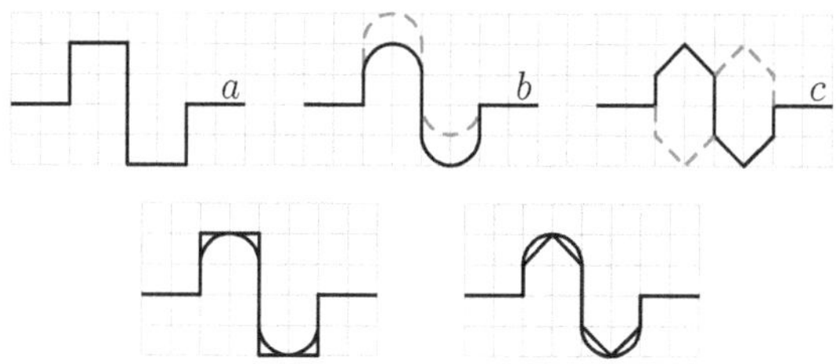


Wir sehen, dass $c < b < a$ gilt.

**L 2.48** (A) Durch Ersetzen von $b$ in der ersten Gleichung durch den Wert aus der zweiten Gleichung erhalten wir: $a = 18 - b = 18 - (10 - c) = 8 + c$, woraus sofort $a > c$ folgt. Dass die anderen Ungleichungen nicht gelten müssen, zeigen die Belegungen $a = 0, b = 18, c = -8$ bzw. $a = 18, b = 0, c = 10$.

**L 2.49** (B) Von den 36 abgegebenen Stimmen entfielen 12 auf den Sieger und 4 auf den Letztplatzierten. Für die drei anderen Kandidaten verblieben damit $36 - 12 - 4 = 20$ Stimmen. Da keine zwei Kandidaten auf dieselbe Stimmenzahl kamen, erhielt der Kandidat mit der vierthöchsten Stimmenzahl mindestens 5 Stimmen, der mit der dritthöchsten mindestens 6 und der mit der zweithöchsten mindestens 7 Stimmen. Das sind insgesamt 18. Da die Summe 20 sein muss, muss mindestens einer der Kandidaten mehr Stimmen bekommen haben. Das kann nicht der mit der vierthöchsten Stimmenzahl sein, denn wenn er statt 5 Stimmen 6 bekommen hätte, müssten die anderen entsprechend mindestens 7 und 8 Stimmen bekommen haben und es wären zusammen mindestens $6 + 7 + 8 = 21$. Also ist die vierthöchste Stimmenzahl 5. Die beiden anderen können 6 und 9 *oder* 7 und 8 sein, der Zweitplatzierte hat also 8 *oder* 9 Stimmen bekommen.

**L 2.50** (E) Eine reelle Zahl $x$ erfüllt die erste Ungleichung, $x^3 < 64$, genau dann, wenn $x < 4$ ist. Die zweite Ungleichung, $64 < x^2$, erfüllt solch ein $x$ genau dann, wenn $8 < |x|$, also entweder $x < -8$ oder $x > 8$ ist. Die reellen Zahlen, die kleiner als 4 sind und deren Betrag größer als 8 ist, sind genau diejenigen, die kleiner als $-8$ sind.

**L 2.51** (C) Hätte mein Vater von den $20 - 1 - 2 - 3 = 14$ Klößen nur 4 oder 5 gegessen, dann wären noch 10 oder 9 Klöße für meine beiden Schwestern übrig. In beiden Fällen gäbe es aber eine, die mindestens 5 Klöße gegessen hätte – also *nicht weniger* als mein Vater. Mein Vater hat mindestens 6 Klöße gegessen, die 8 restlichen Klöße lassen sich so auf meine beiden Schwestern verteilen, dass jede weniger als 6 gegessen hat.

**L 2.52** (**D**) Multiplizieren wir $2 < x < 3$ mit 2, so erhalten wir $4 < 2x < 6$. Die erste der vier Ungleichungen gilt also stets. Multiplizieren wir $2 < x < 3$ mit 3, so erhalten wir $6 < 3x < 9$. Wegen $4 < 6$ folgt $4 < 6 < 3x < 9$, womit auch die zweite Ungleichung stets gilt. Multiplizieren wir $2 < x < 3$ mit 4, so erhalten wir $8 < 4x < 12$. Wegen $12 < 15$ folgt $8 < 4x < 12 < 15$, womit auch die dritte Ungleichung stets gilt. Die vierte Ungleichung gilt nicht immer, sie ist z. B. für $x = 2{,}2$ nicht erfüllt, da $12 > 11 = 5 \cdot 2{,}2$.

**L 2.53** (**D**) Da $n$ und 5 beides positive Zahlen sind, können wir auf jeder Seite der Ungleichung die 10. Wurzel ziehen und erhalten die äquivalente Ungleichung $n^2 < 5^3 = 125$. Diese Zahl liegt zwischen $11^2 = 121$ und $12^2 = 144$. Das heißt, dass $n = 11$ die Ungleichung erfüllt, $n = 12$ jedoch zu groß ist. Die gesuchte Zahl ist also 11.

**L 2.54** (**A**) Wenn wir für $x$ nacheinander 3, 1, $-1$ bzw. $\frac{1}{2}$ einsetzen, so sehen wir, dass (**B**), (**C**), (**D**) und (**E**) erfüllt sein können. Aus (**A**) würde $a < c$ und $c < b$ folgen. Umgeformt erhalten wir $a < c \iff 2 + x < 2x$, also $2 < x$, und $c < b \iff 2x < 2 - x$, also $x < \frac{2}{3}$. Diese beiden Anforderungen an $x$ können jedoch nie gleichzeitig erfüllt werden.

**L 2.55** (**D**) Wir klammern geeignet aus: $(-2)^3a^2b^{-1}c^2 = (2^3a^2b^{-2}c^2) \cdot (-b)$ und $(-3)^2a^3b^5c^{-4} = (3^2a^2b^4c^{-4}) \cdot (ab)$. Dabei sind sowohl $(2^3a^2b^{-2}c^2)$ als auch $(3^2a^2b^4c^{-4})$ unabhängig von der Wahl von $a$, $b$ und $c$ stets positiv. Also müssen $-b$ und $ab$ dasselbe Vorzeichen haben und somit auch $a$ und $-1$, d. h. $a < 0$.

**L 2.56** (**D**) Um leichter argumentieren zu können, nummerieren wir die einzelnen Wägungen durch: (1) $B + D = 1200\,\text{g}$, (2) $C + E = 2100\,\text{g}$, (3) $B + E = 800\,\text{g}$, (4) $B + C = 900\,\text{g}$, (5) $A + E = 700\,\text{g}$. In Wägung (1) und (4) wird beide Male $B$ gewogen. Da das Gesamtgewicht in (1) ganz sicher größer als 1000 g, das in (4) aber exakt, also ganz sicher kleiner als 1000 g ist, folgt $D > C$. Aus (3) und (4) folgt analog $C > E$, aus (2) und (4) folgt $E > B$, und aus (3) und (5), dass $B > A$ gilt. Zusammen ergibt das $D > C > E > B > A$. Das Gewicht $D$ ist das gesuchte größte Gewicht. Ein Beispiel für die 5 Gewichte ist: $A = 100\,\text{g}$, $B = 200\,\text{g}$, $C = 700\,\text{g}$, $D = 2014\,\text{g}$, $E = 600\,\text{g}$.

**L 2.57** (**C**) Wenn $c \geq 3$ gilt, folgt $\frac{1}{a} + \frac{1}{b} + \frac{1}{c} < \frac{3}{c} \leq 1$. Also ist $c = 2$ und es muss $\frac{1}{a} + \frac{1}{b} > \frac{1}{2}$ gelten. Wenn $b \geq 4$ ist, gilt $\frac{1}{a} + \frac{1}{b} < \frac{2}{b} \leq \frac{1}{2}$. Also ist $b = 3$. Für sowohl $a = 4$ als auch $a = 5$ ist die geforderte Ungleichung erfüllt. Für alle $a \geq 6$ gilt dann $\frac{1}{a} + \frac{1}{b} + \frac{1}{c} \leq \frac{1}{6} + \frac{1}{3} + \frac{1}{2} = 1$. Insgesamt gibt es also 2 Möglichkeiten.

# 2.6 Funktionale Abhängigkeit, Funktionen und ihre Graphen

**L 2.58** (**C**) Wir stellen uns vor, wie der Vater immer weiter die Handtücher aufhängt. Für jedes nach dem 3. Handtuch, also für die übrigen 5, braucht er eine weitere Klammer, die an die rechte obere Ecke gesteckt wird. Insgesamt sind es dann $4 + 5 = 9$ Klammern.
Allgemeiner ausgedrückt: Es ist stets eine Klammer mehr, als es Handtücher sind. Ist $n$ die Anzahl der Handtücher, so braucht der Vater $n + 1$ Klammern.

**L 2.59** (**B**) Aufgrund des Bildungsgesetzes der Zahlenfolge ist die Folge, wie man sich leicht überzeugen kann, periodisch mit der Periode 3. Die Summe ist demzufolge $\frac{2013}{3} \cdot (-1) = -671$.

**L 2.60** (**D**) Mit $\frac{f(2013) - f(2003)}{2013 - 2003} = \frac{100}{10} = 10$ erhalten wir den Anstieg der linearen Funktion. Also ist $f(2031) - f(2013) = 10 \cdot (2031 - 2013) = 10 \cdot 18 = 180$.

**L 2.61** (**D**) Die Anzahl der Aufgaben in diesem Quiz bezeichnen wir mit $n$. Die maximal zu erreichende Punktzahl war $1 + 2 + \cdots + n$, was gleich $\frac{n(n+1)}{2}$ ist. Wer diese Formel nicht kennt, kann auch die Punktzahlen der Reihe nach addieren. So findet man heraus, dass es 16 Aufgaben gewesen sein müssen und die Gesamtpunktzahl $\frac{16 \cdot 17}{2} = 136$ betrug. Mehr als 16 Aufgaben können es nicht gewesen sein, denn dann wäre die Summe der Punkte bereits größer als 149. Und weniger als 16 Aufgaben sind auch nicht möglich, da dann die Nummer der doppelt gezählten Aufgabe größer als 16 wäre. Die Differenz zu 149 gibt die Nummer der doppelt gezählten Aufgabe an: $149 - 136 = 13$.

**L 2.62** (**B**) Diese Aufgabe lässt sich schnell lösen, indem wir für $x$ beispielsweise 1 einsetzen. Es soll $f(1) = \frac{1}{f(1)}$ gelten, was nur für $f(1) = 1$ oder $f(1) = -1$ möglich ist. Bei (**A**) ergibt sich $f(1) = 2$, bei (**B**) $f(1) = 1$, bei (**C**) $f(1) = \frac{1}{2}$, bei (**D**) $f(1) = 2$ und bei (**E**) $f(1) = 2$. Es kann also nur (**B**) stimmen. Um zu beweisen, dass für die Funktion $f(x) = \frac{1}{x}$ tatsächlich die in der Aufgabe genannte Eigenschaft gilt, setzen wir $\frac{1}{x}$ statt $x$ ein und erhalten wie in der Aufgabe gefordert
$f\left(\frac{1}{x}\right) = \frac{1}{\frac{1}{x}} = \frac{1}{f(x)}$.

**L 2.63** (**B**) Die Aufgabe lässt sich durch Probieren fast von jedermann lösen, aber um richtig mathematisch heranzugehen und „mit Genuss“ zur Lösung zu kommen, ist es von Vorteil zu wissen, dass sich die Summe der ersten $n$ natürlichen Zahlen mit einer Formel ziemlich leicht ausrechnen lässt – und diese Formel sollte man also kennen. Es ist $1+2+3+\ldots+n=\frac{n\cdot(n+1)}{2}$. Die dreistelligen Zahlen mit lauter gleichen Ziffern können in folgendes Produkt zerlegt werden: $\overline{aaa}=a\cdot 111=a\cdot 3\cdot 37$. Dann muss also $n\cdot(n+1)=2\cdot a\cdot 3\cdot 37$ sein. Daraus können wir schließen, da $a$ höchstens 9 sein kann, dass $2\cdot a\cdot 3=36$ oder $2\cdot a\cdot 3=38$ sein muss. Da 38 nicht durch 3 teilbar ist, ist $a=6$ und $n=36$ die einzige Möglichkeit. Die gesuchte Ziffernsumme von $n$ ist $3+6=9$.

**L 2.64** (**C**) Eine Gerade, die parallel zu der Geraden $y=x$ verläuft, wird durch die Gleichung $y=x+c$ beschrieben. Ein Schnittpunkt $(x_0,y_0)$ der beiden Graphen erfüllt $y_0=x_0^2$ und $y_0=x_0+c$, und durch Gleichsetzen erhalten wir die quadratische Gleichung $x_0^2=x_0+c$ bzw. $x_0^2-x_0-c=0$. Der Satz von Vieta besagt, dass die Summe der Lösungen einer quadratischen Gleichung der Form $x^2+ax+b=0$ gleich $-a$ ist, in diesem Fall also $-(-1)=1$ (unabhängig von der konkreten Lage der Geraden). Die Summe der $x$-Koordinaten der 2012 Schnittpunkte ist also $2012\cdot 1=2012$.

Wer den Satz von Vieta nicht kennt, kann die beiden Lösungen der quadratischen Gleichung auch mit der Lösungsformel finden und diese dann addieren.

**L 2.65** (**A**) Die Nullstellen von $W$ sind $a$ und $b$, wobei $b$ eine doppelte Nullstelle ist. Da stets $(x-b)^2\geq 0$ ist, gilt: Für $x<a$ ist $W(x)$ positiv, für $a<x<b$ und $x>b$ ist $W(x)$ negativ. Das trifft nur auf den Graphen in (**A**) zu.

**L 2.66** (**A**) Der Abbildung ist zu entnehmen, dass $f(x)=0$ für $x_1=0$ und für $x_2=-4$ gilt. Da die Funktion für $x<-2$ linear ist und $-4$ zum Wertebereich gehört, gibt es genau einen Wert $x_3$, für den $f(x_3)=-4$ ist, vermutlich $x_3=-8$. Damit gilt $f(f(-8))=f(-4)=0$. Weiterhin gibt es genau ein $x_4$ mit $f(x_4)=-8$, vermutlich $x_4=-12$. Für $x_4$ gilt nun $f(f(f(-12)))=f(f(-8))=f(-4)=0$. Da $f(0)=0$ ist, sind $0$, $-4$, $-8$ und $-12$ Lösungen von $f(f(f(x)))=0$. Es gibt also 4 Lösungen.

# 3 Kombinatorik – mit Zahlen und Figuren

## 3.1 Kombinatorisches mit Zahlen

### Anordnungen und Umordnungen

**L 3.1** (B) Da Paula unbedingt neben Nele zu sehen sein will, gibt es die beiden Möglichkeiten PAULA–NELE und NELE–PAULA. Jan will in jedem Fall neben Paula fotografiert werden, also sehen die Möglichkeiten, wenn Jan dazukommt, folgendermaßen aus: JAN–PAULA–NELE und NELE–PAULA–JAN. Tim kann sich nun in beiden Varianten entweder links oder rechts außen zur entsprechenden Dreiergruppe gesellen. Folglich gibt es $2 \cdot 2 = 4$ Möglichkeiten für die Reihenfolge der vier Kinder auf dem Foto:

TIM–JAN–PAULA–NELE
JAN–PAULA–NELE–TIM
TIM–NELE–PAULA–JAN
NELE–PAULA–JAN–TIM.

**L 3.2** (C) Sieben der Buchstaben, die Kai an den Kühlschrank geklebt hat, sind am falschen Platz. Da Kai immer zwei gegeneinander tauschen will, braucht er mindestens 4 Schritte, denn mit 3 Schritten kann er höchstens $2 \cdot 3 = 6$ Buchstaben gegeneinander tauschen. In 4 Schritten kann Kai seine Nachricht in Ordnung bringen, wie das Beispiel zeigt:

TON EIB ANBIN
→ TON **IE**B ANBIN
→ TON **BEI** ANBIN
→ **B**ON BEI AN**T**IN
→ B**I**N BEI ANT**O**N

**L 3.3** (A) Angenommen Abids Hausnummer ist $abc$. Dann ist die Hausnummer von Hanni $bc$ und die von Nils ist $c$. Werden die 3 Hausnummern addiert, also $100a + 10b + c + 10b + c + c$ gebildet, so ist die letzte Stelle dieser Summe die letzte Stelle von 312, also 2. Und die 2 ist dann auch die letzte Stelle der Summe $c + c + c = 3c$. Die einzige Ziffer $c$, deren Dreifaches auf 2 endet, ist $c = 4$. Bei der Addition $4 + 4 + 4$ entsteht der Übertrag 1, der auch in der Summe an der Zehnerposition steht. Das kann nur der Fall sein, wenn $b = 0$ oder $b = 5$ ist. Die Möglichkeit $b = 0$ entfällt, weil sonst Hannis Hausnummer nicht zweistellig wäre. Also ist $b = 5$ und folglich $a = 2$. Abid hat die Hausnummer 254, Hanni die Hausnummer 54 – also an der 1. Stelle die 5 – und Nils wohnt im Haus Nr. 4.

**L 3.4** (**C**) Da – von der Anfangs- und der Endhälfte abgesehen – die Punkte im Inneren der fertigen Reihe stets paarweise auftreten, muss die Anzahl der zugehörigen Halbsteine in der Dominoreihe gerade sein. Wir stellen jedoch fest, dass alle 6 verschiedenen Halbsteine in ungerader Anzahl vorhanden sind, nämlich je drei 1-Punkt-, 2-Punkt-, 3-Punkt- und 4-Punkthälften und je eine 5-Punkt- und 6-Punkthälfte. Folglich können 4 Hälften nicht in der Reihe auftauchen, und die Reihe ist maximal 5 Steine lang. Dass sich aus den 7 Steinen eine 5-er Reihe legen lässt, zeigt ein Beispiel: 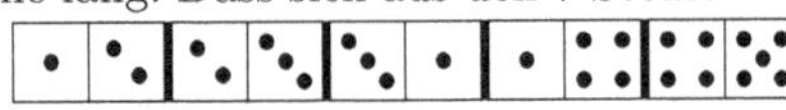

**L 3.5** (**D**) Sicher kann der Paketzusteller nicht das 1-kg- oder das 7-kg-Paket tragen, da sich dann das ungeradzahlige Restgewicht nicht auf Till und Jan zu gleichen Teilen aufteilen ließe. Mit ein wenig Probieren wird klar, dass der Paketzusteller das 8-kg-Paket trägt, und von den Jungen trägt einer das 12-kg-Paket und der andere die restlichen drei Pakete, zusammen ebenfalls 12 kg schwer.

**L 3.6** (**B**) Hätten die sechs Studenten nur ein Bad, so würden sie insgesamt $5+7+9+14+18+19=72$ Minuten brauchen. Auf zwei Bäder verteilt ginge es am schnellsten, wenn sie beide genau $72:2=36$ Minuten lang besetzt wären. In einem der Bäder wäre dann der Student, der 19 Minuten braucht. Die restlichen $36-19=17$ Minuten kommen jedoch nicht unter den gestoppten Zeiten vor und lassen sich auch nicht aus diesen kombinieren. Also brauchen die sechs ganz sicher länger als 36 Minuten. Dass es mit 37 Minuten klappt, zeigt die Rechnung $18+19=37$. Das andere Bad ist dann nur $5+7+9+14=35$ Minuten lang besetzt. Um 7:37 Uhr können die Studenten frühestens gemeinsam beim Frühstück sitzen.

**L 3.7** (**D**) Egal, wie wir Klammern setzen, immer geht die 2 negativ in die Rechnung ein. Lassen wir die 3 positiv in die Rechnung eingehen, so geht sicher die 4 negativ ein. Lassen wir die 3 dagegen negativ in die Rechnung eingehen, so können alle folgenden Summanden (4, 5, 6, 7, 8, 9 und 10) positiv in die Rechnung eingehen, wie die folgende Rechnung zeigt: $1-(2+3-(4+5)-(6+7)-(8+9)-10)=1-2-3+4+5+6+7+8+9+10=45$. Das ist das größtmögliche Ergebnis.

**L 3.8** (**E**) In der Mitte der aufsteigenden Folge der 5040 Zahlen befinden sich, da 5040 eine gerade Zahl ist, zwei Zahlen. Gesucht ist die kleinere der beiden mittleren Zahlen in der Reihe. Von den Zahlen, die mit 1, 2, 3, 4, 5, 6 bzw. 7 beginnen, gibt es jeweils gleich viele, nämlich $6\cdot 5\cdot 4\cdot 3\cdot 2\cdot 1=\frac{5040}{7}$. Da die Zahlen in aufsteigender Größe geordnet sind, beginnt die gesuchte Zahl mit 4. Von den Zahlen, die mit 41, 42, 43, 45, 46 bzw. 47 beginnen, gibt es ebenso jeweils gleich viele. Die gesuchte Zahl ist folglich die größte Zahl, die mit 43 beginnt. Das ist 4376521.

## Abfolgen

**L 3.9** (**C**) Die blauen Zahlen $1, 4, 7, 10, \ldots$ haben die Eigenschaft, dass sie beim Dividieren durch 3 den Rest 1 lassen, denn sie folgen immer auf eine rote Zahl, und die roten Zahlen $3, 6, 9, 12, \ldots$ sind durch 3 teilbar. Die grünen Zahlen $2, 5, 8, 11, \ldots$ lassen alle bei Division durch 3 den Rest 2. Addieren wir nun eine Zahl, die den Rest 1 lässt, zu einer, die den Rest 2 lässt, so addieren sich die beiden Reste zu 3. Also ist die Summe stets durch 3 teilbar. Folglich ist die Summe einer blauen und einer grünen Zahl ganz sicher rot.

**L 3.10** (**C**) Bongo hält die 1. Tür auf, Cili die 2., Doro die 3., Eddie die 4., Fips die 5., dann wieder Bongo die 6., Cili die 7., und schließlich hält Doro die 8. Tür auf.

**L 3.11** (**E**) In einer möglichen Reihenfolge kann auf jede Pfannkuchennummer eine beliebige größere folgen. Wenn jedoch eine kleinere Nummer folgt, dann muss diese von den Nummern der bereits gebackenen, aber noch nicht weggenommenen Pfannkuchen die größte sein. Das ist bei den Antwortmöglichkeiten (**A**), (**B**), (**C**) und (**D**) erfüllt. Die Reihenfolge (**E**) hingegen ist nicht möglich. Auf die 6 müsste 321 folgen und nicht 231 wie angegeben.

**L 3.12** (**A**) Ein Weg, der unter den gestellten Bedingungen über alle 16 Seerosenblätter führt, lässt sich mit sinnvollem Probieren finden. Ein Beispiel ist rechts zu sehen, die Blätter sind in der Reihenfolge der Sprünge nummeriert. Dabei wurde beachtet, dass die mittleren 4 Blätter, wie daneben veranschaulicht, nur von jeweils 2 anderen Blättern erreichbar sind. Der Frosch macht in diesem Beispiel 15 Sprünge, was sicher die größte mögliche Anzahl an Sprüngen ist.

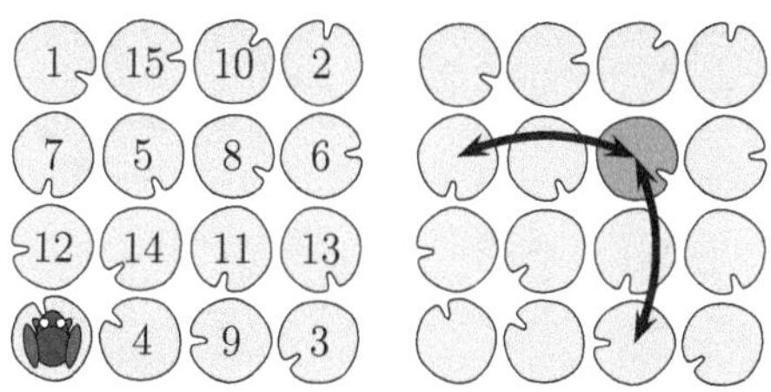


## Vertauschungen und Kombinationen

**L 3.13** (**E**) Wir schreiben systematisch alle Möglichkeiten für die Verteilung der 4 Zuckerstückchen unter den 3 Kaffeetrinkerinnen auf, es sind 15:

| Mutter | 4 | 0 | 0 | 3 | 3 | 1 | 0 | 1 | 0 | 2 | 2 | 0 | 2 | 1 | 1 |
|---|---|---|---|---|---|---|---|---|---|---|---|---|---|---|---|
| Freundin 1 | 0 | 4 | 0 | 1 | 0 | 3 | 3 | 0 | 1 | 2 | 0 | 2 | 1 | 2 | 1 |
| Freundin 2 | 0 | 0 | 4 | 0 | 1 | 0 | 1 | 3 | 3 | 0 | 2 | 2 | 1 | 1 | 2 |

**L 3.14** (B) Die 5 und die 7 müssen unter einer ungeraden und die 6 und die 8 müssen unter einer geraden Zahl stehen. Dafür gibt es 4 mögliche Kombinationen: 5678, 5876, 7658, 7856.

**L 3.15** (C) Als Summanden kommen nur solche ungeraden Zahlen in Betracht, die kleiner als 14 sind, also 1, 3, 5, 7, 9, 11 und 13. Davon fallen 11 und 13 weg, da jeder der anderen 5 Summanden mindestens 1 ist und bereits $11 + 5 \cdot 1 > 14$ gilt. Wir schreiben nun die Summen aus 6 ungeraden Zahlen systematisch auf:

$$\begin{aligned} 1+1+1+1+1+9 &= 14 \\ 1+1+1+1+3+7 &= 14 \\ 1+1+1+1+5+5 &= 14 \\ 1+1+1+3+3+5 &= 14 \\ 1+1+3+3+3+3 &= 14 \end{aligned}$$

Das sind insgesamt 5 Möglichkeiten.

**L 3.16** (C) Wir zählen, wie viele Möglichkeiten es gibt, zwei Ziffern in Monas Postleitzahl zu vertauschen, sodass eine andere 5-stellige Zahl entsteht. Die 7 kann mit jeder der 4 anderen Ziffern getauscht werden (4 Möglichkeiten). Die 4 kann (außer mit 7) noch mit 3 anderen Ziffern getauscht werden (3 Möglichkeiten). Jede der beiden Dreien kann (außer mit 7 und 4) noch mit 6 getauscht werden (2 Möglichkeiten). Die Tauschmöglichkeiten der 6 sind bereits alle gezählt. Insgesamt gibt es also $4 + 3 + 2 = 9$ Möglichkeiten für Lisas Postleitzahl.

**L 3.17** (E) Jede 3-stellige Zahl, die der Bedingung der Aufgabe genügt, gehört zu einem Paar 2-stelliger Quadratzahlen, bei denen die Einerstelle der ersten Zahl und die Zehnerstelle der zweiten Zahl übereinstimmen. Die 2-stelligen Quadratzahlen sind 16, 25, 36, 49, 64 und 81, und die zur Aufgabe passenden Paare sind demzufolge $(16; 64)$, $(36; 64)$, $(64; 49)$ und $(81; 16)$. Die Summe der zugehörigen 3-stelligen Zahlen ist $164 + 364 + 649 + 816 = 1993$.

**L 3.18** (C) Die 5 aufeinanderfolgenden Zahlen seien $n, n+1, n+2, n+3$ und $n+4$. Es soll $n+n+a+n+b = n+c+n+d$ bzw. $n = c+d-(a+b)$ gelten, wobei $a, b, c, d$ eine geeignete Vertauschung der Zahlen 1, 2, 3 und 4 ist. Für $c = 3, d = 4$ erhalten wir $n = (3+4)-(1+2) = 4$, für $c = 2, d = 4$ folgt $n = (2+4)-(1+3) = 2$. Setzen wir $c = 1, d = 4$, so würde $n = (1+4)-(2+3) = 0$ folgen, $n$ also nicht positiv sein. Dasselbe Ergebnis erhielten wir, würden wir $c = 2, d = 3$ wählen. In allen anderen Fällen wäre $n$ negativ. Es gibt also nur 2 Mengen aus fünf aufeinanderfolgenden natürlichen Zahlen mit der gewünschten Eigenschaft und zwar die Menge $\{4, 5, 6, 7, 8\}$ und die Menge $\{2, 3, 4, 5, 6\}$.

**L 3.19** (**A**) Wir nummerieren die Einfahrten bzw. Ausfahrten mit 1, 2, 3, 4 und ordnen den einfahrenden Autos 1, 2, 3, 4 als mögliche Ausfahrkombinationen zu. Auto 1 kann nicht in Richtung 1 ausfahren. Angenommen, Auto 1 fährt bei 2 aus. Dann gibt es nach den Bedingungen der Aufgabe folgende Möglichkeiten für die anderen Autos: $2 \to 1$, $3 \to 4$, $4 \to 3$ oder $2 \to 3$, $3 \to 4$, $4 \to 1$ oder $2 \to 4$, $3 \to 1$, $4 \to 3$.
In den anderen zwei Fällen, wenn Auto 1 in Richtung 3 bzw. 4 ausfährt, ergeben sich in analoger Weise je drei weitere Fälle. Insgesamt gibt es 9 mögliche Kombinationen. In der Tabelle rechts sind alle Fälle systematisch aufgelistet.

| rein | 1 | 2 | 3 | 4 |
|---|---|---|---|---|
| raus | 2 | 1 | 4 | 3 |
| raus | 2 | 3 | 4 | 1 |
| raus | 2 | 4 | 1 | 3 |
| raus | 3 | 1 | 4 | 2 |
| raus | 3 | 4 | 1 | 2 |
| raus | 3 | 4 | 2 | 1 |
| raus | 4 | 1 | 2 | 3 |
| raus | 4 | 3 | 1 | 2 |
| raus | 4 | 3 | 2 | 1 |

**L 3.20** (**B**) Die Einschränkung, dass jedes Auto weniger als eine ganze Runde fährt, bedeutet, dass kein Auto dort ausfährt, wo es eingefahren ist. Lassen wir diese Einschränkung weg, so gibt es $5 \cdot 4 \cdot 3 \cdot 2 \cdot 1 = 5! = 120$ verschiedene Ausfahrkombinationen. Darin enthalten sind nun jene, bei denen ein Auto oder mehrere Autos dieselbe Ausfahrt nutzen, die ihre Einfahrt war. Es gibt genau eine Kombination, bei der alle 5 Autos dieselbe Ausfahrt nutzen, die ihre Einfahrt war. Der Fall, dass genau 4 Autos die Ausfahrt nutzen, die ihre Einfahrt war, kann nicht eintreten. Nutzen genau 3 Autos dieselbe Ausfahrt, die ihre Einfahrt war, so wechseln die beiden anderen Autos die Ausfahrten. Für die Auswahl dieser 3 Autos aus den 5 Autos gibt es $\binom{5}{3} = \frac{5 \cdot 4 \cdot 3}{1 \cdot 2 \cdot 3} = 10$ Möglichkeiten, die sich auch schnell aufschreiben lassen, wenn man die verwendete Formel nicht kennt. Nutzen genau 2 Autos dieselbe Ausfahrt, die ihre Einfahrt war, so tauschen die anderen 3 ihre Ausfahrten zyklisch, wofür es 2 Möglichkeiten gibt. Da es für die Auswahl von 2 Autos $\binom{5}{2}$ Möglichkeiten gibt, sind es insgesamt also $\binom{5}{2} \cdot 2 = 20$ solche Ausfahrkombinationen. Nutzt nur genau ein Auto dieselbe Ausfahrt, so gibt es für die übrigen 4 Autos 9 verschiedene Ausfahrkombinationen, wie in der Lösung zur vorigen Aufgabe gezeigt wurde. Damit erhalten wir für diesen Fall $\binom{5}{1} \cdot 9 = 45$ Kombinationen. Die Anzahl der gesuchten Ausfahrkombinationen ist $120 - 1 - 0 - 10 - 20 - 45 = 44$.

## Eine zusätzliche Bedingung kommt dazu

**L 3.21** (**D**) Um eine möglichst kleine 5-stellige Zahl zu erhalten, muss Lilly die 3 hinter die ersten 3 kleineren Ziffern, aber vor die größere Ziffer schreiben, also zwischen die 1 und die 4. Sie erhält 20134.

Natürlich lässt sich diese Aufgabe auch lösen, indem die 5 möglichen Zahlen hingeschrieben und verglichen werden.

**L 3.22** (**B**) Damit die Summe von Olegs Zahlen möglichst klein wird, müssen an die Stellen mit der höchsten Wertigkeit die kleinsten Ziffern geschrieben werden. Also hat eine der beiden Zahlen an der Hunderterstelle die 1, die andere die 2. An den beiden Zehnerstellen müssen die nächstgrößeren beiden Ziffern verwendet werden, also 3 und 4. Die Einerstellen werden dann mit 5 und 6 besetzt. Ob Oleg für die 1. Zahl an der Hunderterstelle die 1 oder die 2 wählt (und entsprechend für die 2. Zahl die 2 oder die 1), welche der Zahlen 3 und 4 er an die Zehnerstelle setzt und welche der Zahlen 5 und 6 er an die Einerstelle setzt, das spielt für das Ergebnis seiner Addition keine Rolle, denn dieses Ergebnis ist in jedem Fall $1 \cdot 100 + 2 \cdot 100 + 3 \cdot 10 + 4 \cdot 10 + 5 \cdot 1 + 6 \cdot 1 = 381$.

**L 3.23** (**B**) Die Summe der beiden 4-stelligen Zahlen wird dann am größten, wenn die beiden größten Ziffern, 8 und 7, an den Tausenderstellen stehen, die nächstkleineren Ziffern, 6 und 5, an den Hunderterstellen, 4 und 3 an den Zehnerstellen und 2 und 1 an den Einerstellen. Dafür gibt es mehrere mögliche Zahlenpaare, zum Beispiel 7531 und 8642 oder 8532 und 7641. Stets ist die größtmögliche Summe $8000 + 7000 + 600 + 500 + 40 + 30 + 2 + 1 = 16173$.

**L 3.24** (**E**) Es gibt genau 2 Möglichkeiten, 24 als Produkt von zwei einstelligen natürlichen Zahlen zu schreiben, und zwar $3 \cdot 8$ und $4 \cdot 6$. Die zweistelligen Zahlen mit Ziffernprodukt 24 sind also 38, 46, 64 und 83. Die kleinste, 38, hat die Ziffernsumme 11 – das ist das gesuchte Alter der Tochter.

**L 3.25** (**B**) Wegen $1 \cdot 2 + 3 + 4 + 5 = 14$, $1+2\cdot3+4+5 = 16$, $1+2+3\cdot4+5 = 20$, $1 + 2 + 3 + 4 \cdot 5 = 26$ reicht *ein* Malzeichen nicht aus. Zwei Malzeichen genügen, denn es gilt $1 + 2 \cdot 3 + 4 \cdot 5 = 27$.

**L 3.26** (**C**) Sicher kann im größtmöglichen Produkt keiner der Faktoren 0 sein. Damit das Produkt möglichst groß wird, stellen wir die Ziffern in beiden Faktoren so um, dass sie in absteigender Reihenfolge erscheinen. Wir schreiben alle Möglichkeiten und die entsprechenden Produkte auf: $10 \cdot 32 = 320 \cdot 1 = 320$, $20 \cdot 31 = 310 \cdot 2 = 620$ und $30 \cdot 21 = 210 \cdot 3 = 630$. Das größte mögliche Produkt ist folglich 630.

**L 3.27** (B) Zuerst bilden wir *alle* Paare verschiedener Ziffern, bei denen die eine Ziffer doppelt so groß ist wie die andere: $(1;2)$, $(2;4)$, $(3;6)$, $(4;8)$. Keines dieser Paare kann in Taros Telefonnummer enthalten sein. Von den zwei Ziffern, aus denen jedes dieser Paare besteht, darf die Telefonnummer also *höchstens eine* enthalten. Insbesondere darf von den Ziffern 3 und 6 höchstens eine enthalten sein. Von den Ziffern 1, 2, 4, und 8 können nicht alle vier vorkommen, und auch nicht drei, da die fehlende Ziffer in jedem der drei Paare $(1;2)$, $(2;4)$ und $(4;8)$ vorkommen müsste. Zwei der Ziffern 1, 2, 4 und 8 sind möglich, wenn wir sie geschickt wählen (1 und 4, 1 und 8 oder 2 und 8). Von 3 und 6 haben wir also höchstens eine Ziffer, von den Ziffern 1, 2, 4 und 8 höchstens 2. Alle anderen Ziffern, 0, 5, 7 und 9, können zu Taros Telefonnummer gehören. Insgesamt kommen höchstens 7 verschiedene Ziffern vor. Taros 8-stellige Telefonnummer könnte also beispielsweise 91465570 oder 80238975 sein. *Eine* Ziffer muss doppelt vorkommen, das kann jede außer der 0 sein, denn es gilt ja $0 = 2 \cdot 0$.

**L 3.28** (D) Wenn in 10 Jahren 180 Welpen zur Welt kamen, dann waren es durchschnittlich pro Jahr $180 : 10 = 18$. Da in jedem Jahr eine andere Anzahl geboren wurde, kann es höchstens ein Jahr mit 18 Welpen geben. Um die kleinstmögliche Anzahl im Jahr 2010, dem Jahr mit den meisten Welpen, zu finden, nehmen wir an, dass die Anzahl der Welpen, die in den einzelnen Jahren geboren wurden, möglichst dicht an der durchschnittlichen Zahl 18 liegt. Wenn in einem Jahr 19 geboren wurden, dann können bei Beibehaltung des Durchschnittswertes in einem anderen 17 geboren worden sein, und da alle Zahlen verschieden sein müssen, fügen wir im Wechsel größere und kleinere hinzu. Schließlich stellen wir fest, dass 22 noch nicht die größte Anzahl in einem Jahr sein kann, denn $22 + 21 + 20 + 19 + 18 + 17 + 16 + 15 + 14 + 13 = 175 < 180$. Also wurden im Jahr 2010 mindestens 23 Welpen geboren. Und das ist möglich, denn es ist zum Beispiel $23 + 22 + 21 + 20 + 19 + 18 + 17 + 15 + 14 + 11 = 180$.

Die Lösung lässt sich auch durch Probieren mithilfe der Lösungsvorschläge finden.

## Zahlen mit speziellen Eigenschaften gesucht

**L 3.29** (D) Die kleinste 2-stellige Zahl ist 10, und die um 50 größere ist 60. Die größte 2-stellige Zahl ist 99, und die um 50 kleinere ist 49. Folglich haben alle Zahlen, die größer oder gleich 60 und kleiner oder gleich 99 sind, die Eigenschaft, dass sie um 50 verringert 2-stellig sind. Und das sind 40 Zahlen.

**L 3.30** (A) Damit sowohl $n - 24$ als auch $n + 24$ zweistellig ist, also $99 \geq n \pm 24 \geq 10$ gilt, muss $-14 \leq n \leq 75$ und gleichzeitig $123 \geq n \geq 34$ gelten. Zusammengefasst erhalten wir, dass $34 \leq n \leq 75$ gelten muss. Das trifft für 42 positive ganze Zahlen zu.

**L 3.31** (E) Die gesuchten Zahlen haben alle die Form $\overline{a3bc}$ mit $a+b+c=3$ und der Zusatzbedingung $a \neq 0$, denn sonst wäre die Zahl nicht 4-stellig. Wir listen nun die möglichen Belegungen von $a$, $b$ und $c$ systematisch auf. Die 4-stelligen Zahlen mit der 3 an der Hunderterstelle sind: 3300; 2310; 2301; 1320; 1302; 1311. Das sind 6 Möglichkeiten.

**L 3.32** (C) Damit eine Zahl nicht durch 18 teilbar ist, darf sie nicht gleichzeitig durch 2 und zweimal durch 3 teilbar sein. Also dürfen im Produkt aller auszuwählenden Zahlen von den drei Faktoren 2, 3 und 3 höchstens 2 enthalten sein. Nun gibt es mehr Zahlen, die nicht durch 3 teilbar sind, als es ungerade Zahlen gibt. Demzufolge wählen wir alle nicht durch 3 teilbaren Zahlen, die kleiner oder gleich 100 sind – und das sind 67. Zu diesen 67 Zahlen kommt, da 2 als Faktor bereits vertreten ist, die Zahl 3 hinzu. Es gibt insgesamt 68 Zahlen, deren Produkt nicht durch 18 teilbar ist.

**L 3.33** (D) Die Augensummen, die je Wurf entstehen (also die Summe der Augen, die nach dem Wurf zu sehen sind), sind 15, 16, 17, 18, 19 und 20. Nach *dem ersten* Wurf ist die kleinste mögliche Zahl in der Liste 15, die größte 20. Die Zahlen von 1 bis 14 sind nicht möglich. Nach *zwei* Würfen ist die kleinste mögliche Zahl $2 \cdot 15 = 30$, die größte $2 \cdot 20 = 40$. Die Zahlen von 21 bis 29 sind nicht möglich. Alle Zahlen zwischen 30 und 40 sind möglich, wie sich schnell überprüfen lässt. Nach *drei* Würfen ist die kleinste mögliche Zahl $3 \cdot 15 = 45$, die größte $3 \cdot 20 = 60$. Die Zahlen von 41 bis 44 sind nicht möglich. Alle Zahlen von 45 bis 60 können vorkommen. Wir sehen: Nur die Zahlen 29, 41 und 44 aus den Antwortmöglichkeiten können *ganz sicher nicht* in einer solchen Liste stehen. Die größte davon, 44, ist die gesuchte Zahl.

Wir zeigen nun noch, dass wirklich jede natürliche Zahl $m \geq 45$ in einer solchen Liste vorkommen kann.

Wir wollen $m$ als Summe der Zahlen von 15 bis 20 schreiben. Versuchen wir zuerst, so oft wie möglich den Summanden 15 zu verwenden, sagen wir $k$-mal, dann gilt $m = k \cdot 15 + r$, wobei $r$ ein Rest zwischen 0 und 14 ist und $k \geq 3$, da $m \geq 45$ ist. Ist $r = 0$, sind wir schon fertig. Ist $1 \leq r \leq 5$, ersetzen wir eine 15 durch $15 + r$ und erhalten eine Lösung. Ist $6 \leq r \leq 10$, ersetzen wir zweimal eine 15 durch zwei Zahlen zwischen 16 und 20, und ist $11 \leq r \leq 14$, ersetzen wir dreimal eine 15. Wir finden also stets eine Möglichkeit.

## 3.2 Wahrscheinlichkeit

**L 3.34** (**B**) Da sich Treffer und Fehlwürfe abwechseln, ist die Differenz zwischen der Zahl der Treffer und der Zahl der Fehlwürfe entweder 0 oder 1. Wir wandeln die vorgeschlagenen Prozentzahlen in Brüche um und kürzen so weit wie möglich: (**A**) $40\,\% = \frac{40}{100} = \frac{2}{5}$, (**B**) $45\,\% = \frac{45}{100} = \frac{9}{20}$, (**C**) $48\,\% = \frac{48}{100} = \frac{12}{25}$, (**D**) $50\,\% = \frac{50}{100} = \frac{1}{2}$, (**E**) $60\,\% = \frac{60}{100} = \frac{3}{5}$. Trefferquote (**A**) ist möglich (2 Treffer, 3 Fehlwürfe), ebenso (**C**) (12 Treffer, 13 Fehlwürfe), (**D**) (1 Treffer, 1 Fehlwurf) und (**E**) (3 Treffer, 2 Fehlwürfe). In (**B**) würden sich die Anzahl der Treffer, 9, und die Anzahl der Fehlwürfe, 11, um 2 unterscheiden. Da die Differenz 1 sein muss, ist das nicht möglich.

**L 3.35** (**C**) Die Wahrscheinlichkeit, dass irgendeine der 4 Familien das große Paket bekommt, ist natürlich 1. Die Wahrscheinlichkeit dafür, dass irgendeine *andere* Familie das mittlere Paket bekommt, ist $\frac{3}{4}$. Und die Wahrscheinlichkeit, dass eine der jetzt noch paketfreien Familien das kleine Paket erhält, ist $\frac{2}{4} = \frac{1}{2}$. Da die Verteilung der Pakete unabhängig voneinander erfolgt, ist die Wahrscheinlichkeit dafür, dass keine der Familien mehr als ein Paket bekommt, $1 \cdot \frac{3}{4} \cdot \frac{1}{2} = \frac{3}{8}$.

**L 3.36** (**A**) Da es für jeden der Punkte $A$ und $B$ genau 6 mögliche Verbindungspunkte gibt, gibt es insgesamt $6 \cdot 6 = 36$ mögliche Streckenpaare. Von diesen bestimmen wir nun diejenigen, durch die das Achteck in 3 Teile geteilt wird. Wenn $C$ oder $H$ mit $A$ verbunden sind, gibt es kein solches Streckenpaar. Ist $D$ mit $A$ verbunden, so wird das Achteck nur durch die Strecke $\overline{BD}$ in 3 Teile geteilt. Wenn $E$ mit $A$ verbunden ist, sind die 2 Strecken $\overline{BD}$ und $\overline{BE}$ möglich, wenn $F$ mit $A$ verbunden ist, die 3 Strecken $\overline{BD}$, $\overline{BE}$, $\overline{BF}$, und wenn $G$ mit $A$ verbunden ist, die 4 Strecken $\overline{BD}$, $\overline{BE}$, $\overline{BF}$, $\overline{BG}$. Das sind insgesamt 10 Möglichkeiten, die gesuchte Wahrscheinlichkeit ist daher $\frac{10}{36} = \frac{5}{18}$.

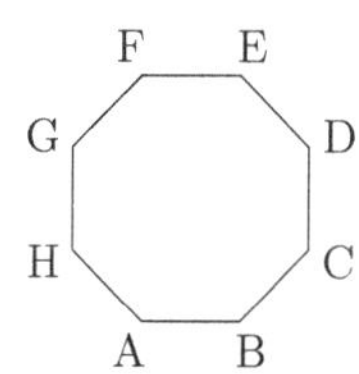


**L 3.37** (**E**) Es sei $w$ die Anzahl der weißen Socken. Die Wahrscheinlichkeit, drei weiße Socken zu nehmen, ist $\frac{w}{22} \cdot \frac{w-1}{21} \cdot \frac{w-2}{20} = \frac{1}{7}$. Umgeformt ergibt sich $w(w-1)(w-2) = 22 \cdot 3 \cdot 20$. Mit scharfem Blick schreiben wir $22 \cdot 3 \cdot 20$ als Produkt dreier aufeinanderfolgender natürlicher Zahlen: $22 \cdot 3 \cdot 20 = 11 \cdot 2 \cdot 3 \cdot 2 \cdot 10 = 12 \cdot 11 \cdot 10$. Prisca hat also 12 weiße Socken in ihrer Schublade.

## 3.3 Kombinatorisches in der Geometrie

### Wege gesucht

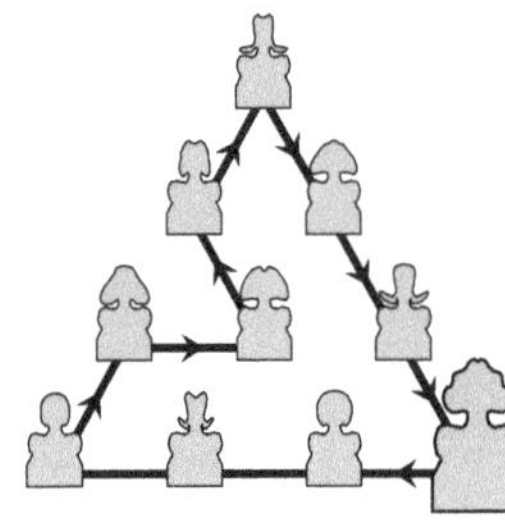

**L 3.38** (C) Wenn ich zu jeder der 10 Skulpturen hingehe, um sie anzusehen, und danach zur größten Skulptur zurückkehre, muss ich zu jeder der Skulpturen mindestens einmal hinlaufen. Ich muss folglich mindestens so viele Wegabschnitte gehen, wie es Skulpturen gibt, und das sind 10. Folglich ist der kürzeste mögliche Weg $10 \cdot 50\,\text{m} = 500\,\text{m}$ lang. Der rechts abgebildete Weg ist ein Beispiel für einen Weg, der aus nur 10 Wegabschnitten besteht.

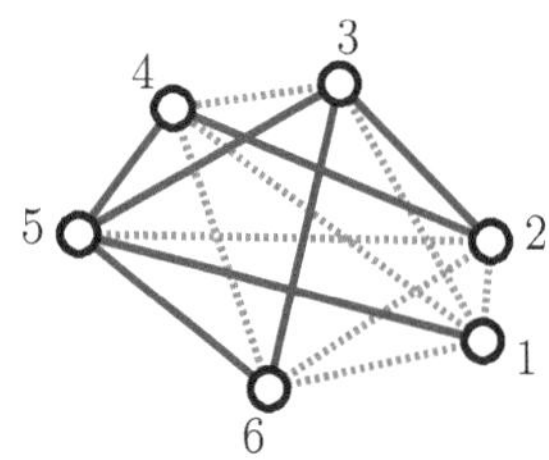


**L 3.39** (E) Wenn jede der 6 Stationen von jeder anderen auf genau einem direkten Weg zu erreichen ist, dann gehen also von jeder der 6 Stationen 5 direkte Wege aus. Wenn wir nun $6 \cdot 5 = 30$ rechnen, haben wir allerdings jeden Weg zweimal gezählt, d. h., es gibt insgesamt $30 : 2 = 15$ Wege. Von diesen Wegen verlaufen 7 als Kletterwege (dicke Linien). Folglich gibt es $15 - 7 = 8$ Wege als Tunnel (gestrichelte Linien).

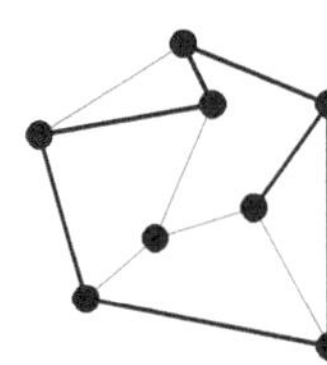

**L 3.40** (D) Die größte Zahl von Verbindungsstrecken, die von einem Punkt ausgehen, ist 3. Also müssen von jedem Punkt *mindestens* 3 Strecken ausgehen. Das wären dann insgesamt $8 \cdot 3 : 2 = 12$. Das Bild rechts zeigt, dass genau 3 Verbindungsstrecken je Punkt möglich sind. Es mussten $12 - 5 = 7$ Verbindungsstrecken ergänzt werden.

**L 3.41** (C) Es sei $p$ die Anzahl der Punkte und $s$ die Anzahl der Strecken, die von jedem Punkt ausgehen. Dann gilt für die Gesamtzahl $G$ der Strecken: $G = \frac{p \cdot s}{2}$. Da Kaan 7 Punkte hat, muss die Zahl der Strecken, die von jedem Punkt ausgehen, eine gerade Zahl sein, d. h. in unserem Fall, dass sie mindestens 4 sein muss. Die Gesamtzahl der Strecken würde hier $G = \frac{7 \cdot 4}{2} = 14$ betragen. Die nebenstehende Zeichnung zeigt, dass sich 14 Strecken in der gewünschten Weise finden lassen. Also müssen zu den 5 hier grau gezeichneten Verbindungsstrecken noch 9 hinzugefügt werden.

## Zerschnittenes und Zerlegtes

**L 3.42** (C) Das Bild zeigt, wie Ulfs Schwester geschnitten haben könnte, damit möglichst viele Teile entstehen. Die meisten Teile gibt es bei der 3.

2 Teile 3 Teile 5 Teile 3 Teile 3 Teile

**L 3.43** (C) Das Bild zeigt, wie die Buchstaben zerschnitten werden können, damit sie in so viele Teile wie möglich zerfallen. Die Anzahl der Teile ist beim M am größten.

3 Teile 4 Teile 5 Teile 2 Teile 4 Teile

**L 3.44** (D) Es sind mehrere Fälle zu unterscheiden:
*Fall 1*: Die Teilungsgerade ist parallel zur 5 cm langen Seite. Dann muss das Quadrat 25 cm$^2$ groß sein. Das 4 cm$^2$ große Rechteck hat folglich als zweite Seitenlänge $\frac{4}{5}$ cm. Das Ausgangsrechteck hat die Maße 5 cm $\times$ $\frac{29}{5}$ cm.

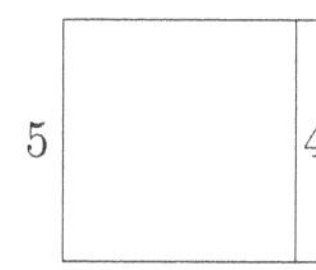


*Fall 2*: Die Teilungsgerade steht auf der 5 cm langen Seite senkrecht.

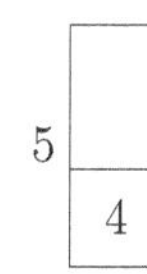


*Fall 2a*: Das *Quadrat* ist 4 cm$^2$ groß.
Dann hat das Quadrat eine Seitenlänge von 2 cm, das Ausgangsrechteck hat die Maße 5 cm $\times$ 2 cm.
*Fall 2b*: Das *nicht-quadratische Rechteck* ist 4 cm$^2$ groß.
Bezeichnen wir die Seitenlänge des Quadrats mit $x$, dann gilt für den Flächeninhalt des nicht-quadratischen Rechtecks $4 = 5x - x^2$. Die Lösungen dieser Gleichung sind $x = 1$ und $x = 4$. Die zugehörigen Ausgangsrechtecke haben die Maße 5 cm $\times$ 1 cm und 5 cm $\times$ 4 cm.

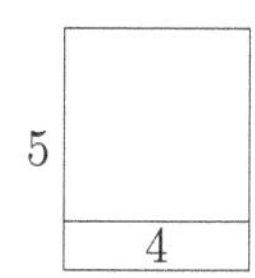


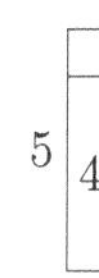


Christina kann vier verschiedene Rechtecke zeichnen.

**L 3.45** (E) Die 8 Eckpunkte des Würfels bilden $\binom{8}{3} = \frac{8 \cdot 7 \cdot 6}{1 \cdot 2 \cdot 3} = 56$ Dreiecke. Davon gehören zu jeder der 6 Würfelseiten 4 Dreiecke. Also gibt es $56 - 6 \cdot 4 = 32$ von Würfelecken gebildete Dreiecke, die nicht auf derselben Würfelseite liegen.

**L 3.46** (B) Die in der Aufgabe genannte 1., 2. und 3. Gerade müssen sich paarweise schneiden. Denn wären zwei davon parallel, hätten sie entgegen der Bedingung der Aufgabe nicht unterschiedlich viele Schnittpunkte mit den anderen Geraden. Die 1. Gerade schneidet noch genau eine weitere Gerade, die entweder parallel zur 2. oder parallel zur 3. Geraden ist oder die 2. und 3. Gerade schneidet.

Es ergeben sich 3 Fälle:

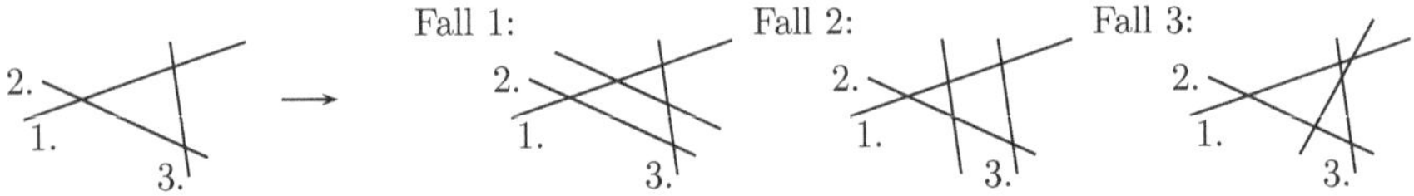


Alle weiteren Geraden sind parallel zur 1. Geraden, schneiden also die 2. und die 3. Gerade.

Im zweiten und dritten Fall muss die 2. Gerade genau eine weitere Gerade schneiden. Dann würde aber die 3. Gerade drei bzw. vier Geraden schneiden, was laut Aufgabe nicht zutrifft. Im ersten Fall muss die 2. Gerade noch genau zwei weitere Geraden schneiden. Dann würde die 3. Gerade genau fünf Geraden schneiden. Das ist möglich, insgesamt sind es 6 Geraden (s. Abb).

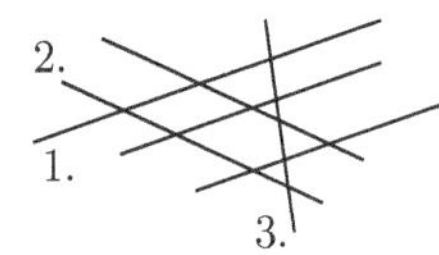


## Kombinieren auf Kästchenpapier

**L 3.47** (E) Wir versuchen, in jeder der Figuren ein L-förmiges Teil so zu markieren, dass der Rest ebenfalls die L-Form hat. Das gelingt bei allen vier Figuren.

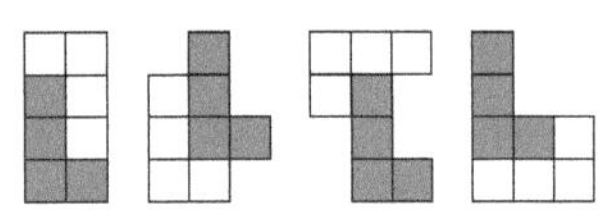

**L 3.48** (C) Da jedes Teilchen aus 4 kleinen Quadraten und das Karopapierstück aus $4 \cdot 5 = 20$ kleinen Quadraten besteht, können gewiss nicht mehr als 5 Teilchen eingepasst werden. Ließen sich 5 Teilchen unterbringen, so wäre jedes der 20 kleinen Quadrate belegt. Es gibt für die Platzierung eines Teilchens in einer Ecke nur zwei Möglichkeiten: Es kann an der langen Seite des Rechtecks liegen wie das hellgraue oder an der kurzen wie das schwarze. In beiden Fällen ist das Anlegen von weiteren 3 Teilchen vorbestimmt (siehe Bild). Mehr als 4 Teilchen passen nicht.

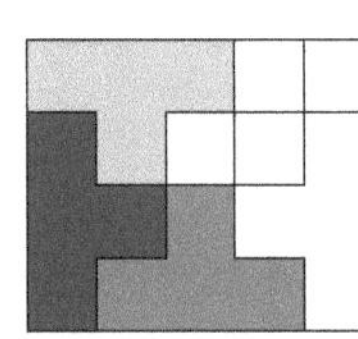

**L 3.49** (C) Simon kann nicht 4 Teile ausschneiden, da nicht jedes Eckquadrat zu einem Teil gehören kann, wie man sich leicht überlegt. Simon kann höchstens 3 solche Teile ausschneiden, eine Möglichkeit ist rechts abgebildet. Von den 16 kleinen Quadraten bleiben 4 Quadrate übrig.

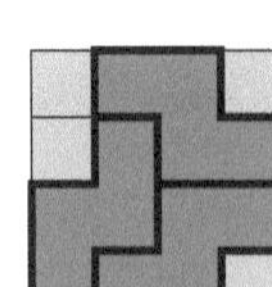

**L 3.50** (**E**) Um zu erkennen, wie die Punkte von den einzelnen Teilen bedeckt werden können, färben wir die Felder mit den Punkten grau. Wir legen die einzelnen Teile auf das Feld und zählen aus, wie viele weiße und wie viele graue Felder bedeckt werden. Wird ein Teil um ein Feld waagerecht oder senkrecht verschoben, so vertauschen sich diese beiden Zahlen. Die größere der beiden gibt die größtmögliche Anzahl an Punkten an, die bedeckt werden können.

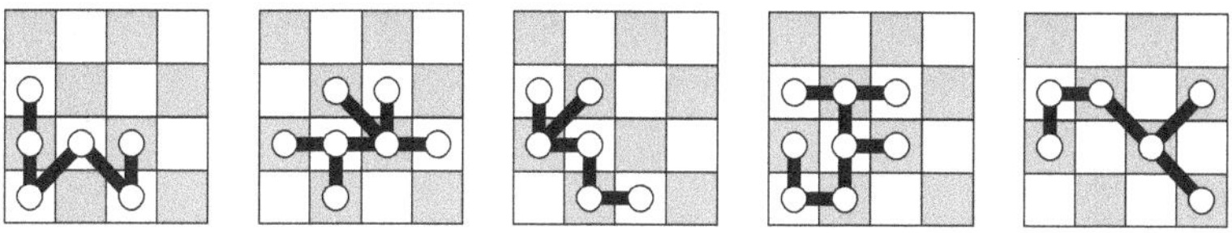

Bei Teil (**E**) wird mit 5 Feldern die größte Zahl erreicht.

**L 3.51** (**B**) Das Bild mit der vollständigen Auslegung zeigt, dass (**B**) die Lösung ist. Wenn man die einzelnen Lagemöglichkeiten genauer anschaut, ist es auch nicht schwer zu zeigen, dass dies die einzige mögliche Auslegung ist.

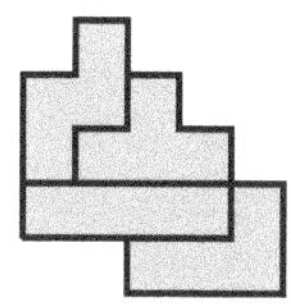

**L 3.52** (**B**) Mit 4 Teilen im Schneckenmuster lässt sich ein Quadrat legen. Weniger Teile sind nicht möglich, denn im fertigen Gebilde muss die Anzahl der kleinen Quadrate eine Quadratzahl sein, und diese muss, da jedes Teil aus 9 kleinen Quadraten besteht, durch 9 teilbar sein. Die kleinste durch 9 teilbare Quadratzahl, 9 selbst, scheidet aus. Für die nächstgrößere, $4 \cdot 9 = 36 = 6 \cdot 6$, haben wir eine Lösung angegeben.

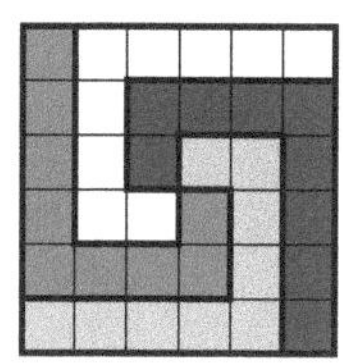

**L 3.53** (**D**) Die links markierten Felder dürfen nicht zum $3 \times 1$-Schiff gehören. Folglich gibt es genau 5 mögliche Positionen für das $3 \times 1$-Schiff.

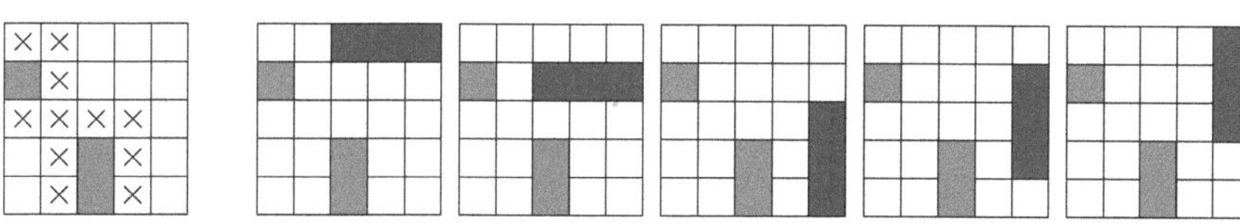

**L 3.54** (**D**) Wir finden in der Figur vier $2 \times 2$-Quadrate, die sich nicht überlappen, s. linkes Bild. Folglich muss in jedem dieser $2 \times 2$-Quadrate mindestens ein Kästchen weiß bleiben. Dafür, dass es ausreicht, vier Kästchen weiß zu lassen, zeigt das rechte Bild ein Beispiel.

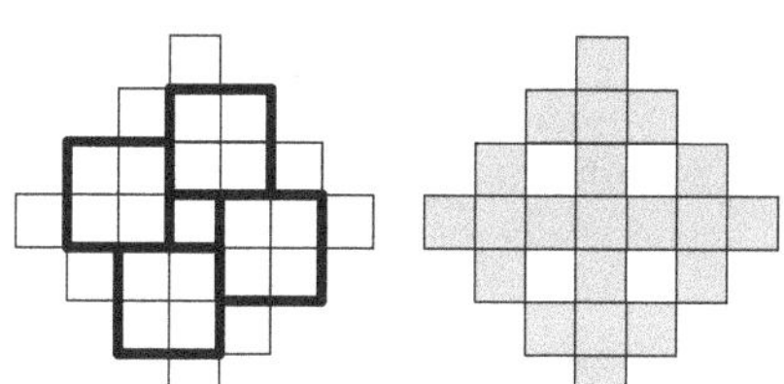

## Puzzles

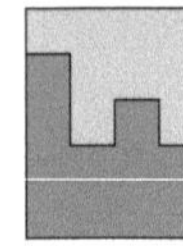

**L 3.55** (**C**) Wenn wir Teil (**C**) nach rechts drehen, ergänzt es das gegebene Teil zu einem Rechteck, wie die Zeichnung zeigt.

**L 3.56** (**A**) Die Striche auf dem passenden Teil müssen links unten und in der Mitte beginnen. Das trifft nur für (**A**), (**C**) und (**E**) zu. Rechts enden die beiden Striche etwas unterhalb und etwas oberhalb der Mitte. Das ist dann nur bei (**A**) der Fall.

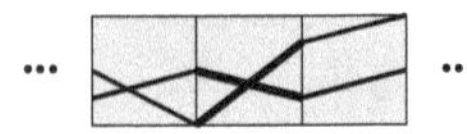

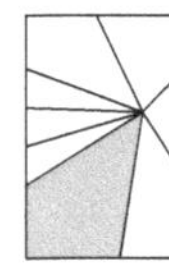

**L 3.57** (**C**) Das fehlende Stück ist viereckig und einer der vier Winkel ist ein rechter Winkel. Das trifft ausschließlich für Teil (**C**) zu.

**L 3.58** (**E**) Das zum Quadrat vervollständigte Puzzle sieht folgendermaßen aus:

**L 3.59** (**B**) Für das Quadrat muss die Gesamtzahl der Wölbungen nach außen gleich der nach innen sein. Das ist nur mit den Teilen (**A**), (**C**), (**D**) und (**E**) möglich.

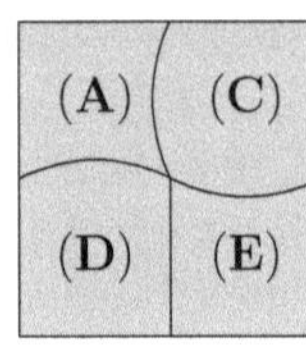


## Vermischtes

**L 3.60** (**D**) Da 4 der kleinen Dreiecke in das mittelgroße und 4 der mittelgroßen Dreiecke in das größte Dreieck passen, ist $4 \cdot 4 = 16$ die gesuchte Anzahl.

**L 3.61** (**B**) Wäre Juri der Klatschende, so würden nach dem Tausch Lars und Minh seine Nachbarn sein. Da dies nicht der Fall ist, hat er nicht geklatscht. Hätte Juri mit Ken getauscht, müsste er nach dem Tausch neben Ken stehen. Da dies nicht der Fall ist, hat Juri mit Neo getauscht. Da Ken nach diesem Tausch neben Neo steht, muss Ken stehengeblieben sein. Er ist derjenige, der geklatscht hat.

**L 3.62** (**C**) Von jedem der vier Würfel sind zwei Seiten nicht zu sehen. Damit die Summe der Zahlen auf der Oberfläche möglichst groß wird, müssen die Zahlen auf den miteinander verklebten Seiten möglichst klein sein. Da sich bei den vier Würfeln die Seiten mit der 1 und der 2 gegenüberliegen, lassen sich die Würfel *nicht* so verkleben, dass all diese acht Seiten verklebt werden. Wir können jedoch die vier Seiten mit der 1 und die vier Seiten mit der 3 miteinander verkleben. Sichtbar sind dann von jedem Würfel die 2, die 4, die 5 und die 6. Die größte Summe ist also $4 \cdot (2 + 4 + 5 + 6) = 4 \cdot 17 = 68$.

# 4 Geometrie

## 4.1 Ebene Geometrie

### Flächenvergleiche

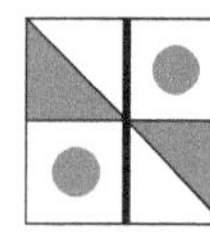

**L 4.1** (**D**) In den Bildern (**A**), (**B**), (**C**) und (**E**) gehört zu jedem hellen Flächenteil ein ebenso großes dunkles. Wenn wir uns bei (**D**), wie es im Bild rechts zu sehen ist, eine vertikale Halbierungslinie durch das Quadrat einzeichnen, erkennen wir, dass die dabei entstandenen weißen Dreiecke ebenso groß wie die beiden dunklen sind. Die dunklen Kreise sind jedoch deutlich kleiner als die weiße Fläche, die sie umgibt.

**L 4.2** (**E**) Jede der Figuren besteht aus 4 Hälften desselben kleinen Kästchens, es haben also alle fünf Figuren denselben Flächeninhalt.

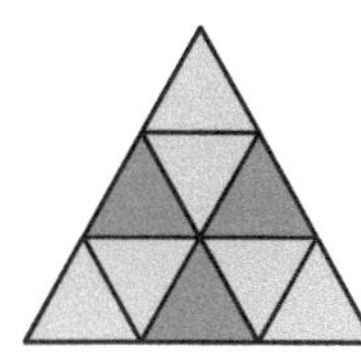

**L 4.3** (**D**) Durch drei zusätzliche Strecken können wir das Dreieck in neun identische gleichseitige Dreiecke zerlegen. Jede der Rauten in Luis' Dreieck ist also doppelt so groß wie jedes der kleinen Dreiecke. Wie sich aus der Abbildung rechts ablesen lässt, haben die drei kleinen dunklen Dreiecke zusammen an der Fläche des großen Dreiecks einen Anteil von $\frac{1}{3}$.

**L 4.4** (**D**) Der Vogel besteht aus einem großen Dreieck, zwei kleinen Dreiecken und zwei Trapezen. Also entspricht seine Fläche der von einem Quadrat (ein großes Dreieck, ein kleines Dreieck und ein Trapez), einem kleinen Dreieck und einem Trapez. Da ein kleines Dreieck und ein Trapez zusammen gerade ein halbes Quadrat ergeben, ist die Fläche des Vogels eineinhalbmal so groß wie die Fläche eines Quadrats.

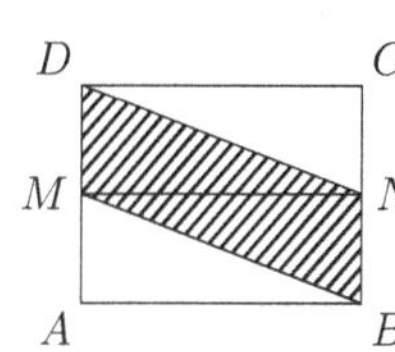


**L 4.5** (**C**) Die Strecke $\overline{MN}$ zerlegt das Rechteck $ABCD$ in zwei kongruente Rechtecke. In jedem dieser beiden Rechtecke macht die schraffierte Teilfläche genau die Hälfte aus. Somit ist die gesamte schraffierte Fläche halb so groß wie die Fläche des Rechtecks $ABCD$. Der gesuchte Flächeninhalt ist $7{,}5\,\text{cm}^2$.

**L 4.6** (**B**) Die drei zweifarbigen Quadrate im $3 \times 3$-Feld sind mit den beiden Farben je genau zur Hälfte gefärbt. Da wir durch das Hinzufügen des fehlenden Quadrats eine mit beiden Farben genau zur Hälfte gefärbte Gesamtfläche haben wollen, brauchen wir diese drei Teile also nicht zu berücksichtigen. Von den restlichen Quadraten sind drei hellgrau und zwei dunkelgrau. Folglich muss das dunkelgraue Quadrat (**B**) angelegt werden.

**L 4.7** (**E**) Da bei den sechs zweifarbigen Quadraten die beiden Farben je genau zur Hälfte vorkommen und wir durch das Hinzufügen des neunten Quadrats eine mit beiden Farben genau zur Hälfte gefärbte Gesamtfläche haben wollen, brauchen wir die sechs zweifarbigen Teile nicht zu berücksichtigen. Die beiden anderen Teile sind beide hellgrau. Folglich ist mit einem weiteren Teil auf keine Weise zu erreichen, dass die gesamte Fläche nach Hinzufügen dieses Teils mit den beiden Farben je genau zur Hälfte gefärbt ist.

**L 4.8** (**A**) Um die Fläche A in ihrer Größe abzuschätzen, überlegen wir uns, dass A genau die Hälfte des $2 \times 3$-Rechtecks 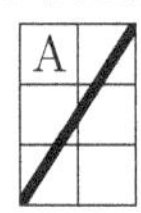

einnimmt. Die Fläche A ist also genau 3 Kästchen groß. Da B ein Kästchen mehr als A umfasst, ist die Fläche von A kleiner als die von B. Die Fläche von B ist 4 Kästchen groß. Die Fläche von D setzt sich aus einem 3 Kästchen großen Rechteck und der Hälfte eines 3 Kästchen großen Rechtecks  zusammen. Folglich ist die Fläche von D größer als die von B. Die Fläche von D ist aber, da die Hälfte von 3 Kästchen kleiner als die Hälfte von 4 Kästchen ist, kleiner als die Fläche von C, die insgesamt $5 = 3 + 2$ Kästchen groß ist. Und die Fläche von E ist schließlich, da sie sich aus 4 ganzen Kästchen und – wie D – der Hälfte eines 3 Kästchen großen Rechtecks zusammensetzt, größer als die von C. Die Reihenfolge der Größe nach ist also: A–B–D–C–E.

Eine gute Methode, um diese Aufgabe zu lösen, ist es, alle Flächen zu verdoppeln. Dann lassen sich die Kästchen einfach auszählen und die Reihenfolge bestimmen.

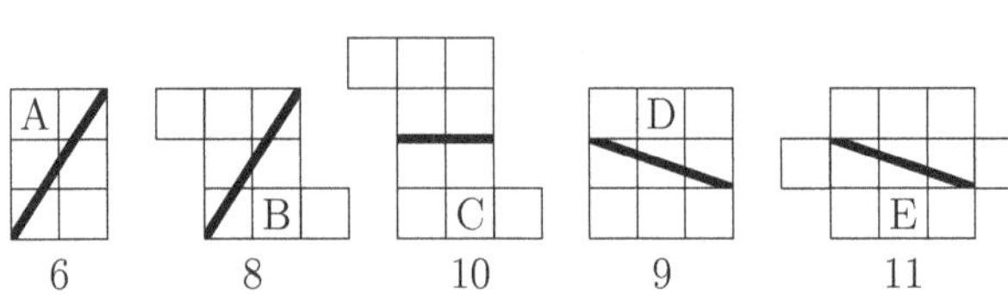

## Flächenzerlegungen

**L 4.9** (E) Bei zwei Quadraten kann die entstehende Figur aus höchstens neun Teilen bestehen, eine Möglichkeit dafür ist rechts zu sehen. Dass sich nicht mehr als neun Teile erreichen lassen, sehen wir wie folgt: Liegen die Quadrate nebeneinander, so gibt es nur zwei Teile. Ist ein Quadrat über das andere geschoben, so bildet der Bereich, der zu beiden Quadraten gehört, einen zusammenhängenden Teil. Alle anderen Teile müssen außerhalb dieses Bereichs liegen und auf ihrem Rand mindestens eine Quadratecke haben. Da es acht Ecken gibt, können also höchstens acht weitere Teile dazukommen.

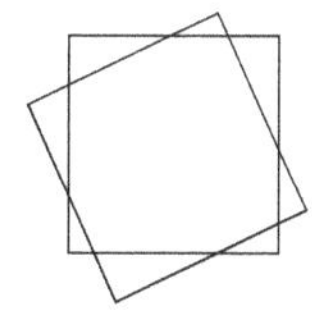

**L 4.10** (E) Wir bezeichen die Ecken des Rechtecks mit $A, B, C, D$ und die Schnittpunkte der Winkelhalbierenden der Winkel bei $C$ und $D$ mit der 11 cm langen Seite $\overline{AB}$ mit $S$ und $T$. Die Dreiecke $ATD$ und $BCS$ haben beide einen 90°- und zwei 45°-Winkel, sind also gleichschenklig. Somit gilt:
$|\overline{AT}| = |\overline{AD}| = |\overline{SB}| = |\overline{CB}| = 6\,\text{cm}$, woraus $|\overline{AS}| = |\overline{AB}| - |\overline{SB}| = 5\,\text{cm}$ folgt. Die drei Teile $\overline{AS}$, $\overline{ST}$ und $\overline{TB}$ sind also 5 cm, 1 cm und 5 cm lang.

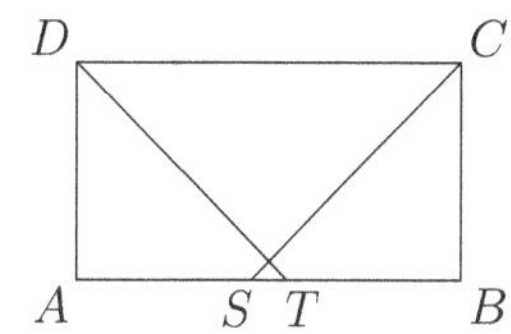


**L 4.11** (E) Beim ersten Abschneiden wird das Rechteck in ein Quadrat mit der Seitenlänge 84 mm und ein Rechteck mit den Seitenlängen 84 mm und 192 mm − 84 mm = 108 mm zerlegt. Von diesem Rechteck kann noch einmal ein ebenso großes Quadrat abgeschnitten werden. Bei der Zerlegung entsteht neben dem Quadrat ein Rechteck mit den Seitenlängen 84 mm und 108 mm − 84 mm = 24 mm. Im nächsten Schritt hat also das Quadrat, das abgeschnitten wird, die Seitenlänge 24 mm. Drei solche Quadrate lassen sich abschneiden. Das Restrechteck hat die Maße 24 mm und 84 mm − 3 · 24 mm = 12 mm. Nun kann ich dieses Restrechteck in zwei Quadrate mit der Seitenlänge 12 mm zerschneiden. Da mit einem geraden Schnitt von einem Quadrat nicht wieder ein Quadrat abgeschnitten werden kann, sind wir fertig. Also hat das kleinste Quadrat, das beim beschriebenen Zerschneiden entsteht, die Seitenlänge 12 mm.

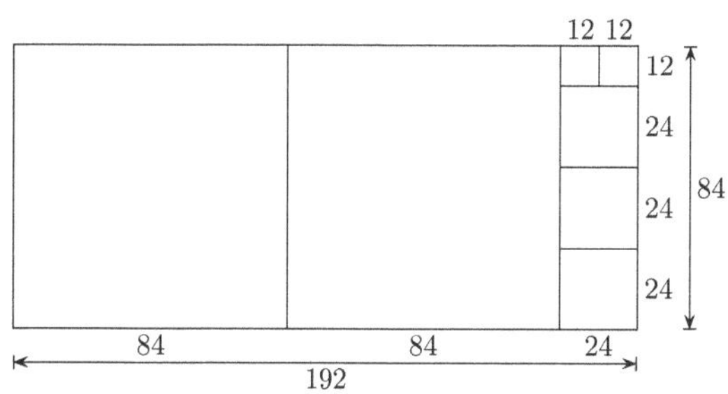

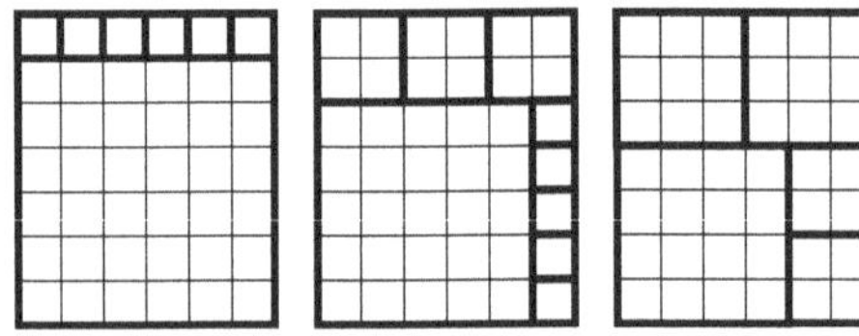

**L 4.12** (B) Das größtmögliche Quadrat, das wir unterbringen können, ist $6 \times 6$ Kästchen groß. Schneiden wir ein solches Quadrat von dem Kästchenpapier ab, bleibt ein Streifen, den wir auf nur eine Weise in Quadrate zerschneiden können, und zwar in 6 Quadrate der Größe $1 \times 1$. Das sind insgesamt 7 Quadrate. Wenn das größte Quadrat, das wir ausschneiden, $5 \times 5$ Kästchen groß ist, so ist die günstigste Teilung, also die Teilung, bei der die wenigsten Quadrate ausgeschnitten werden müssen, sicher die in der Mitte gezeichnete, die aus 9 Quadraten besteht. Ist nun das größte Quadrat, das wir ausschneiden, $4 \times 4$ Kästchen groß, so finden wir die rechts gezeichnete Teilung in nur 5 Quadrate. Wäre das größte Quadrat höchstens $3 \times 3$ Kästchen groß, so reichen sicherlich nicht weniger als 5 Quadrate, da diese dann höchstens $4 \cdot 3 \cdot 3 = 36 < 42$ Quadrate umfassen.

## Berechnung von Flächeninhalten

**L 4.13** (D) Der gesuchte Flächeninhalt unterscheidet sich von der Summe der Flächeninhalte der fünf Kreise ($5 \cdot 5\,\text{cm}^2 = 25\,\text{cm}^2$) um die Summe der Flächeninhalte der vier Überlappungsbereiche ($4 \cdot 1\,\text{cm}^2 = 4\,\text{cm}^2$). Die dick umrandete Fläche ist $25\,\text{cm}^2 - 4\,\text{cm}^2 = 21\,\text{cm}^2$ groß.

**L 4.14** (D) Wir zählen die Quadratseiten, die den Umfang der Figur bilden. Es sind 14. Da der Umfang 42 cm lang ist, ist eine Quadratseite $42\,\text{cm} : 14 = 3\,\text{cm}$ lang. Die Figur besteht aus 8 Quadraten, folglich ist der gesuchte Flächeninhalt $8 \cdot 3\,\text{cm} \cdot 3\,\text{cm} = 72\,\text{cm}^2$.

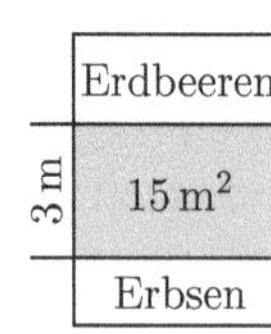


**L 4.15** (C) Wir zeichnen die Trennlinie zwischen Erdbeer-Teil und Erbsen-Teil vor der Änderung in das Bild. Vom Rechteck, das zum Erdbeer-Teil dazugekommen ist, kennen wir den Flächeninhalt und eine Seitenlänge. Daraus können wir die zweite Seitenlänge, die zugleich die Breite des gesamten Beetes ist, ermitteln. Sie beträgt $15\,\text{m}^2 : 3\,\text{m} = 5\,\text{m}$. Da der Erdbeer-Teil nach der Änderung die Form eines Quadrats hat, ist die andere Seite dieses Teils ebenfalls 5 m lang, vor der Änderung also $5\,\text{m} - 3\,\text{m} = 2\,\text{m}$. Der Flächeninhalt des Erdbeer-Teils betrug daher vor der Änderung $2\,\text{m} \cdot 5\,\text{m} = 10\,\text{m}^2$.

**L 4.16** (C) Die Seitenlänge des großen regelmäßigen Sechsecks entsteht durch Verdoppeln der Seitenlänge des kleinen regelmäßigen Sechsecks. Dabei vervierfacht sich der Flächeninhalt auf $16\,\text{cm}^2$.

**L 4.17** (**B**) Da sich der Flächeninhalt als $a \cdot b$ berechnet, worin $a$ und $b$ die Seitenlängen des Rechtecks sind, und da beide Seitenlängen ganzzahlig sein sollen, müssen wir alle möglichen Zerlegungen von 60 in ein Produkt von zwei positiven ganzen Zahlen finden. Es gibt dafür die folgenden 6 Möglichkeiten:
$60 = 1 \cdot 60 = 2 \cdot 30 = 3 \cdot 20 = 4 \cdot 15 = 5 \cdot 12 = 6 \cdot 10$.

**L 4.18** (**A**) Wir ergänzen das Viereck $ABCD$ durch vier rechtwinklige Dreiecke und ein kleines Quadrat zu einem großen Rechteck, das einen Flächeninhalt von $7\,\text{cm} \cdot 5\,\text{cm} = 35\,\text{cm}^2$ hat. Das kleine Quadrat, in dem der Buchstabe $A$ steht, ist $1\,\text{cm}^2$ groß. Die Flächeninhalte der vier Dreiecke sind, im Uhrzeigersinn, beginnend mit dem größten, nacheinander:

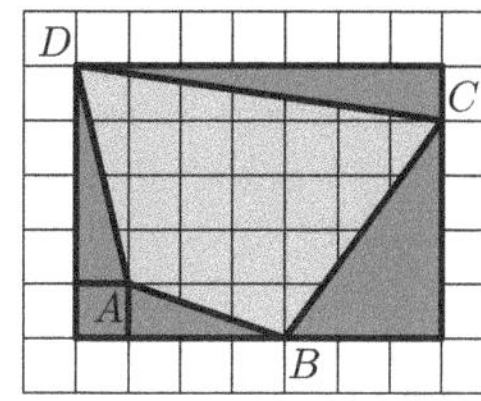


$\frac{1}{2} \cdot 3\,\text{cm} \cdot 4\,\text{cm} = 6\,\text{cm}^2$, $\frac{1}{2} \cdot 3\,\text{cm} \cdot 1\,\text{cm} = 1{,}5\,\text{cm}^2$, $\frac{1}{2} \cdot 1\,\text{cm} \cdot 4\,\text{cm} = 2\,\text{cm}^2$,
$\frac{1}{2} \cdot 7\,\text{cm} \cdot 1\,\text{cm} = 3{,}5\,\text{cm}^2$.
Der Flächeninhalt von $ABCD$ ist also
$35\,\text{cm}^2 - 1\,\text{cm}^2 - 6\,\text{cm}^2 - 1{,}5\,\text{cm}^2 - 2\,\text{cm}^2 - 3{,}5\,\text{cm}^2 = 21\,\text{cm}^2$.

**L 4.19** (**C**) Die Achteckfläche können wir in geeigneter Weise in vier kongruente Rechtecke und acht kongruente gleichschenklig-rechtwinklige Dreiecke zerlegen. Der Teil des Achtecks, der in der Aufgabe grau gefärbt ist, besteht aus zwei solchen Dreiecken und einem solchen Rechteck. Die Fläche des Achtecks ist folglich viermal so groß wie die graue Fläche. Der Flächeninhalt des Achtecks beträgt 12 cm$^2$.

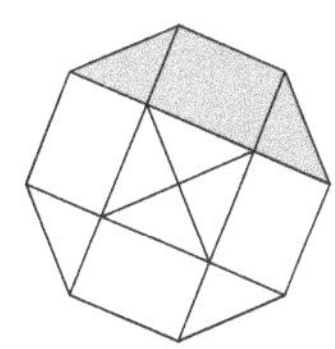

**L 4.20** (**E**) Um die Lösung übersichtlich zu halten, verzichten wir beim Rechnen auf die Maßeinheiten. Zu jedem Quadrat mit Seitenlänge $a$ können wir ein größeres Quadrat mit Seitenlänge $b$ finden, dessen Flächeninhalt um 13 größer ist. Die Differenz $x = b - a$ nähert sich $\sqrt{13}$, je kleiner $a$ wird. Je größer $a$ wird, desto geringer wird $x$. Der Unterschied der Seitenlängen kann jeden Wert zwischen 0 und $\sqrt{13}$ annehmen. Das sind unendlich viele Möglichkeiten, womit die Fragestellung beantwortet ist.

Der Vollständigkeit halber wollen wir noch zu gegebenem $x$, $0 < x < \sqrt{13}$, die Seitenlänge der zugehörigen Quadrate angeben.

Wir benutzen, dass $13 = b^2 - a^2 = (b+a)(b-a) = (b+a)x$, also $b + a = \frac{13}{x}$ gilt, und erhalten die Seitenlängen:

$$b = \frac{(b+a)+(b-a)}{2} = \frac{(13/x)+x}{2}, \quad a = \frac{(b+a)-(b-a)}{2} = \frac{(13/x)-x}{2}$$

**L 4.21** (**D**) M i$S$ sei der Schnittpunkt der beiden Diagonalen im Viereck $ABCD$ bezeichnet. Da die Winkel bei $A$ und $D$ rechte Winkel sind, sind $AB$ und $CD$ zueinander parallel. $\triangle ABD$ und $\triangle ABC$ sind flächengleich, da sie die gemeinsame Seite $\overline{AB}$ haben und in der Länge der Höhe auf $\overline{AB}$ übereinstimmen. Folglich ist der Flächeninhalt von $\triangle BCS$ gleich 10.

Da das Lot von $A$ auf $BD$ Höhe sowohl in $\triangle ASD$ als auch in $\triangle ABS$ ist, ist $|\overline{SD}| = 2|\overline{BS}|$. Da ebenso das Lot von $C$ auf $BD$ Höhe sowohl in $\triangle DSC$ als auch in $\triangle SBC$ ist, folgt unmittelbar, dass der Flächeninhalt von $\triangle DSC$ doppelt so groß ist wie der von $\triangle SBC$, also 20. Der gesuchte Flächeninhalt des Vierecks $ABCD$ ist folglich $10 + 5 + 10 + 20 = 45$.

**L 4.22** (**B**) Die Länge von $\overline{EB}$ und von $\overline{DF}$ ist 1, da $E$ und $F$ Mittelpunkte der Quadratseiten $\overline{AB}$ bzw. $\overline{AD}$ sind. Wir zeichnen durch $G$ die Höhe $h$ auf $\overline{EB}$ und verlängern diese zum Schnittpunkt mit $CD$. Nach dem Strahlensatz gilt $\frac{x}{1} = \frac{|\overline{CG}|}{|\overline{CF}|} = \frac{2}{5}$. Also ist $h = 2 - x = 2 - \frac{2}{5} = \frac{8}{5}$. Der Flächeninhalt des Dreiecks $EBG$ ist $\frac{1}{2} \cdot 1 \cdot \frac{8}{5} = \frac{4}{5}$.

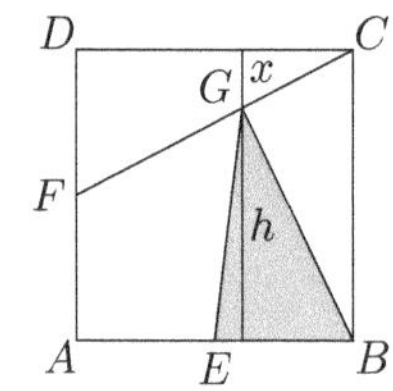


**L 4.23** (**B**) Die eingezeichnete Diagonale zerlegt das Parallelogramm in zwei kongruente Dreiecke. Der eingezeichnete Winkel $\beta$ ist gleich dem Winkel $\alpha$ im Ausgangsdreieck, denn $\alpha$ und der ihm gegenüberstehende (durch die Diagonale geteilte) Winkel des Parallelogramms ergänzen sich zu 180°, wie sich im Parallelogramm benachbarte Winkel ebenfalls zu 180° ergänzen. Die beiden kongruenten grauen Dreiecke sind damit kongruent zum Ausgangsdreieck, denn es stimmen auch die Längen der den Winkel einschließenden Seiten, die ja Quadratseiten sind, überein. Also ist der Flächeninhalt des Parallelogramms doppelt so groß wie der des Ausgangsdreiecks, d. h. 16 cm$^2$.

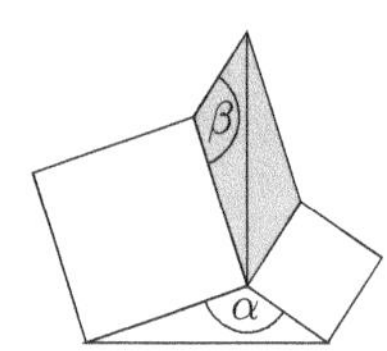


**L 4.24** (**D**) Es sei $A_{ABCD} = Q$, der Flächeninhalt des Quadrats. Dann ist $A_{\triangle ACD} = \frac{1}{2}Q$. Da $M$ der Mittelpunkt von $\overline{DA}$ ist, gilt $A_{\triangle DMC} = A_{\triangle MAC} = \frac{1}{4}Q$. Da $O$ Mittelpunkt des Quadrats ist, ist $\overline{MO}$ parallel zu $\overline{AB}$ bzw. $\overline{CD}$ und hat von diesen beiden Quadratseiten denselben Abstand. Folglich gilt $A_{\triangle MOC} = A_{\triangle OMA} = \frac{1}{8}Q$. Da $\overline{MN}$ senkrecht auf $\overline{AO}$ steht, ist $A_{\triangle OMN} = \frac{1}{2} \cdot \frac{1}{8}Q = \frac{1}{16}Q$ und $A_{\triangle MNC} = \frac{1}{8}Q + \frac{1}{16}Q = \frac{3}{16}Q$.

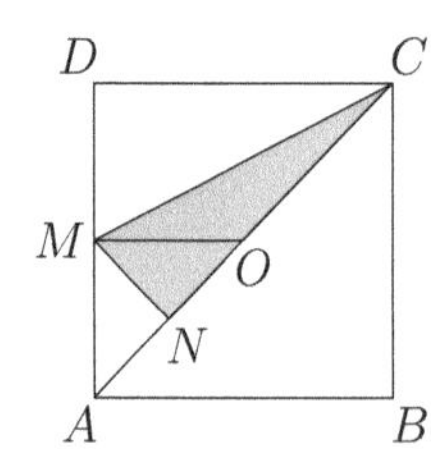

## Umfangsberechnungen

**L 4.25** (A) Ida kann vier eingefasste Quadrate mit vier Münzen zu einem großen Quadrat zusammenlegen und dann die in der Mitte liegenden Streichhölzer entfernen. Für den Rand um die sechzehn zu einem Quadrat gelegten Münzen braucht sie insgesamt nur acht Streichhölzer.

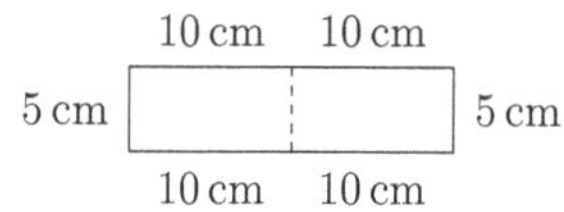


**L 4.26** (E) Da der Umfang des Quadrats 40 cm misst, beträgt die Seitenlänge $40\,\text{cm} : 4 = 10\,\text{cm}$. Der Umfang des entstandenen Rechtecks besteht aus vier ganzen und zwei halben Quadratseiten, ist also $4 \cdot 10\,\text{cm} + 2 \cdot 5\,\text{cm} = 50\,\text{cm}$ lang.

**L 4.27** (A) Für das Dreieck werden $3 \cdot 6 = 18$ der 38 Streichhölzer gebraucht. Es bleiben 20 Streichhölzer übrig. Daraus folgt, dass jede Quadratseite $20 : 4 = 5$ Hölzer lang ist.

**L 4.28** (C) Wir markieren dick grau den Teil des Quadratrandes, der nicht von vornherein mit einem Teil des Buchstabenrandes zusammenfällt, dick schwarz den Teil des Buchstabenrandes, der genauso lang ist wie der grau markierte Teil des Quadratrandes und gestrichelt den Teil des Buchstabenrandes, der keine Entsprechung im Quadratrand findet.

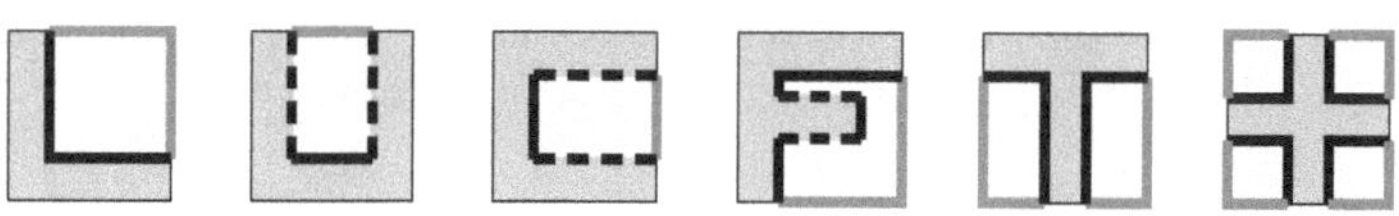

Gestrichelte Teile finden wir nur beim U, beim C und beim F. Der Rand dieser 3 Buchstaben ist länger als der Rand des Quadrats.

**L 4.29** (B) In beiden Figuren gehören die vier Viertelkreisbögen zum Umfang; sie können bei der Berechnung des Unterschieds der Umfänge also vernachlässigt werden. Während bei der links abgebildeten Figur zwei Strecken dazugehören, die so lang sind wie die lange Rechtecksseite, und zwei Strecken, die so lang sind wie die kurze Rechtecksseite, enthält der Rand der rechts abgebildeten Figur nur eine Strecke, die die Länge der langen Rechtecksseite hat. Dann unterscheiden sich die beiden Umfänge also um $10\text{ cm} + 2 \cdot 5\text{ cm} = 20\text{ cm}$.

**L 4.30** (**D**) Da jede Diagonale in einem Viereck stets mit jeder der Seiten genau einen gemeinsamen Punkt hat, betrachten wir zuerst den gemeinsamen Punkt der 2-cm-Diagonale mit der 1-cm-Seite. Die Verbindung der beiden anderen Eckpunkte dieser zwei Seiten ist eine Vierecksseite und das entstehende Dreieck soll gleichschenklig sein. Dies ist nach Dreiecksungleichung nur in der Konstellation 2 cm–2 cm–1 cm möglich. Betrachten wir nun den gemeinsamen Punkt der 2-cm-Diagonale mit der 4-cm-Seite. Die Verbindung der beiden anderen Eckpunkte ist die vierte Vierecksseite und das entstehende Dreieck soll wieder gleichschenklig sein. Dies ist nach Dreiecksungleichung nur in der Konstellation 2 cm–4 cm–4 cm möglich. Das in der Aufgabe beschriebene Viereck ist eindeutig bestimmt, und die Länge seines Umfangs beträgt $(4+4+2+1)\,\text{cm} = 11\,\text{cm}$.

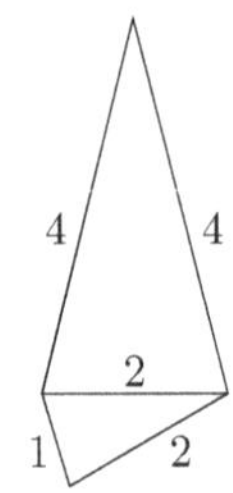


## Mit den Sätzen von Pythagoras und Thales

**L 4.31** (**B**) Wir skizzieren das rechtwinklige Dreieck einschließlich der Seitenmittelpunkte, die wir miteinander verbinden. Nach der Umkehrung des Strahlensatzes sind die vier durch das Verbinden entstandenen Dreiecke $\triangle ARQ$, $\triangle RBP$, $\triangle QPC$ und $\triangle PQR$ zueinander kongruent und ähnlich zum Ausgangsdreieck $\triangle ABC$. Dessen dritte Seitenlänge errechnen wir mithilfe des Satzes von Pythagoras. Die Hypotenuse ist $\sqrt{6^2\ \text{cm}^2 + 8^2\ \text{cm}^2} = \sqrt{100\ \text{cm}^2} = 10$ cm lang. Da die Seitenlängen des Dreiecks $PQR$ nur halb so lang sind wie jene des Ausgangsdreiecks, ist der gesuchte Umfang gleich $(3+4+5)$ cm $= 12$ cm.

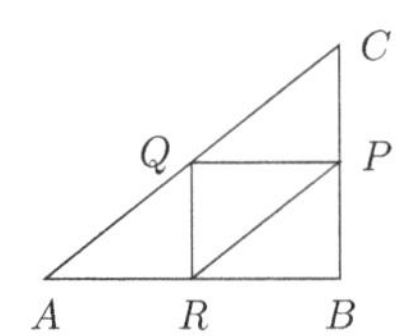


**L 4.32** (**A**) Der Abstand der Unterkante der Bilder vom Fußboden ist am geringsten, wenn der Abstand des Nagels von der Bildunterkante am größten ist. Dieser ergibt sich als Summe aus der Höhe des entsprechenden Bildes und der Höhe im gleichschenkligen Dreieck, dessen Grundlinie die Breite des entsprechenden Bildes ist, während die Schenkel die je 1 m langen Hälften des Fadens sind. Da die Bilder nur entweder 120 cm oder 160 cm breit sind, kommen als Lösung nur (**A**) und (**D**) infrage.

Im ersten Fall ist die Höhe (in m) vom Nagel bis zur oberen Bildkante nach dem Satz des Pythagoras $\sqrt{1-(0{,}6)^2} = \sqrt{1-0{,}36} = \sqrt{0{,}64} = 0{,}8$, im zweiten Fall $\sqrt{1-(0{,}8)^2} = 0{,}6$. Nach Addition der Höhe des entsprechenden Bildes erhalten wir für (**A**) $0{,}8+0{,}9 = 1{,}7$, und für (**D**) $0{,}6+1 = 1{,}6$, woraus folgt, dass (**A**) die Lösung ist.

**L 4.33** (C) Das Dreieck im Beet ist gleichschenklig. Folglich entstehen durch die Hilfslinien im Bild neun kongruente rechtwinklige, gleichschenklige Dreiecke. Die Hypotenuse dieser Dreiecke ist $16\,\text{m} : 2 = 8\,\text{m}$ lang, die Höhe halb so lang, also $4\,\text{m}$. Der Flächeninhalt des Beetes ist $9 \cdot \frac{8\,\text{m} \cdot 4\,\text{m}}{2} = 144\,\text{m}^2$.

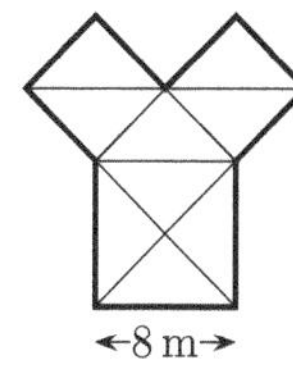


**L 4.34** (B) Es sei $M$ der gemeinsame Mittelpunkt der Kreise $k_1$ und $k_2$, $D$ sei der Berührungspunkt von $BC$ mit $k_2$. Nach dem Satz des Thales gilt damit $\measuredangle ABC = 90°$ und, da $BC$ eine Tangente ist, ist auch $\measuredangle MDC = 90°$. Also sind $AB$ und $MD$ zueinander parallel. Nach dem Strahlensatz ist dann $\frac{|\overline{CM}|}{|\overline{MD}|} = \frac{|\overline{CA}|}{|\overline{AB}|}$. Dabei ist $|\overline{CM}| = r_1$ (der Radius von $k_1$), $|\overline{CA}| = 2r_1$, $|\overline{MD}| = r_2 = \frac{r_1}{3}$ (der Radius von $k_2$) und $|\overline{AB}| = 12$. Durch Einsetzen ergibt sich $r_1 = 18$.

**L 4.35** (C) Die Schachtel ist 6 cm lang, der Radius der Münzen folglich 1 cm. Aufgrund der Symmetrie der Figur bilden die eingezeichneten Mittelpunkte ein gleichseitiges Dreieck. Die Seitenlänge dieses Dreiecks ist so lang wie vier Radien, also 4 cm. Wer die Formel für die Höhe im gleichseitigen Dreieck nicht im Kopf hat, kann die Länge der Höhe mithilfe des Satzes von Pythagoras ausrechnen:

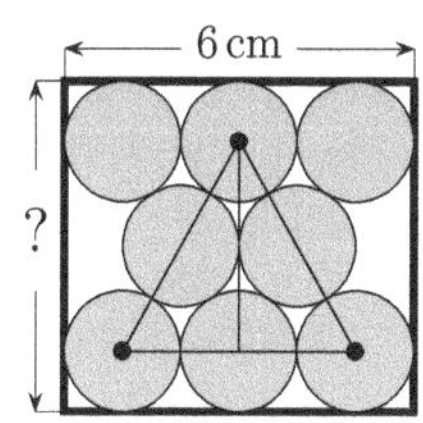


Wenn $a$ die Seitenlänge ist, so ist die Höhe $h = \frac{1}{2}\sqrt{3} \cdot a$.

In unserem Fall ist die Höhe also $\frac{1}{2}\sqrt{3} \cdot 4 = 2\sqrt{3}$. Schließlich addieren wir noch die beiden Radien, die auf jeder Seite bis zur Wand der Schachtel fehlen, und erhalten mit $2\sqrt{3} + 2$ die Lösung.

**L 4.36** (A) Die Seitenlänge des Quadrats sei $a$. Dann gilt in dem dunkelgrauen rechtwinkligen Dreieck nach dem Satz des Pythagoras:
$1^2 = (1 - a)^2 + (1 - a/2)^2$. Diese Gleichung hat die beiden Lösungen 2 und $\frac{2}{5}$. Da das gesuchte $a$ zwischen 0 und 1 liegt, ist $\frac{2}{5}$ die Lösung.

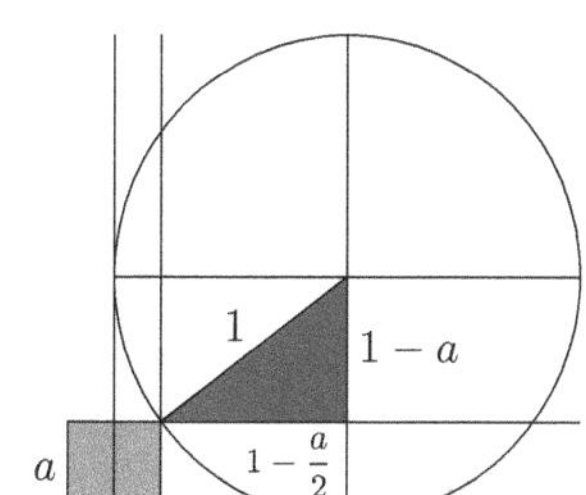


Die Lösung 2 gehört zu einem Quadrat, das ebenfalls auf der gemeinsamen Tangente liegt und die Kreise berührt, die beiden Kreise allerdings überlappt.

**L 4.37** (**C**) Im rechten oberen Ausschnitt des hellen Rechtecks in der Uhr bezeichnen wir mit $M$ den Drehpunkt der Zeiger, das ist gleichzeitig der Mittelpunkt des Rechtecks. Der Punkt $A$ gehört zur 1, $B$ zur 2 usw. Da sich die Zeiger gleichmäßig drehen, beträgt jeder Winkel bei $M$ von einer Zahl zur nächsten Zahl $360° : 12 = 30°$. $\triangle MDB$ ist gleichseitig, da $|\overline{MD}| = |\overline{MB}|$ und der Winkel $\measuredangle DMB = 2 \cdot 30° = 60°$ groß ist. Damit ist $\measuredangle ABM = 90° - 60° = 30°$ und folglich $\triangle MBA$ gleichschenklig, also $|\overline{MA}| = x$. $\triangle MAL$ ist die Hälfte eines gleichseitigen Dreiecks und folglich ist $|\overline{AL}| = \frac{x}{2}$. Nach dem Satz des Pythagoras gilt dann in $\triangle MAL$ $x^2 = \left(\frac{x}{2}\right)^2 + (6\,\text{cm})^2$, woraus $x = 4\sqrt{3}\,\text{cm}$ folgt.

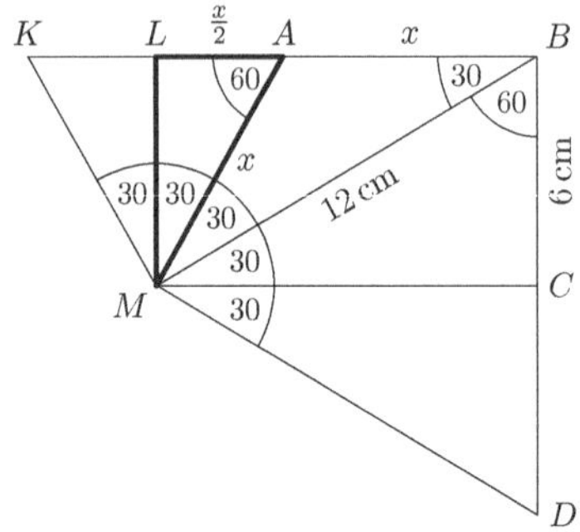


**L 4.38** (**B**) Für die Lösung benutzen wir eine Hilfsfigur, und zwar verdoppeln wir das Rechteck $ABCD$ nach unten. Da $P$ Mittelpunkt von $\overline{AB}$ ist, schneiden sich $PD$ und $BC$ im Eckpunkt $E$ des unteren Rechtecks. Nach Konstruktion ist das Dreieck $QEC$ rechtwinklig und $B$ der Mittelpunkt der Seite $\overline{EC}$. Dann gilt nach der Umkehrung des Satzes von Thales, dass $Q$ auf dem Kreis um $B$ mit dem Radius $\overline{BC}$ liegt. Also ist $|\overline{BC}| = |\overline{BQ}|$.

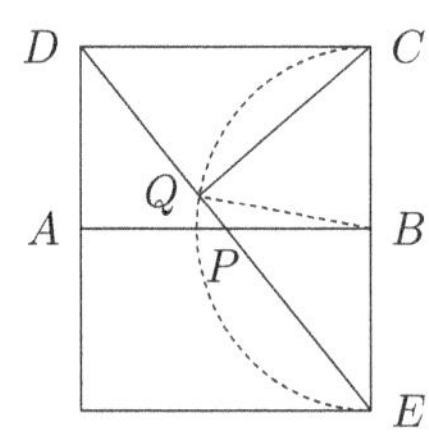


## Winkelberechnungen

**L 4.39** (**A**) Das Trapez muss die Seitenlängen 1, 1, 1 und 2 haben, wobei eine der beiden zueinander parallelen Seiten die Länge 2 hat. Durch zwei Strecken vom Mittelpunkt der längsten Seite zu den anderen beiden Eckpunkten kann das Trapez in drei gleichseitige Dreiecke zerlegt werden, denn die eingezeichneten Strecken sind offensichtlich parallel zu den Seiten des Trapezes und haben damit die Länge 1. Die beiden kleinsten Innenwinkel des Trapezes (im Bild grau markiert) sind als Winkel im gleichseitigen Dreieck beide 60° groß.

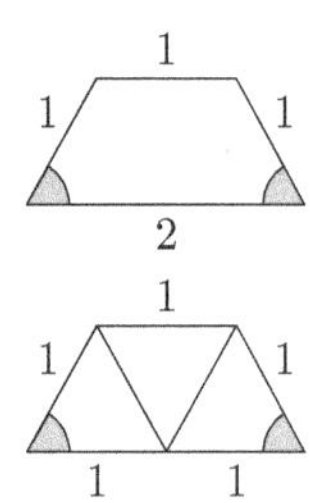


**L 4.40** (**E**) Für den Außenwinkel $\varepsilon$ des Dreiecks $BCE$ gilt $\varepsilon = \beta + \gamma$. Der gesuchte Winkel $\delta$ ist Außenwinkel des Dreiecks $ABD$, also gilt $\delta = \alpha + \varepsilon = \alpha + \beta + \gamma = 55° + 40° + 35° = 130°$.

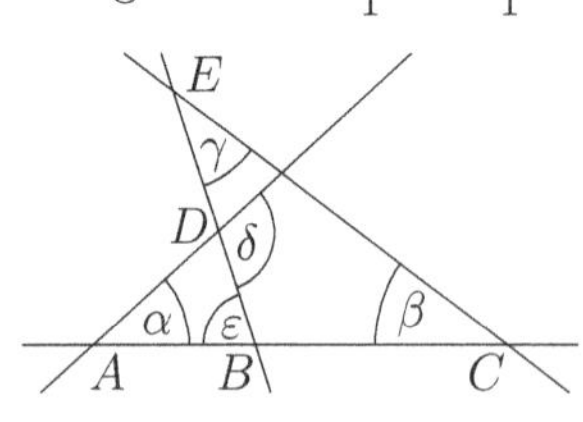

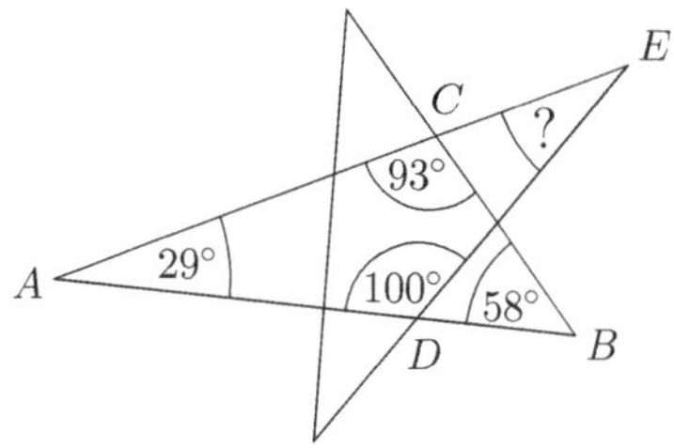


**L 4.41** (**A**) Im Dreieck $ABC$ können wir den Innenwinkel bei $A$ berechnen: $180° - 58° - 93° = 29°$. Der gesuchte Winkel ist nun der einzige unbekannte Innenwinkel im Dreieck $ADE$. Wir erhalten ihn als Differenz $180° - 100° - 29° = 51°$.

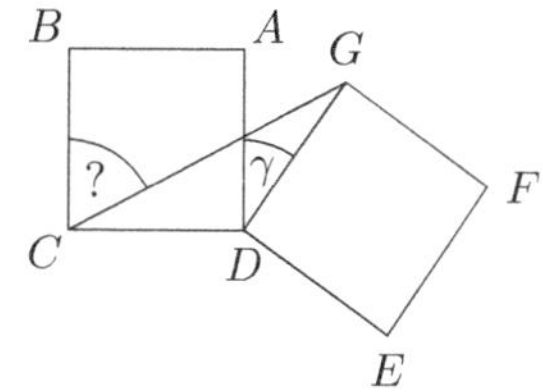


**L 4.42** (**D**) Es gilt $\measuredangle GDC = 90° + \gamma = 110°$. Das Dreieck $CDG$ ist gleichschenklig, denn $\overline{GD}$ geht durch Drehung aus $\overline{CD}$ hervor. Also ist der Basiswinkel $\measuredangle DCG = \dfrac{180° - 110°}{2} = 35°$ und $\measuredangle GCB = 90° - 35° = 55°$.

**L 4.43** (**A**) Da $\overline{CD}$ Winkelhalbierende im Dreieck $ABC$ ist, gilt $\measuredangle HCS = \alpha$. Nach dem Außenwinkelsatz, angewendet in $\triangle HSC$, ist $4\alpha = 90° + \alpha$, also $\alpha = 30°$.

Eine andere Möglichkeit, die Aufgabe zu lösen, ist die folgende: Im Dreieck $HSC$ beträgt die Winkelsumme $180° = \alpha + 90° + (180° - 4\alpha)$, woraus $\alpha = 30°$ folgt.

**L 4.44** (**E**) Wegen $|\overline{AN}| = |\overline{AC}|$ und $|\overline{BM}| = |\overline{BC}|$ sind die Dreiecke $CAN$ und $MBC$ gleichschenklig. Damit gilt $\measuredangle CNA = \measuredangle ACN$ und $\measuredangle BMC = \measuredangle MCB$. Wir berechnen $\measuredangle ACB = \measuredangle ACN + \measuredangle MCB - 43° = \measuredangle CNA + \measuredangle BMC - 43° = \measuredangle CNM + \measuredangle NMC - 43° = (180° - 43°) - 43° = 94°$.

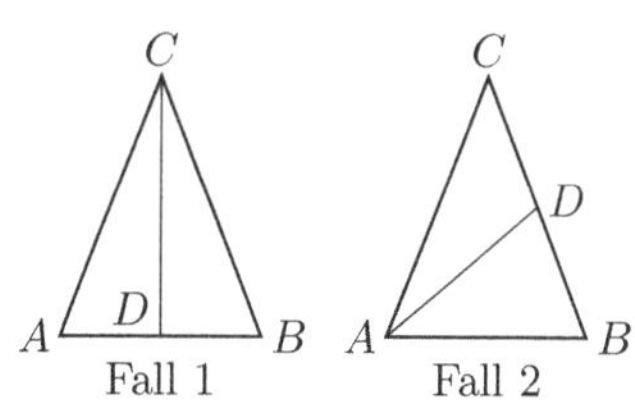


**L 4.45** (**E**) Erster Fall: Die Seitenhalbierende **halbiert die Basis** des gleichschenkligen Dreiecks $\triangle ABC$. Da die dabei entstehenden gleichschenkligen Dreiecke dann rechtwinklig sind, sind deren Basiswinkel 45° groß. Folglich ist auch $\triangle ABC$ rechtwinklig und 45° das Maß des gesuchten kleinsten Winkels in diesem Fall.
Zweiter Fall: Die Basis von $\triangle ABC$ sei $\overline{AB}$, d. h., die Winkel bei $A$ und bei $B$ sind gleich. Angenommen, die Seitenhalbierende $AD$ **halbiert den Schenkel** $\overline{BC}$ von $\triangle ABC$ und teilt dabei das Dreieck in zwei gleichschenklige Teildreiecke. Einer der Winkel $\measuredangle ADB$ oder $\measuredangle CDA$ ist $\geq 90°$ und damit der größte Winkel im entsprechenden Teildreieck. Ihm gegenüber liegt die größte Seite dieses Teildreiecks, also ist $\overline{AD}$ darin Schenkel. Folglich gilt $|\overline{AD}| = |\overline{CD}| = |\overline{BD}|$. Da $\triangle ABC$, $\triangle ABD$ und $\triangle CAD$ gleichschenklig sind, gilt $\measuredangle CBA = \measuredangle DBA = \measuredangle BAD < \measuredangle BAC = \measuredangle CBA$. Das ist ein Widerspruch.
Bis auf Ähnlichkeit gibt es also nur ein einziges Dreieck mit der geforderten Eigenschaft, der kleinste Winkel ist 45° groß.

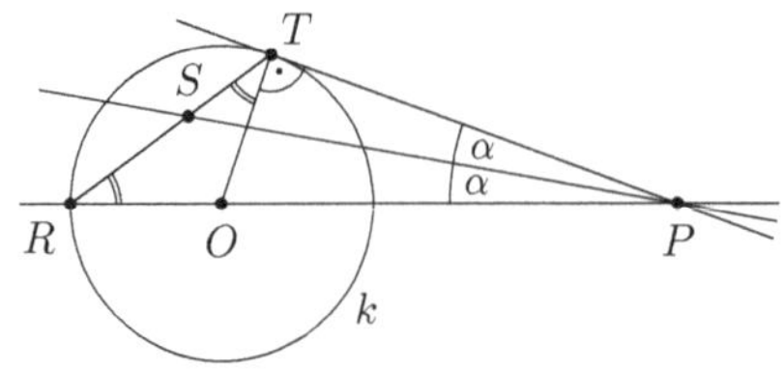


**L 4.46** (**B**) Sei $\measuredangle TPS = \measuredangle SPR = \alpha$. Wir zeichnen den Berührungsradius $OT$ ein, der senkrecht auf der Tangente $PT$ steht. Als Außenwinkel des Dreiecks $OPT$ ist $\measuredangle TOR = 90^\circ + 2\alpha$. Das Dreieck $ROT$ ist, da $RO$ und $OT$ Radien sind, gleichschenklig. Folglich ist $\measuredangle RTO = \frac{1}{2}(180^\circ - (90^\circ + 2\alpha)) = 45^\circ - \alpha$. Da die Innenwinkelsumme im Dreieck $180^\circ$ beträgt, erhalten wir für den gesuchten Winkel $\measuredangle PST$ im Dreieck $SPT$, dass $\measuredangle PST = 180^\circ - (90^\circ + (45^\circ - \alpha)) - \alpha = 45^\circ$ gilt.

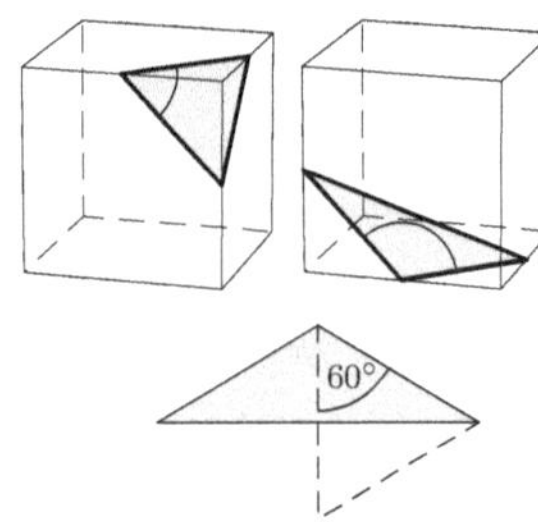


**L 4.47** (**B**) Wir bezeichnen die Seitenlänge des Würfels mit $2a$. Nach dem Satz des Pythagoras sind die Winkel des Streckenzugs abwechselnd Innenwinkel des gleichseitigen Dreiecks mit den Seitenlängen $a\sqrt{2}$ (vgl. Bild oben links) und Innenwinkel an der Spitze des gleichschenkligen Dreiecks mit Seitenlängen $a\sqrt{2}$, $a\sqrt{2}$ und $a\sqrt{6}$ (vgl. Bild oben rechts). Der Innenwinkel im gleichseitigen Dreieck beträgt $60^\circ$. In dem vorliegenden gleichschenkligen Dreieck ist die Höhe bez. der Basis gleich $\frac{a}{2}\sqrt{2}$, also halb so lang wie die Schenkel. Folglich ist ein halbes solches gleichschenkliges Dreieck ein halbes gleichseitiges Dreieck (vgl. Bild in der Mitte) und somit ist der Winkel an der Spitze des gleichschenkligen Dreiecks gleich $120^\circ$. Die Winkelsumme ist gleich $6 \cdot 60^\circ + 6 \cdot 120^\circ = 360^\circ + 720^\circ = 1080^\circ$.

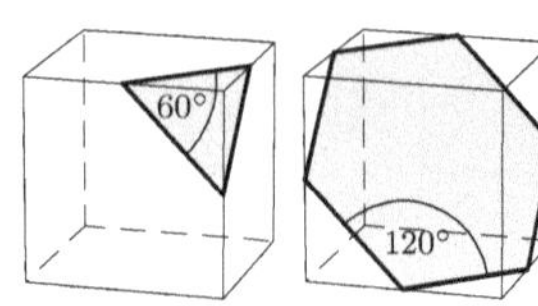


Wer ein gutes räumliches Vorstellungsvermögen hat, kann erkennen, dass die Winkel des Streckenzugs abwechselnd Innenwinkel eines gleichseitigen Dreiecks und eines regelmäßigen ebenen Sechsecks sind (vgl. untere Bilder).

## Dreiecksgeometrie

**L 4.48** (**D**) Der Flächeninhalt eines Dreiecks ist das Produkt aus Grundlinie und Höhe geteilt durch 2. Wir wählen als Grundlinie des Dreiecks $DCE$ die Quadratseite $\overline{DC}$. Damit der Flächeninhalt gleich dem des Quadrats ist, muss also die Höhe doppelt so groß sein wie eine Quadratseite. Der Abstand von $E$ zur Geraden $AB$ ist demzufolge $4\text{ cm} + 2 \cdot 4\text{ cm} = 12\text{ cm}$.

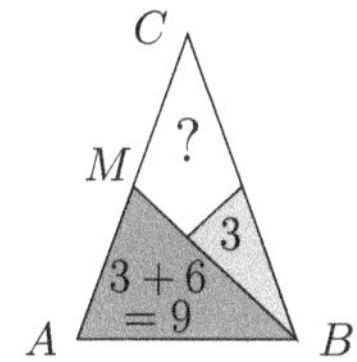


**L 4.49** (**D**) Die Dreiecke $ABM$ und $MBC$ haben denselben Flächeninhalt, da die Grundseiten $\overline{AM}$ und $\overline{MC}$ gleich lang sind und die beiden Dreiecke wegen der gemeinsamen Ecke $B$ dieselbe Höhe besitzen. Somit ist der Flächeninhalt der weißen Fläche $9 - 3 = 6$.

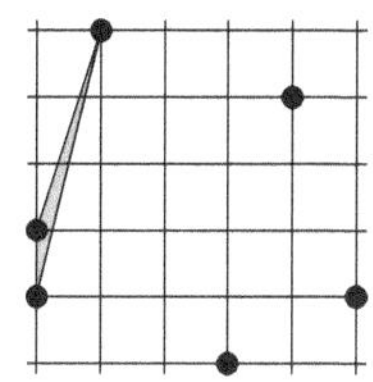

**L 4.50** (**A**) Die drei Punkte ganz links bilden ein Dreieck mit dem Flächeninhalt $\frac{1}{2}$, das ist die kleinste vorgeschlagene Zahl und damit die Lösung.
Es lässt sich sogar beweisen, dass ein Dreieck, dessen Eckpunkte Gitterpunkte sind, stets einen Flächeninhalt von mindestens $\frac{1}{2}$ hat.

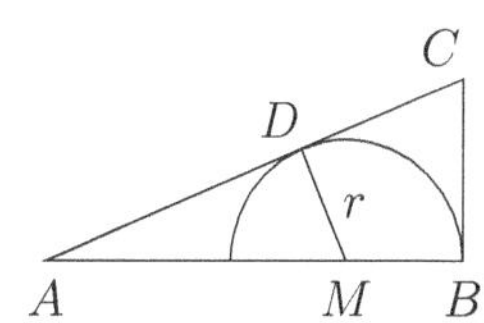


**L 4.51** (**A**) Da der Berührungsradius $\overline{MD}$ des Halbkreises senkrecht auf der Tangente $AC$ an den Halbkreis steht, ist das Dreieck $AMD$ ähnlich zum Dreieck $ABC$ (2 Winkel stimmen überein). Dann gilt nach dem Ähnlichkeitssatz die folgende Verhältnisgleichung: $|\overline{MD}| : |\overline{CB}| = |\overline{AD}| : |\overline{AB}|$, wobei $|\overline{MD}| = r$ ist. Wegen der Gleichheit der Tangentenabschnitte $|\overline{CD}| = |\overline{CB}|$ nimmt die Gleichung folgende Form an: $r : 5 = (13 - 5) : 12$ bzw. $r = \frac{8}{12} \cdot 5 = \frac{10}{3}$.

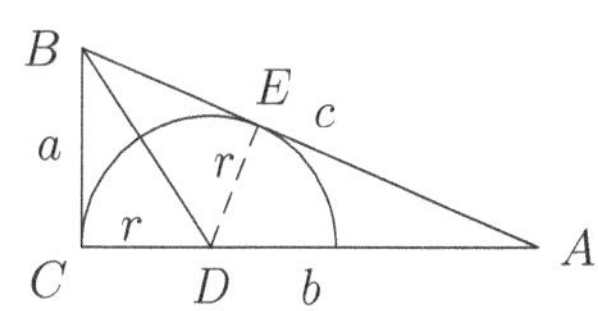


**L 4.52** (**A**) Für den Flächeninhalt $A_{\triangle ABC}$ des Dreiecks $ABC$ gilt $A_{\triangle ABC} = \frac{ab}{2}$, weiterhin ist $A_{\triangle CDB} = \frac{ar}{2}$ und $A_{\triangle DAB} = \frac{cr}{2}$, da der Radius des Halbkreises auf $\overline{AB}$ als Tangente senkrecht steht. Da die beiden Dreiecke $CDB$ und $DAB$ zusammen das Dreieck $ABC$ bilden, gilt $\frac{ab}{2} = \frac{ar}{2} + \frac{cr}{2} = \frac{(a+c)r}{2}$. Der Radius ist $r = \frac{ab}{a+c} = \frac{8 \cdot 15}{8 + 17} = \frac{24}{5}$.
Eine andere Möglichkeit, die Aufgabe zu lösen, besteht darin, den Satz des Pythagoras auf das rechtwinklige Dreieck $DAE$ anzuwenden. Die Katheten dieses Dreiecks haben die Längen $|\overline{DE}| = r$ und $|\overline{EA}| = c - a$, da wegen der Gleichheit der Tangentenabschnitte $|\overline{BE}| = a$ gilt. Die Länge der Hypotenuse ist $\overline{DA} = b - r$, und wir erhalten $r^2 + (c-a)^2 = (b-r)^2$, woraus wir durch Einsetzen und Umstellen den Radius $r$ berechnen können.

**L 4.53** (**C**) Rechts sind die Umfänge der Dreiecke und Vierecke abgesetzt gezeichnet. Wir sehen, dass die Summe der 7 Umfänge den Umfang des Ausgangsdreiecks einmal enthält und die Summe der 3 Streckenlängen im Inneren doppelt. Die Gesamtlänge der 3 inneren Strecken ist folglich die Hälfte der Summe der 7 Umfänge, von der der Umfang des Ausgangsdreiecks abzuziehen ist, also $1/2 \cdot (25\,\text{cm} + 20\,\text{cm} - 19\,\text{cm}) = 13\,\text{cm}$.

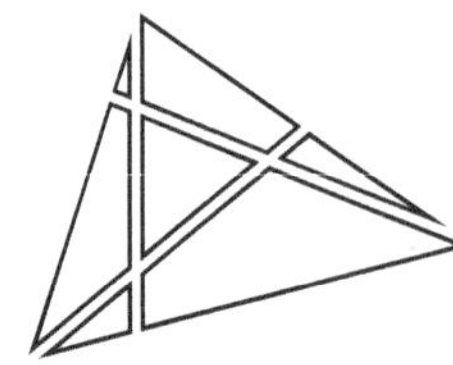

**L 4.54** (**C**) Da die beiden Dreiecke in ihren Winkeln übereinstimmen, sind sie zueinander ähnlich. In jedem Dreieck liegt die längste Seite dem größten Winkel gegenüber und die kürzeste dem kleinsten. Die gemeinsame Seite $\overline{AC}$ ist also sowohl die kürzeste Seite des unteren Dreiecks als auch die mittlere Seite im oberen Dreieck. Also ist – wegen der Ähnlichkeit der beiden Dreiecke – die längste Seite im unteren Dreieck länger als die längste Seite im oberen Dreieck, und damit die längste der 5 Strecken überhaupt. Das ist $\overline{AB}$.

## 4.2 Räumliche Geometrie

### Räumliches Vorstellungsvermögen

**L 4.55** (**C**) Wenn Else um Hakim herumgegangen ist, sieht sie den grauen Ring links, und der weiße Ring ist im unteren Teil vor dem grauen, im oberen Teil hinter dem dunklen Ring.

**L 4.56** (**C**)

**L 4.57** (**A**) In jeder Spalte sind so viele Würfel zu sehen, wie die größte Zahl in der Spalte angibt, also von links nach rechts 4, 3, 3, 2. Von hinten ist die Reihenfolge umgekehrt, so wie es in Bild (**A**) zu sehen ist.

**L 4.58** (**E**) Bild (**A**) zeigt die Ansicht von vorn und hinten, (**B**) die von links, (**C**) die von unten und (**D**) die von oben. Bild (**E**) zeigt keine Ansicht der Pyramide.

**L 4.59** (**B**) Die Abbildung rechts zeigt ein Bild des Körpers, dessen Ansicht von vorn und von oben gegeben war. Damit ist klar, dass die Ansicht von links dem Bild (**B**) entspricht.

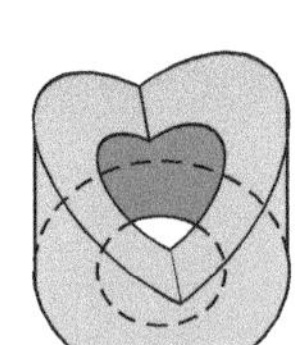

## Passender Baustein gesucht

**L 4.60** (**D**) Im Quader sind drei Bausteine verbaut, wovon zwei vollständig zu sehen sind. Dementsprechend sind alle 4 Würfel des gesuchten Bausteins in der hinteren Hälfte des Quaders. Dann kann der gesuchte Baustein nur (**D**) sein.

**L 4.61** (**D**) Im Bild rechts sind die vordere und hintere Schicht des Quaders abgebildet. Das gestreifte Teil hat die Form (**D**).

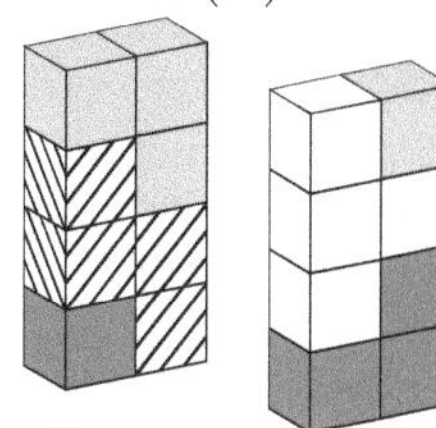

**L 4.62** (**B**) Die Abbildung zeigt die vordere und die hintere Schicht des Quaders. Der gesuchte Baustein ist (**B**).

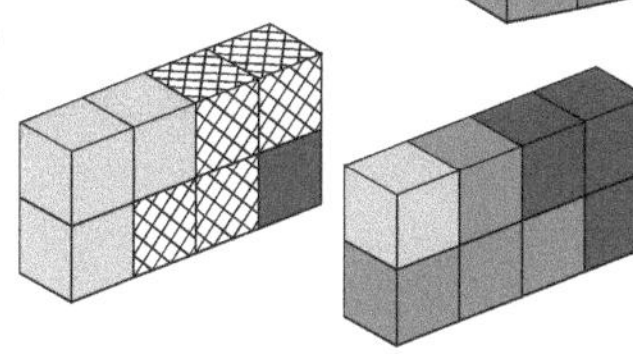

**L 4.63** (**B**) Wenn der hellgraue Stein aus einer Dreierreihe und dem vierten Stein in der Mitte besteht, so hat der karierte Stein die Form 1 (linkes Bild). Ist beim hellgrauen Stein der vierte Würfel nicht in der Mitte, sondern außen angesetzt, so muss der gestreifte Baustein die Form 4 haben (rechtes Bild).

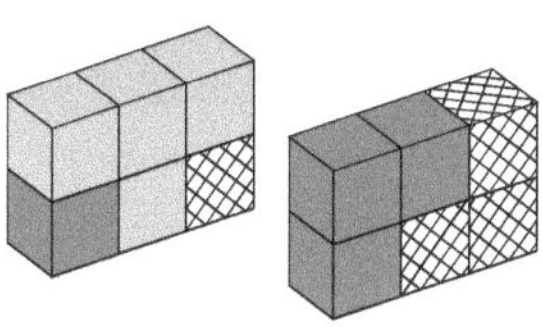

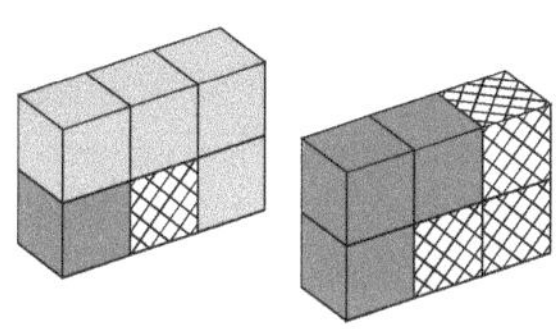

## Würfelei

**L 4.64** (**B**) Es sind 9 von 25 Säulen stehengeblieben. Also wurden 16 Säulen zu je 4 Würfeln entfernt. Das sind insgesamt $16 \cdot 4 = 64$ Würfel.

**L 4.65** (**C**) Es fehlt in der hinteren Würfelreihe ein Würfel, und in den beiden anderen Würfelreihen fehlen jeweils 3 Würfel. Insgesamt fehlen Hagen zu Michas komplettem Würfel also $1 + 2 \cdot 3 = 7$ Würfel.

**L 4.66** (**A**) Ein Würfel, der die dreifache Kantenlänge der kleinen Würfel hat, besteht aus insgesamt $3 \cdot 3 \cdot 3 = 27$ kleinen Würfeln. Also müssen noch $27 - 7 = 20$ kleine Würfel ergänzt werden.

**L 4.67** (**C**) Der in der hinteren unteren Ecke versteckte Würfel stößt mit drei anderen Würfeln mit einer Seitenfläche aneinander: oben mit dem gestreiften, links vorn mit dem grauen und rechts vorn mit dem weißen. Folglich ist der gesuchte Würfel der schwarze.

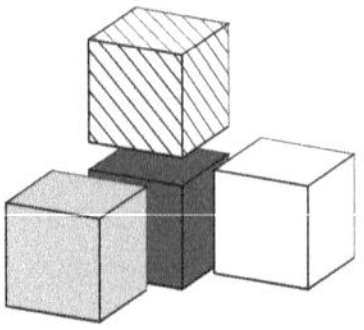

**L 4.68** (**E**) An jeder der acht Ecken des Holzwürfels entstehen durch das Heraussägen der kleinen Würfel drei Flächen, die zu den sechs Flächen, die der große Würfel hat, hinzukommen. Folglich hat der neu entstandene Körper dann insgesamt $6 + 8 \cdot 3 = 30$ Flächen.

**L 4.69** (**D**) Damit die Ansicht von vorn und von der rechten Seite entstehen kann, dürfen in der obersten Schicht gewiss nicht mehr als die vier Eckwürfel vorhanden sein (siehe linkes Bild). Damit die Ansicht von oben dieselbe wie von vorn und rechts ist, sind auf jeden Fall von einer der vier mittleren senkrechten Reihen die beiden noch vorhandenen Würfel zu entfernen (siehe rechtes Bild). Insgesamt fehlen dann 7 Würfel.

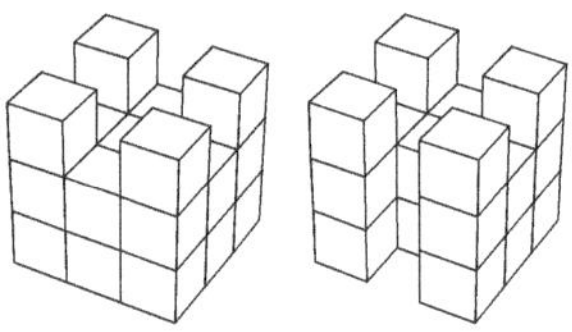

**L 4.70** (**D**) Wie man sich überlegen kann, kann die Ansicht im rechten Bild nur entstehen, wenn der Würfel im linken Bild 90 Grad nach links gedreht wird. Wir zählen alle weißen Würfel, die wir sehen. Die Differenz zu $3 \cdot 3 \cdot 3 = 27$ ist die maximale Anzahl der grauen Würfel, denn alle, die wir nicht sehen können, könnten grau sein. Auf dem linken Bild sind 15 weiße Würfel zu sehen. Einige davon finden wir auch im rechten Bild wieder. Es kommen jedoch sicher noch drei weiße Würfel dazu. Höchstens 9 graue Würfel können es sein.

**L 4.71** (**E**) Wie man sich überlegen kann, kann die Ansicht im rechten Bild nur entstehen, wenn der Würfel im linken Bild einmal nach rechts vorne gerollt wird. Im linken Bild sind 5 graue Würfel zu sehen und 8 Würfel sind nicht sichtbar. Von diesen 8 Würfeln sehen wir 4 im rechten Bild, einer davon ist grau. Weiter können höchstens noch die 4 in beiden Bildern nicht sichtbaren Würfel grau sein. Insgesamt sind es also höchstens $5 + 1 + 4 = 10$ graue Würfel.

## Würfelnetze

**L 4.72** (**E**) Der fertige Würfel gehört zum Würfelnetz (**E**). Das Entstehen der 4 schwarzen Ecken ist in der nebenstehenden Zeichnung zu erkennen.

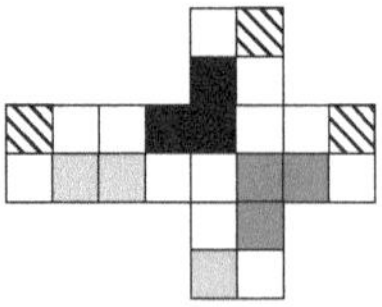

**L 4.73** (A) Schauen wir uns die Angaben etwas genauer an, so stellen wir fest, dass wir von Seite D schnell wissen können, wie sie zu allen Seiten liegt, denn sie ist mit den Seiten A, B, E und F benachbart, liegt also Seite C gegenüber. Stellen wir uns den Würfel auf der Seite D stehend vor, dann bilden die Seiten A, B, E und F die Seitenflächen, Seite C die Deckfläche. Da Seite A mit den beiden Seitenflächen B und E benachbart ist, muss sie der Seite F gegenüberliegen.

**L 4.74** (C) Bei vier Netzen ergeben die jeweils vier Dreiecke zusammen zwei vollständige Würfelflächen. Bei Netz (C) fügen sich zwar die oberen Dreiecke zu einer Würfelfläche zusammen, die unteren überlappen sich jedoch. Um sich dies gut vorstellen zu können, empfiehlt es sich, das Netz um ein Feld zu verschieben, sodass die beiden Würfelseiten, an denen je zwei Dreiecke hängen, nebeneinander sind. Am besten allerdings ist es wohl, wenn man die Netze ausschneidet und die Würfel zu falten versucht.

**L 4.75** (C) Wir stellen uns vor, dass die bezeichneten Felder auf einen Papierstreifen gezeichnet sind. Wir halten den Würfel in Gedanken fest und wickeln den Streifen um den Würfel, wie es im Bild rechts zu sehen ist (dabei ist der Würfel leicht gedreht). Feld A liegt auf der rechten Seite des Würfels, B oben und C links. D bedeckt die hintere Fläche, E die rechte (genauso wie A) und schließlich F die untere und G die vordere. Nur auf A und E kommt dieselbe Seitenfläche des Würfels zu liegen, wenn er über die Felder gerollt wird.

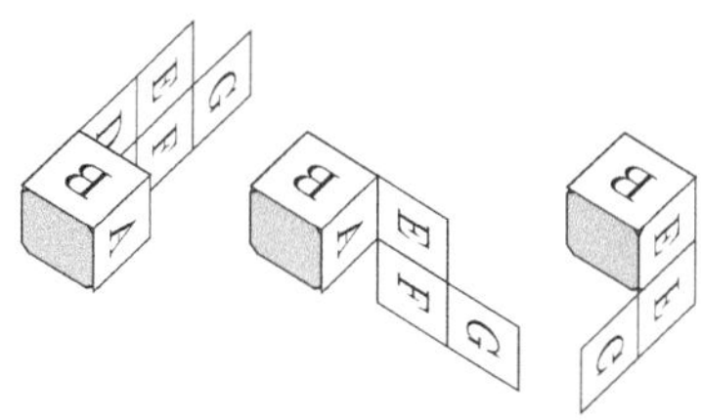

**L 4.76** (E) Wir stellen uns vor, dass die bezeichneten Felder auf einem Papierstreifen gezeichnet sind. Wir halten den Würfel in Gedanken fest und wickeln den Streifen um den Würfel, wie es im Bild rechts zu sehen ist. Feld A liegt auf der linken Seite des Würfels, B oben und C vorn. D bedeckt die rechte Seite, E die untere, F die hintere und schließlich G die obere – genauso wie B. Nur auf B und G kommt beim Abrollen auf den Feldern dieselbe Seitenfläche des Würfels zu liegen.

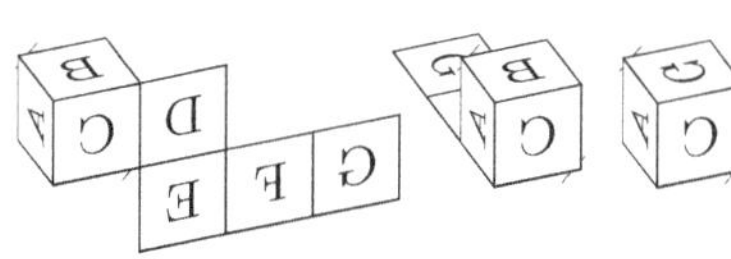

## Eigenschaften von Körpern

**L 4.77** (E) Ein Prisma, dessen Grundfläche ein $n$-Eck ist, besitzt $(n+2)$ Flächen ($n$ Mantelflächen, Deckfläche und Grundfläche) und $3n$ Kanten. Ein Prisma mit 2013 Flächen hat als Grundfläche ein 2011-Eck und besitzt folglich 6033 Kanten.

**L 4.78** (**A**) Der zweite Quader ist um einen Quader kleiner als der erste Quader. Bei (**A**) hat dieser Quader die Maße $1 \times b \times c$, bei (**B**) $a \times 1 \times c$ und bei (**C**) $a \times b \times 1$. Die zugehörigen Volumina sind $bc$, $ac$ und $ab$, von denen $bc$ wegen $a < b < c$ am größten ist. Also ist das Volumen des zweiten Quaders im Fall (**A**) am kleinsten.

**L 4.79** (**D**) Da der Umfang der Grundfläche des großen Zylinders doppelt so groß ist wie der des kleinen, ist auch der Radius doppelt so groß. Folglich ist der Flächeninhalt der Grundfläche des großen Zylinders viermal so groß wie der Flächeninhalt der Grundfläche des kleinen. Da beide Zylinder dieselbe Höhe haben, ist das Volumen des großen das Vierfache des kleinen.

**L 4.80** (**C**) Die Schnittebenen verlaufen stets durch Flächenmittelpunkte des Würfels. Werden die Ecken nacheinander abgeschnitten, so entsteht ein Oktaeder. Seine Eckpunkte sind genau die Mittelpunkte der Seitenflächen des ursprünglichen Würfels (Oktaeder und Würfel sind zueinander duale Platonische Körper). In der Bildfolge ist das sukzessive Ecken-Abschneiden dargestellt:

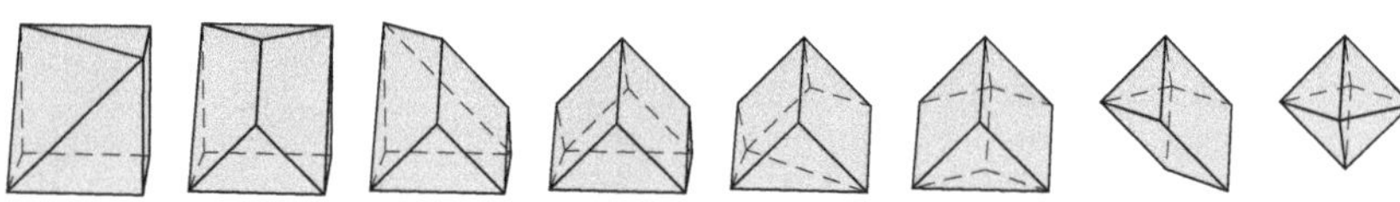

## 4.3 Geometrisches Allerlei

### Orientierung in Ebene und Raum

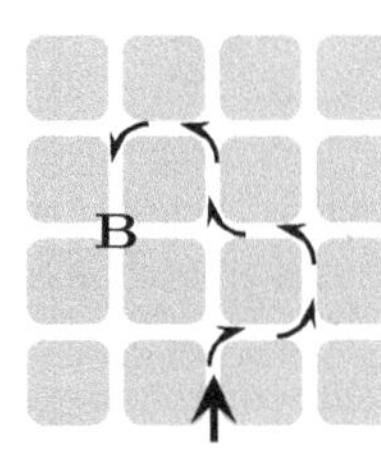


**L 4.81** (**B**) Wir haben den Weg, den Paco mit seinem Hund geht, aufgezeichnet. Nach der letzten Linkskurve ist Paco bei **B**.

**L 4.82** (**B**) Nick muss mindestens 4 Linkskurven fahren. Ein möglicher Weg ist rechts abgebildet.

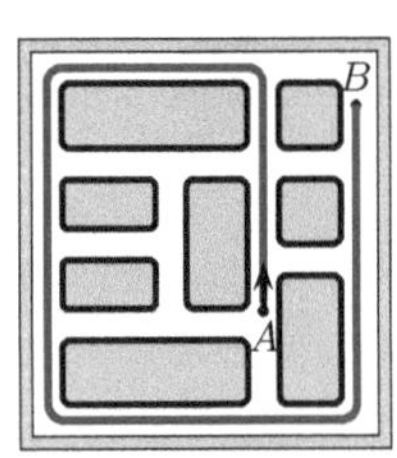


**L 4.83** (**B**) Walli wandert insgesamt 4 m nach Westen und 2 m nach Süden. Willi wandert ebenfalls 4 m nach Westen, nach Süden jedoch 3 m, also einen Meter weiter. Dann muss er 1 m nach Norden wandern, um bei seiner Walli zu landen.

**L 4.84** (**A**) Zu Beginn berühren sich der höchste Punkt der festliegenden Münze und der Fußpunkt der rollenden Münze. Nachdem die rollende Münze im gestrichelt gezeichneten Kreis angekommen ist, ist der Berührungspunkt bei der festliegenden Münze derjenige, der genau einen Viertelkreis vom Anfangsberührungspunkt entfernt ist. Da die beiden Münzenumfänge aneinander abrollen, muss der Berührungspunkt der gerollten Münze ebenfalls einen Viertelkreis vom Anfangsberührungspunkt entfernt sein. Folglich liegt die gerollte Münze auf dem Kopf, das Tangramkänguru zeigt mit der Hand, die am Anfang nach rechts gezeigt hat, nun nach links.

**L 4.85** (**B**) Die kleinste Anzahl von Gleisteilen, die für eine geschlossene Fahrstrecke benötigt wird, ist 12. Mit 12 Teilen erhält man gerade Finns Kreis. Jede andere *geschlossene* Fahrstrecke aus solchen Teilen muss 12 Teile enthalten, die für sich genommen einen Kreis bilden. Von den restlichen muss die Hälfte in Fahrtrichtung nach links, die andere Hälfte nach rechts zeigen, damit sich die Kurven insgesamt ausgleichen. Da Manjas Startteile in verschiedene Richtungen zeigen, muss ihre geschlossene Fahrstrecke noch mindestens die 12 weiteren Teile enthalten, die für sich genommen einen Kreis bilden. Gäbe es jedoch nur diese 12 als zusätzliche Teile, würden sich diese zu einem Kreis schließen, ohne dass Manjas Startteile darin Platz finden würden. Also muss Manjas Fahrstrecke aus mindestens 16 Teilen bestehen. Das ist möglich, wie im Bild zu sehen ist.

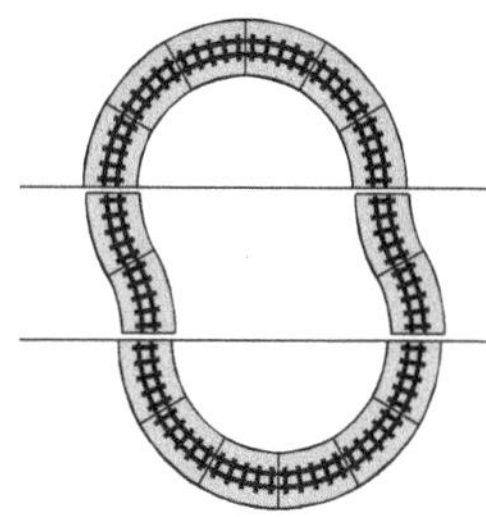

**L 4.86** (**C**) Wir sehen (**A**), wenn wir von vorn oder hinten auf den Würfel schauen. Wir sehen (**B**), wenn wir von rechts oder links schauen. Wir sehen (**D**), wenn wir zur rechten Seite gehen und dann von oben schauen. Wir sehen (**E**), wenn wir in derselben Position von unten schauen. (**C**) ist keine Ansicht dieses Würfels.

**L 4.87** (**A**) In der Abbildung stimmen beim ersten und vierten Würfel die Deckfläche und eine der Seitenflächen überein. Die beiden anderen Seitenflächen liegen folglich einander gegenüber. Die Unterseite des Quaders ist in Bild (**A**) zu sehen.

## Wer kann gut falten?

**L 4.88** (**D**) In der Abbildung ist der Faltprozess dargestellt. Es entsteht ein regelmäßiges Sechseck.

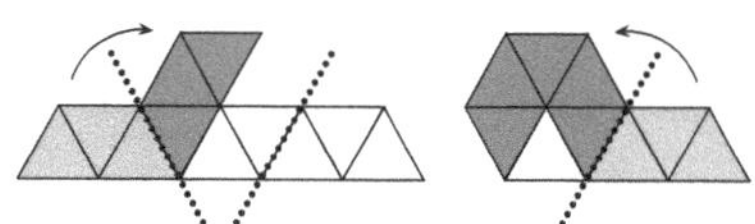

**L 4.89** (**A**) Wir stellen uns vor, dass wir beim dreimal gefalteten Papier die Ecke abschneiden und dann Stück für Stück das Achteck wieder auseinanderfalten. Wir erhalten das Bild (**A**).

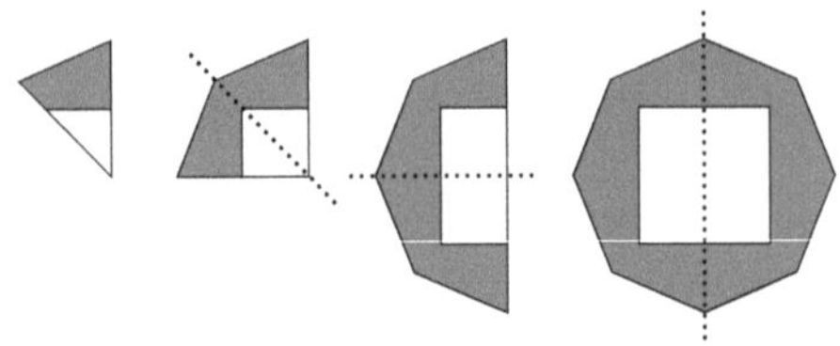

**L 4.90** (**D**) In Gedanken falten wir die Blätter in den fünf Antwortmöglichkeiten zusammen und überlegen, wie die Muster entstanden sein könnten. Bei (**D**) reichen zwei gerade Schnitte nicht aus.

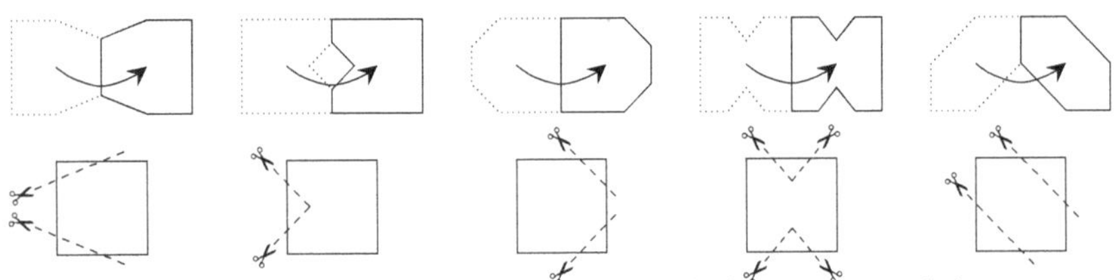

(**A**) (**B**) (**C**) (**D**) (**E**)

**L 4.91** (**D**) Die beiden grau gefärbten Vierecke sind zueinander kongruente Rechtecke. Die längere Seite ist bei diesen Rechtecken halb so lang wie die Quadratseite, die kürzere ist so lang wie ein Viertel der Quadratseite. Die Quadratseite ist, da der Flächeninhalt $64\,\text{cm}^2$ beträgt, $8\,\text{cm}$ lang. Daraus ergibt sich, dass der gesuchte Flächeninhalt gleich $2 \cdot 4\,\text{cm} \cdot 2\,\text{cm} = 16\,\text{cm}^2$ groß ist.

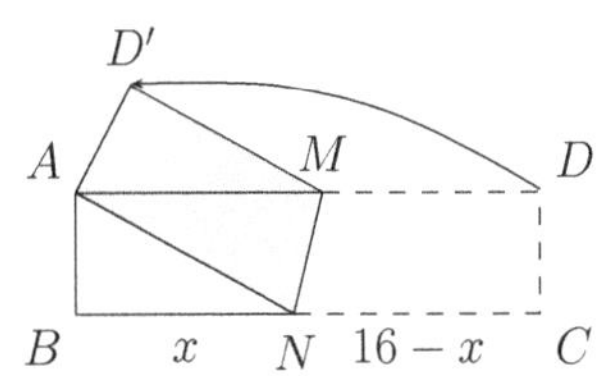


**L 4.92** (**D**) Die Dreiecke $\triangle AMD'$ und $\triangle ANB$ sind zueinander kongruent, denn sie stimmen in einer Seite ($|\overline{AB}| = |\overline{AD'}|$) und zwei Winkeln überein (den rechten Winkeln $\measuredangle AD'M = \measuredangle NBA$ sowie den Winkeln $\measuredangle D'MA = \measuredangle ANB$ als Winkel an geschnittenen Parallelen und Ergänzungswinkeln zu 90°). Also ist $|\overline{AM}| = |\overline{AN}|$ und auf Grund der Konstruktion gleich $|\overline{NC}|$. Wir setzen $|\overline{BN}| = x$. Dann ist $|\overline{AN}| = 16 - x$, (alle Angaben in cm). Nach dem Satz des Pythagoras in $\triangle BNA$ ist nun $(16-x)^2 = 4^2 + x^2$, woraus wir $x = \frac{15}{2}$ ausrechnen. Der gesuchte Flächeninhalt $A_{ABNMD'}$ ist die Summe aus dem der Trapezfläche $A_{BNMA}$ und der Dreiecksfläche $A_{\triangle AMD'} = A_{\triangle BNA}$. Also gilt:

$$A_{ABNMD'} = \frac{x + (16-x)}{2} \cdot 4 + \frac{4x}{2} = 32 + 15 = 47$$

## Gedrehtes und Symmetrisches

**L 4.93** (**E**)

**L 4.94** (**D**) Wir zählen die Strahlen des Sterns, es sind 9 wie im Ausschnitt (**D**).

**L 4.95** (**A**) Es entsteht Bild (**A**).

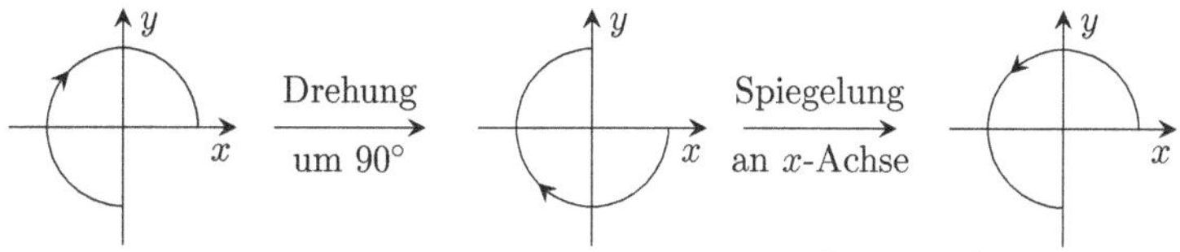


**L 4.96** (**C**) Im regulären Fünfeck misst jeder Innenwinkel 108°. Die Innenwinkelsumme im Viereck $ABCD$, das in der Abbildung rechts markiert ist, beträgt 360°. Für $\measuredangle ADC = \alpha$ ergibt sich auf diese Weise $\alpha = 360° - 3 \cdot 108° = 36°$. Der Rand der Fläche, auf der der Flügel stehen soll, besteht aus $\frac{360°}{36°} = 10$ Marmor-Fünfecken.

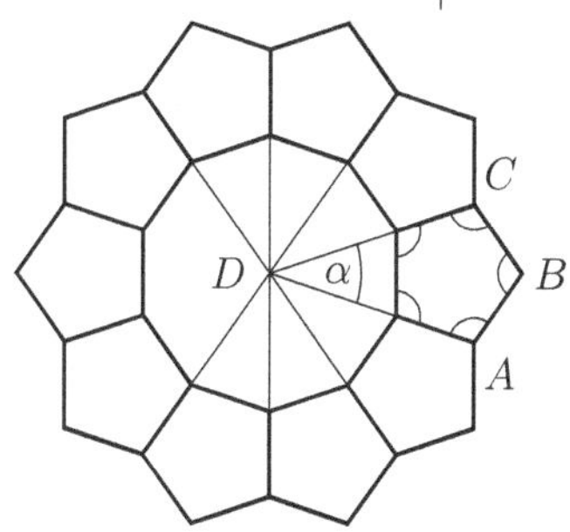


**L 4.97** (**A**) Die Figur, die nach einer Drehung um 3° zu zeichnen ist, unterscheidet sich offensichtlich von der Ausgangsfigur, und dies trifft auch für die um weitere 9°, also insgesamt um 12° gedrehte Figur zu sowie für die um $3° + 9° + 27° = 39°$ gedrehte. Bei der nun folgenden Figur beträgt die Gesamtdrehung $39° + 81° = 120°$. Das um 120° gedrehte *gleichseitige* Dreieck geht in sich selbst über, es muss nicht erneut gezeichnet werden.

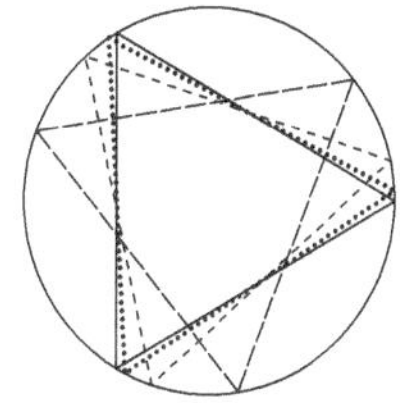

Wie geht es nun weiter? Allgemein ist um $(3 + 3^2 + 3^3 + \ldots + 3^n)$ Grad zu drehen. Die Fälle $n = 0, 1, 2, 3, 4$ haben wir bereits betrachtet, nun kommt der Fall $n > 4$. Wir schreiben $n = 4k + r$, worin $r$ eine der Zahlen 0, 1, 2 oder 3 ist. Die Summe $3 + 3^2 + 3^3 + 3^4 + \ldots + 3^{4k+r}$ können wir dann aufteilen in die Summe der ersten $r$ Summanden und die der folgenden $4k$ Summanden. Die zweite Summe lässt sich folgendermaßen schreiben: $3^r \cdot \left(3 + 3^2 + 3^3 + 3^4 + \ldots + 3^{4k}\right) =$
$3^r \cdot \left((3 + 3^2 + 3^3 + 3^4) + 3^4 \cdot (3 + 3^2 + 3^3 + 3^4) + \ldots + 3^{4(k-1)} \cdot (3 + 3^2 + 3^3 + 3^4)\right)$
$= 3^r \cdot N\,(3 + 3^2 + 3^3 + 3^4) = 3^r \cdot N \cdot 120$. Das heißt, dass die zweite Summe ein Vielfaches (mit $3^r \cdot N$ bezeichnet) einer Drehung um 120° ist, das Dreieck also in sich überführt. In Abhängigkeit von $r$ findet also im allgemeinen Fall eine Drehung des Ausgangsdreiecks um entweder 3°, 12°, 39° oder 120° statt. Gezeichnet werden müssen also neben dem Ausgangsdreieck nur das um 3°, um 12° und um 39° gedrehte Dreieck, insgesamt also vier Dreiecke.

**L 4.98** (**B**) In der Abbildung ist zum einen zu sehen, in welcher Position sich der Punkt nach $n$ Drehungen des Dreiecks befindet und zum anderen, auf welchem Weg sich der Punkt bewegt. Die dicker gezeichneten Kreissegmente durchläuft der Punkt je zweimal und die anderen Segmente jeweils einmal. Nach 12 Drehungen haben Dreieck und Punkt ihre Ausgangslage wieder erreicht. Bei 4 dieser 12 Drehungen bewegt sich der Punkt nicht. Bei den anderen 8 Drehungen wandert der Punkt jeweils auf einem Kreis mit Radius 1 um $30° + 180° = 210°$ weiter. Das ist $\frac{210}{360} = \frac{7}{12}$ des Kreisumfangs $2\pi$. Bei der beschriebenen Bewegung legt der Punkt also einen Weg der Länge $8 \cdot \frac{7}{12} \cdot 2\pi = \frac{28}{3}\pi$ zurück.

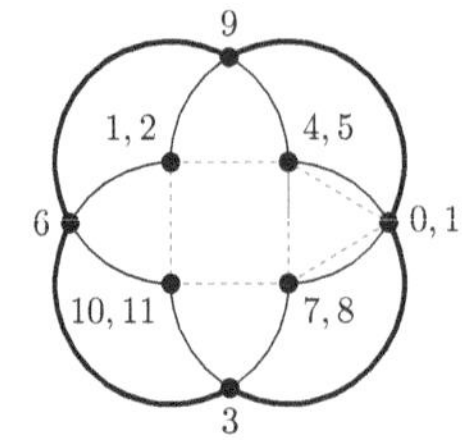


**L 4.99** (**C**) Zur Lösung dieser Aufgabe sind keine komplizierten Rechnungen oder Formeln nötig, ein gutes räumliches Vorstellungsvermögen genügt. Wir denken uns eine zur $x$- und $y$-Achse senkrecht stehende $z$-Achse. Dann schneidet $E_x$ die $z$-Achse in den Punkten $(0; 0; b)$ und $(0; 0; -b)$, $E_y$ schneidet die $z$-Achse in den Punkten $(0; 0; a)$ und $(0; 0; -a)$. Da $a \neq b$ gilt, ist sicher $E_x \neq E_y$. Außerdem passt $E_y$, da $a > b$ gilt, vollständig in $E_x$ hinein. Also ist $V_x > V_y$.

## Geometrie im Koordinatensystem

**L 4.100** (**E**) Wir gehen systematisch vor. In der 1. Spalte ist nur das Feld A2 ausgemalt. Folglich kommen von den Tafeln nur (**B**), (**D**) und (**E**) infrage. In der 2. Spalte sind alle 3 Felder ausgemalt. Damit kann es nicht Tafel (**D**) sein. Und das Feld C3 ist nun nur noch in Tafel (**E**) ausgemalt.

**L 4.101** (**D**) Wir verwenden, dass die Diagonalen im Quadrat gleich lang sind, einander halbieren und aufeinander senkrecht stehen. Daraus folgt, dass die anderen beiden Eckpunkte dieselbe $x$-Koordinate haben. Diese liegt genau auf der Hälfte zwischen den $x$-Koordinaten der beiden gegebenen Eckpunkte, ist also gleich 2. Da die Länge der Diagonalen 6 ist, sind die $y$-Koordinaten der nicht gegebenen Eckpunkte 3 und $-3$. Der gesuchte Eckpunkt ist $(2; 3)$.

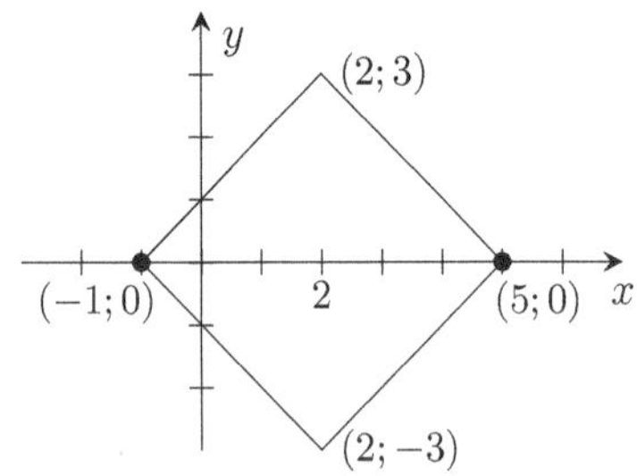

**L 4.102** (**B**) Für jeden der Punkte $A, B, C, D$ sind die $x$- und die $y$-Koordinate negativ. Der Bruch $\frac{y}{x}$ wird also am größten, wenn $y$ so klein und $x$ so groß wie möglich ist. Der Punkt mit dem größten Quotienten ist also $B$. – Eine zweite Lösungsmöglichkeit ist folgende: $\frac{y}{x}$ ist der Anstieg der Geraden durch $(0,0)$ und $(x,y)$. Von den Ursprungsgeraden, die durch einen der vier Punkte gehen, hat die durch $B$ den größten Anstieg.

**L 4.103** (**C**) Der gesuchte Punkt ist (**C**), die Lösung lässt sich mit derselben Lösungsidee, die bei Aufgabe 4.102 angewandt wurde, erreichen.

**L 4.104** (**A**) Wir versuchen zunächst herauszufinden, wie die drei gegebenen Punkte zueinander liegen. Dazu beachten wir, dass zwei Eckpunkte eines Würfels der Kantenlänge $a$ einen von drei möglichen Abständen zueinander haben können: $a$, wenn sie Endpunkte einer Kante des Würfels sind; $a\sqrt{2}$, wenn sie Endpunkte einer Flächendiagonalen sind; $a\sqrt{3}$, wenn sie Endpunkte einer Raumdiagonalen sind. $P$ und $Q$ haben den Abstand $\sqrt{(3-5)^2+(4-2)^2+(1-9)^2} = \sqrt{72}$, $P$ und $R$ haben den Abstand $\sqrt{(3-1)^2+(4-6)^2+(1-5)^2} = \sqrt{24}$ und $Q$ und $R$ haben den Abstand $\sqrt{(5-1)^2+(2-6)^2+(9-5)^2} = \sqrt{48}$. Da nun diese drei Abstände voneinander verschieden sind und $\sqrt{24}$ die kleinste der drei Zahlen ist, gilt $a = \sqrt{24}$. Wegen $|\overline{PQ}| = a\sqrt{3}$ sind die Punkte $P$ und $Q$ Endpunkte einer Raumdiagonalen und der Mittelpunkt des Würfels ist folglich gerade der Mittelpunkt der Strecke $\overline{PQ}$. Die gesuchten Koordinaten des Würfelmittelpunkts sind also das arithmetische Mittel der entsprechenden Koordinaten der Punkte $P$ und $Q$: $((3+5)/2; (4+2)/2; (1+9)/2) = (4; 3; 5)$.

# 5 Kryptisches, Logisches, Magisches

## 5.1 Logisches mit und ohne Zahlen

### Logik führt zur Lösung

**L 5.1** (B) Es ist denkbar, dass zunächst von jeder der vier Sorten *eine* Tulpe aufblüht. Erst wenn die fünfte Tulpe aufblüht, ist *ganz bestimmt* eine Farbe doppelt zu sehen.

**L 5.2** (D) Der älteste der vier Jungen wurde am 19. April geboren. Da Egon und Artur im selben Monat geboren wurden, sind ihre Geburtsdaten der 12. Juni und der 25. Juni. Keiner der beiden ist der älteste. Artur hat außerdem dasselbe Tagesdatum wie Ivo, also ist er am 12. Juni und Ivo am 12. Mai geboren. Ivo ist also auch nicht der älteste. Folglich ist Ole am ältesten.

**L 5.3** (A) Da es heute regnet, hat an den beiden Tagen davor, also gestern und vorgestern, die Sonne geschienen. Morgen und auch übermorgen regnet es sicher nicht, denn andernfalls wäre heute ein Sonnentag. Außerdem ist der 5. Tag von vorgestern an gerechnet ein Sonnentag – und dieser ist der 3. Tag von heute an gerechnet. Also ist keiner der kommenden 3 Tage ein Regentag.

Übrigens sind nicht nur die kommenden 3 Tage, sondern sogar die kommenden 4 Tage regenfrei.

**L 5.4** (A) Burschen, die durch ihre Hände miteinander verbunden sind, bilden jeweils eine Gruppe, wobei eine solche Gruppe möglicherweise auch nur aus einem einzigen Burschen bestehen kann. In jeder solchen Gruppe gibt genau der ganz rechts außen Stehende einem Mädchen die rechte Hand – ebenso wie der ganz links außen Stehende seine linke Hand einem Mädchen gibt. Da genau 18 Burschen ihre rechte Hand einem Mädchen geben, gibt es genau 18 solche Gruppen. Folglich geben genau 18 Burschen die linke Hand einem Mädchen.

**L 5.5** (E) Öffnen wir in 4 der zweigliedrigen Kettenstücke *beide* Glieder, so reichen bereits diese 8 offenen Kettenglieder aus, um die restlichen 8 zweigliedrigen Kettenstücke zu der 24-gliedrigen Kette zu verbinden. Wir zeigen nun noch, dass es nicht weniger als 8 Kettenglieder sein können. Dazu denken wir uns die Kette in 8 dreigliedrige Kettenstücke zerlegt. In jedem dieser dreigliedrigen Kettenstücke muss in der Entstehung der Kette mindestens ein Glied geöffnet worden sein, denn es standen nur zweigliedrige Kettenstücke zur Verfügung. Also genügt es nicht, weniger als 8 Glieder zu öffnen.

**L 5.6** (C) Zwischen der frühesten und der spätesten Anzeige der Uhren liegen 9 Minuten. Da die Vor- und Nachgehzeiten in Minuten 2, 3, 4 und 5 sind, ist klar, dass die 9 Minuten Abstand nur von den beiden Uhren realisiert werden können, von denen die eine 5 Minuten vorgeht und die andere 4 Minuten nachgeht – oder umgekehrt 5 Minuten nach- und 4 Minuten vorgeht. Die Differenz zwischen der Anzeige 8:54 (6 Minuten vor 9 Uhr) und 8:57 (3 Minuten vor 9 Uhr) beträgt 3 Minuten. Da nur die Differenz $5 - 2 = 3$ ist, muss die Zeitangabe 8:54 von der Uhr kommen, die 5 Minuten falsch geht. Jetzt wissen wir, dass die Uhr, die 8:54 zeigt, 5 Minuten nachgeht. Folglich ist die gesuchte genaue Uhrzeit 8:59 Uhr.

**L 5.7** (A) Eine Verdopplung des Umfangs eines Quadrats ist gleichbedeutend mit einer Verdopplung jeder Seitenlänge. Wenn bei einer wahren und einer falschen Aussage die Verkürzung der Seitenlänge um 2 cm vor der Verdopplung stattfindet, dann ist die resultierende Seitenlänge um $2 \cdot 2\,\text{cm} = 4\,\text{cm}$ kürzer als das Doppelte der ursprünglichen Seitenlänge. Wird hingegen erst verdoppelt und dann verkürzt, dann ist die resultierende Seitenlänge nur um 2 cm kürzer als das Doppelte der ursprünglichen Seitenlänge. Die größte mögliche Seitenlänge wird bei 4 Aussagen – 2 wahren und 2 falschen – also dann erreicht, wenn zuerst 2-mal verdoppelt und dann 2-mal verkürzt wird. Folglich beträgt die größte mögliche Seitenlänge $8\,\text{cm} \cdot 2 \cdot 2 - 2\,\text{cm} - 2\,\text{cm} = 28\,\text{cm}$.

**L 5.8** (B) An jeder der Ecken des $5 \times 5$-Feldes zeigt mindestens eine schwarze Quadratseite nach außen. Folglich ist die Anzahl der schwarzen Quadratseiten im Rand nicht kleiner als vier. Im Inneren des Feldes treten die grauen Quadratseiten stets paarweise, also in gerader Anzahl auf. Da es insgesamt 25 graue Quadratseiten gibt, muss die Anzahl der im Rand befindlichen grauen Quadratseiten ungerade sein. Da der Rand aus 20 Quadratseiten besteht, muss auch die Anzahl der schwarzen Quadratseiten im Rand ungerade und somit nicht nur mindestens vier, sondern mindestens fünf sein. Das Bild zeigt ein Beispiel mit fünf schwarzen Quadratseiten im Rand.

## Mit Logik den Spielstand ermitteln

**L 5.9** (C) Wenn die Gäste nach der 1. Halbzeit in Führung lagen, so ist dies bei 6 Toren mit 3 verschiedenen Torverhältnissen möglich, nämlich 0:6, 1:5 oder 2:4 für die Gästemannschaft. Nach den 3 Toren des Heimteams würde es nun 3:6, 4:5 oder 5:4 stehen, und nur das letztgenannte Ergebnis steht für den Sieg des Heimteams. Folglich hat das Heimteam insgesamt 5 Tore geschossen.

**L 5.10** (C) Die größte Zahl an verlorenen Spielen ergibt sich, wenn Anna die 80 Punkte durch möglichst viele gewonnene Spiele erzielt hätte, da sie für jedes gewonnene Spiel ja 3 Punkte (und nicht nur einen Punkt) erhält. Die größte durch 3 teilbare Zahl kleiner als 80 ist 78. Anna hätte dann $78 : 3 = 26$ Spiele gewonnen und die restlichen beiden Punkte für zwei unentschiedene Partien erhalten. Übrig blieben $38 - 26 - 2 = 10$ verlorene Spiele. Das ist die größte Zahl an Partien, die Anna verloren haben könnte.

**L 5.11** (B) Gesetzt den Fall, Heinrich hat seine 25 Punkte dadurch bekommen, dass er 25-mal gewonnen hat, dann hat er $40 - 25 = 15$ Spiele verloren, die Differenz ist 10. Hat er einen oder mehrere der 25 Punkte durch unentschieden ausgegangene Spiele bekommen, so müssen es wegen $1 = 1/2 + 1/2$ zwei Unentschieden für jeden dieser Punkte gewesen sein. Und er hat ein Spiel weniger gewonnen und ebenso ein Spiel weniger verloren. Die gesuchte Differenz aber bleibt gleich.

**L 5.12** (D) Jede Mannschaft hat 3 Spiele bestritten. Um in 3 Spielen 7 Punkte zu erreichen, musste die Mannschaft, die 7 Punkte erreicht hat, 2-mal gewinnen und 1-mal unentschieden spielen. Analog mussten die beiden Mannschaften mit 4 Punkten je 1-mal gewinnen, 1-mal verlieren und 1-mal unentschieden spielen. Da es insgesamt genauso viele Siege wie Niederlagen gibt, hat die 4. Mannschaft 2-mal verloren und in ihrem dritten Spiel unentschieden gespielt – im Turnier also einen Punkt bekommen.

## Logische Reihenfolge

**L 5.13** (D) Da wir nicht nach der Reihenfolge unter den Kindern, sondern nur nach dem Kind suchen, das die größte Anzahl Kraniche gefaltet hat, gehen wir den Text von vorn nach hinten durch und halten dabei immer das Kind „fest“, das dann gerade die größte Zahl gefaltet hat. Adam hat weniger als Nele gefaltet, also ist Nele im Moment die mit der größten Anzahl, denn dass Adam mehr als Iris gefaltet hat, ändert daran nichts. Otto hat mehr als Nele gefaltet, also ist nun Otto der mit der größten Anzahl. Und da Otto auch mehr als Lulu gefaltet hat, ist Otto das gesuchte Kind mit den meisten Kranichen.

**L 5.14** (C) Da 7 Kinder, also eine ungerade Anzahl von Kindern, im Kreis stehen, können es nicht gleich viele Jungen und Mädchen sein. Da Jungen nur einzeln im Kreis stehen und Mädchen höchstens zu zweit, muss es mindestens eine Mädchenzweiergruppe geben. In beide Richtungen schließt sich dann an diese Mädchenzweiergruppe – da keine 2 Jungen nebeneinanderstehen – je ein Junge an und daran je mindestens ein Mädchen. Das 7. Kind muss ein Junge sein, weil ja nirgendwo 3 Mädchen nebeneinanderstehen. Also befinden sich genau 4 Mädchen im Kreis.

**L 5.15** (D) Wir schreiben die Aufgaben (A1 bis A5) in der Folge von leicht nach schwer auf. Nach Yuris Meinung ist A2 leichter als A1, und A1 leichter als A3 (A2 < A1 < A3). Nach Birtes Meinung ist A3 leichter als A5, und A5 leichter als A4 (A3 < A5 < A4). Fügen wir beide Aussagen zusammen, so erhalten wir: A2 < A1 < A3 < A5 < A4. Also war die 4. Aufgabe nach Meinung von Yuri und Birte die schwierigste Aufgabe.

**L 5.16** (C) Aus der ersten Aussage folgt, dass Imke ganz sicher nicht am größten ist. Dann folgt aus der zweiten Aussage, dass Grit am kleinsten sein muss. Also ist Erol am größten.

**L 5.17** (D) Da die Mutter recht hat, hat entweder Trude oder Rosi gewonnen. Angenommen, Trude ist Erste. Da der Vater auch recht hat, kann Rosi nicht Zweite sein, da sonst Kasimir gewonnen hätte. Also wäre im Fall „Trude ist Erste“ die Reihenfolge „Trude vor Kasimir vor Rosi“, was der Aussage des Bruders widerspricht. Also muss nach der Aussage der Mutter der Fall „Rosi ist Erste“ vorliegen. Aus meiner Aussage folgt nun, dass Kasimir Zweiter ist und Trude Letzte.

**L 5.18** (D) Beginnen wir, in 12 Felder, die im Kreis angeordnet sind, die Zahlen den Regeln entsprechend einzuordnen, so stellen wir schnell fest, dass dies nur auf eine einzige Weise (bis auf Drehung und Spiegelung) geschehen kann. Beginnen wir mit der 1. In die Nachbarfelder müssen Zahlen geschrieben werden, die sich von der 1 entweder um 1 oder um 2 unterscheiden. Dafür kommen nur die beiden Zahlen 2 und 3 infrage. Wir schreiben sie in die beiden Nachbarfelder und fragen uns nun, welche Zahl der zweite Nachbar der 2 und welche der zweite Nachbar der 3 ist. Die 2 kann nur die Zahlen 1, 3 und 4 als Nachbarn haben. Da die 1 und die 3 bereits in den Kreis eingeordnet wurden, muss der zweite Nachbar der 2 die 4 sein. Als Nachbarn der 3 kommen nur die Zahlen 1, 2, 4 und 5 infrage. Da 1, 2 und 4 bereits in den Kreis eingeordnet sind, muss der zweite Nachbar der 3 die 5 sein. Auf diese Weise können wir den gesamten Kreis eindeutig ausfüllen und finden dabei, dass die 8 und die 10 benachbart sein müssen.

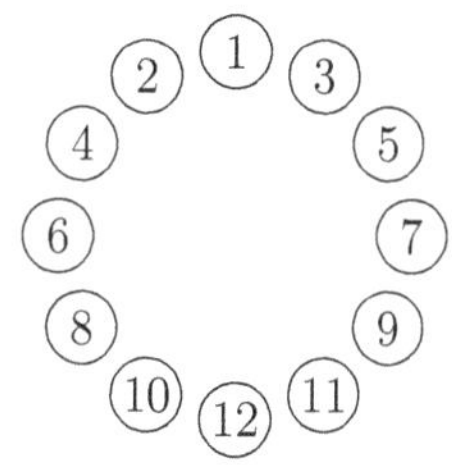


**L 5.19** (E) Wir versuchen, die Zahlen anzuordnen, indem wir Davids Regel befolgen. Wir beginnen dabei mit den Zahlen, für die nur sehr wenige Nachbarn infrage kommen. Neben 1 können nur 3 und 4 stehen, 2 kann nur die Nachbarn 4 und 5 haben. Die Anordnung der ersten fünf Zahlen ist also 3–1–4–2–5 bzw. umgekehrt 5–2–4–1–3. Als Nachbarn der 3 kommen nur 1, 5 und 6 infrage. Da 1 und 5 als Nachbarn nicht mehr zur Verfügung stehen, muss die 3 neben der 6 stehen. Wir erhalten die einzig mögliche Anordnung 6–3–1–4–2–5 bzw. umgekehrt 5–2–4–1–3–6.

Da es für die beiden Randzahlen 5 und 6 mehrere Möglichkeiten gibt, wenden wir uns nun der 12 zu. Völlig analog können neben 12 nur 10 und 9 stehen, neben 11 nur 9 und 8. Für 10 kommen nur 12, 8 und 7 infrage, von denen jedoch 12 und 8 schon vergeben sind. Somit ist die Anordnung der sechs größten der zwölf Zahlen klar: 7–10–12–9–11–8 bzw. umgekehrt 8–11–9–12–10–7.

Nun gilt es, die beiden Zahlenreihen aus sechs Zahlen zu einem Kreis zu verknüpfen. Das ist nach Davids Bedingung nur möglich, wenn 5 mit 7 verbunden wird und 6 mit 8. Somit ist (**E**) die Lösung. Insgesamt gibt es folglich nur zwei Möglichkeiten für die Anordnung der 12 Zahlen, und diese beiden Möglichkeiten sind zueinander gespiegelt.

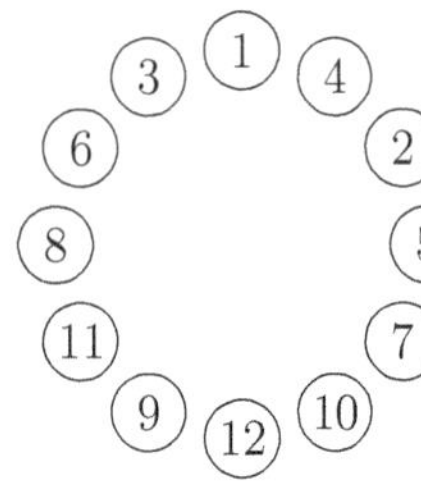


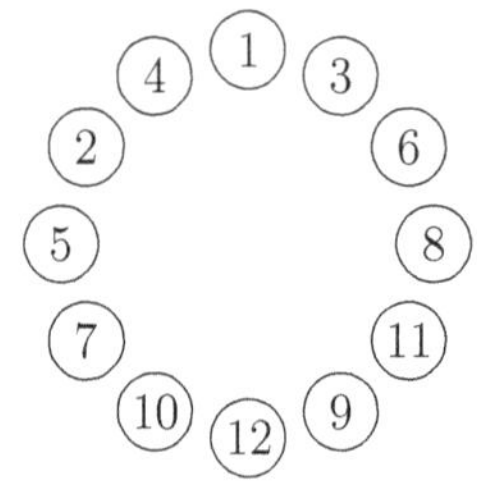


## Logik und Teilbarkeit

**L 5.20** (**E**) Alle Kinder haben Eigenschaften genannt, die 325 wirklich hat: Die Ziffern 3, 2 und 5 sind verschieden; es sind 3 Ziffern; die Summe der 3 Ziffern ist $3 + 2 + 5 = 10$; die Einerziffer von 325 ist 5. Niemand hat sich geirrt.

**L 5.21** (**C**) Damit sich aus Lennarts Muscheln sowohl Dreier- als auch Fünferhäufchen bilden lassen, ohne dass es einen Rest gibt, muss die Zahl der Muscheln durch $3 \cdot 5 = 15$ teilbar sein. Wenn Lennart von seinen mitgebrachten Muscheln 2 beiseite legt, dann ist die Anzahl der restlichen Muscheln sowohl durch 3 als auch durch 5, also durch 15 teilbar. Also lässt die Anzahl von Lennarts Muscheln beim Teilen durch 15 den Rest 2. Er muss mindestens $15 - 2 = 13$ Muscheln dazunehmen, damit die Zahl durch 15 teilbar ist.

**L 5.22** (**A**) Wenn in einer 6-stelligen Zahl keine der Ziffern 0 ist, so ist die Summe der Ziffern mindestens 6. Da sie jedoch 5 sein soll, muss eine der Ziffern 0 sein und folglich ist das Produkt der Ziffern auch 0.

**L 5.23** (**E**) Sebastian muss einen Fehler gemacht haben, denn jede Verschlüsselung eines Buchstabens ist eine ungerade Zahl, da sie ja durch Multiplikation einer natürlichen Zahl mit 2 entsteht, zu der die ungerade Zahl 9 addiert wird. 42 ist jedoch eine gerade Zahl.

**L 5.24** (C) Wir bezeichnen die Karten mit A (teilbar durch 7), B (Primzahl), C (ungerade Zahl) und D (größer als 100) und notieren für jede der Zahlen 2, 5, 7 und 12, auf welcher Karte bzw. welchen Karten diese stehen könnte, damit die angegebene Eigenschaft gerade *nicht* zutrifft:

2: A, C oder D    5: A oder D    7: nur D    12: A, B, C oder D

Die Zahl 7 kann nur auf der letzten Karte mit der Beschriftung „größer als 100“ stehen, das ist die gesuchte Zahl. Die vollständige Zuordnung können wir schnell ablesen: A–5, B–12, C–2, D–7.

**L 5.25** (C) Da der Rest bei Division von 128 durch eine nicht bekannte Zahl gleich dem Rest bei Division von 193 durch diese Zahl ist – nämlich 11 –, muss die Differenz dieser beiden Zahlen $193 - 128 = 65$ durch diese nicht bekannte Zahl teilbar sein. Die möglichen Teiler der Differenz 65 sind 1, 5, 13 und 65, und da der Rest stets kleiner ist als die Zahl, durch die dividiert wird, kommen für die gesuchte Zahl nur noch 13 und 65 infrage. Da jedoch $128 : 65 = 1$ Rest 63 ist, kann nur 13 die gesuchte Zahl sein. In der Tat gilt $128 : 13 = 9$ Rest 11 und $193 : 13 = 14$ Rest 11.

**L 5.26** (D) Die in der Aufgabe gegebene Summe lässt sich in ein Produkt umformen. Es ist $A \cdot B + B \cdot C + C \cdot D + D \cdot A = (A + C)(B + D)$. Die gegebene Summe ist also genau dann durch 3 teilbar, wenn einer der beiden Faktoren dieses Produkts durch 3 teilbar ist. Mit den Zahlen $1, 2, 3, 4$ ist das nur möglich, wenn einer der Faktoren $1 + 2$ oder $2 + 4$ ist. Daraus ergeben sich durch Vertauschen die aufgelisteten 16 Möglichkeiten:

| A | C | B | D | A | C | B | D | A | C | B | D | A | C | B | D |
|---|---|---|---|---|---|---|---|---|---|---|---|---|---|---|---|
| 1 | 2 | 3 | 4 | 2 | 4 | 1 | 3 | 3 | 4 | 1 | 2 | 1 | 3 | 2 | 4 |
| 1 | 2 | 4 | 3 | 2 | 4 | 3 | 1 | 4 | 3 | 1 | 2 | 3 | 1 | 2 | 4 |
| 2 | 1 | 3 | 4 | 4 | 2 | 1 | 3 | 3 | 4 | 2 | 1 | 1 | 3 | 4 | 2 |
| 2 | 1 | 4 | 3 | 4 | 2 | 3 | 1 | 4 | 3 | 2 | 1 | 3 | 1 | 4 | 2 |

Es folgt eine Lösung, die sich nicht auf die Umwandlung einer Summe in ein Produkt abstützt: Eine der Zahlen $A, B, C, D$ muss 3 sein. Wir betrachten zuerst den Fall $A = 3$. In dem Ausdruck $A \cdot B + B \cdot C + C \cdot D + D \cdot A$ sind $A \cdot B$ und $D \cdot A$ bereits durch 3 teilbar. Es muss also $B \cdot C + C \cdot D = C(B + D)$ durch 3 teilbar sein. Da $C \neq 3$ ist, muss $(B + D)$ ein Vielfaches von 3 sein. Es bleiben nur die vier Möglichkeiten $B = 1, D = 2$; $B = 2, D = 1$; $B = 2, D = 4$ und $B = 4, D = 2$. Wir finden dieselbe Anzahl von Möglichkeiten, wenn einer der anderen Buchstaben gleich 3 ist. Folglich gibt es $4 \cdot 4 = 16$ Möglichkeiten.

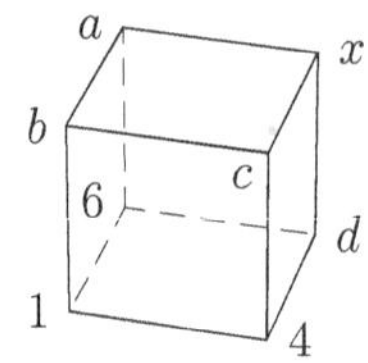


**L 5.27** (**A**) Da die Summe der Zahlen auf der Oberseite gleich der Summe der Zahlen auf der Vorderseite ist, muss die Gleichung $a+x=1+4=5$ erfüllt sein. Da die Summe der Zahlen auf der rechten Seite gleich der Summe der Zahlen auf der Unterseite ist, folgt $c+x=1+6=7$. Da 1, 6 und 4 schon benutzt wurden, stehen an den Stellen $a$ und $x$ die Zahlen 2 und 3 <u>und</u> an den Stellen $c$ und $x$ die Zahlen 2 und 5. Folglich muss $x=2$ sein.

**L 5.28** (**C**) Die drei größten Teiler von $N$ sind höchstens $\frac{N}{2}$, $\frac{N}{3}$ und $\frac{N}{4}$, nämlich wenn $N$ durch 2, 3 und 4 teilbar ist. Die Summe der drei größten Teiler von $N$ ist somit höchstens $\frac{N}{2}+\frac{N}{3}+\frac{N}{4}=\frac{13}{12}N>N$. Jede durch 12 teilbare Zahl erfüllt also die Bedingung. Antwort (**E**) entfällt. Ein Beispiel ist 12, die Summe der drei größten Teiler ist $6+4+3=13>12$. Damit entfallen auch die Antwortmöglichkeiten (**B**) und (**D**).

Wenn $N$ nicht durch 2 teilbar wäre, dann wäre die Summe der drei größten Teiler von $N$ höchstens $\frac{N}{3}+\frac{N}{5}+\frac{N}{7}=\frac{71}{105}N<N$. Wäre $N$ nicht durch 3 teilbar, wäre die Summe der drei größten Teiler von $N$ höchstens $\frac{N}{2}+\frac{N}{4}+\frac{N}{5}=\frac{19}{20}N<N$. Folglich muss $N$ durch 2 und durch 3, also durch 6 teilbar sein.

Dass (**A**) gelten kann, aber nicht gelten muss, ist am Beispiel der nicht durch 4 teilbaren Zahl 30 zu sehen, denn $15+10+6=31>30$.

## 5.2 Mit Logik der Lüge zu Leibe

**L 5.29** (**A**) Da sich sowohl Cora als auch Fred mit ihren Aussagen geirrt haben, haben sowohl Cora und Fred als auch Alma und Fred verschiedene Flyer. Da es nur 2 Sorten Flyer gibt, haben folglich Cora und Alma dieselbe Sorte, und Fred hat die andere Sorte. Da auch Alma sich irrt, haben die beiden Mädchen den Flyer vom Abenteuerfilm, womit die Antwort (**A**) richtig ist.

**L 5.30** (**B**) Der Einwohner, der am 2013. Tag die Insel verlässt, sagt die Wahrheit, denn nachdem er die Insel verlassen hat, gibt es keine Einwohner mehr. Wenn jedoch keine Personen mehr da sind, keine Ehrlichen und keine Lügner, sind das gleich viele Ehrliche und Lügner. Der Einwohner, der am 2012. Tag die Insel verlässt, spricht über eine ungerade Zahl von Einwohnern – nämlich einen – und folglich ist seine Aussage falsch. Damit ist dann die Aussage des Einwohners, der am 2011. Tag die Insel verlässt, wahr usw. Es gab insgesamt also 1007 Ehrliche und 1006 Lügner auf jener Insel.

**L 5.31** (**B**) In eine Tabelle tragen wir für jede Frage zu jeder Bewohnergruppe ein, ob sie mit der Wahrheit oder einer Lüge bzw. mit „Ja“ oder „Nein“ geantwortet haben. Dabei beachten wir, dass die Gruppe der Malsomalsos in zwei Gruppen zerfällt: die Gruppe $M_1$ derer, die mit einer wahren Aussage beginnen, und die Gruppe $M_2$ derer, die mit einer Lüge beginnen.

| A-Leute | | B-Leute | | $M_1$ | | $M_2$ | | |
|---|---|---|---|---|---|---|---|---|
| Antwort | | Antwort | | Antwort | | Antwort | | Anzahl JA |
| 1. Frage: Bist du ein A-Leut? | | | | | | | | |
| wahr | **JA** | falsch | **JA** | wahr | nein | falsch | **JA** | 17 |
| 2. Frage: Bist du ein Malsomalso? | | | | | | | | |
| wahr | nein | falsch | **JA** | falsch | nein | wahr | **JA** | 12 |
| 3. Frage: Bist du ein B-Leut? | | | | | | | | |
| wahr | nein | falsch | nein | wahr | nein | falsch | **JA** | 8 |

Anhand der Tabelle sehen wir, dass wir die Anzahl der A-Leute gerade als die Differenz aus der Anzahl derjenigen Einwohner erhalten, die auf die 1. Frage mit „Ja“ geantwortet haben, und der Anzahl derjenigen Einwohner, die auf die 2. Frage mit „Ja“ geantwortet haben. Demzufolge gibt es auf der Insel Malsomalso $17 - 12 = 5$ A-Leute.
Von den restlichen Einwohnern sind 4 B-Leute und $20 - 5 - 4 = 11$ Malsomalsos.

**L 5.32** (**D**) Die obere Tabelle gibt die möglichen Antworten von Jan auf Renés Frage wieder. Wäre Jans Antwort „Nein“ gewesen, hätte René sofort Bescheid gewusst, da diese Anwort nur bei einer Konstellation gegeben wird. Da er nicht sofort Bescheid wusste, war das also nicht der Fall, folglich war Jans Antwort „Ja“.

| Jörg<br>Jan | Gutling | Bösling |
|---|---|---|
| Gutling | Ja | Nein |
| Bösling | Ja | Ja |

Die untere Tabelle gibt die möglichen Antworten von Jörg auf Renés Frage wieder. Wäre Jörgs Antwort „Ja“, so gäbe es zwei mögliche Konstellationen. Da René jedoch nach Jörgs Antwort die Rollen der beiden bestimmen kann, muss Jörgs Antwort „Nein“ gewesen sein. *Eine* mögliche Konstellation hatten wir nach Jans Antwort bereits ausgeschlossen. Die andere ist die gesuchte: Jörg ist ein Gutling, Jan ein Bösling.

| Jörg<br>Jan | Gutling | Bösling |
|---|---|---|
| Gutling | Ja | Nein |
| Bösling | Nein | Ja |

**L 5.33** (**D**) Bei einer Verschmelzung verringert sich die Anzahl von zwei Arten jeweils um 1 und die Anzahl der dritten Art steigt um 1. Die Differenz der Anzahl zweier Arten ändert sich entweder um 2 oder ändert sich nicht. Da am Ende nur eine Art übrig bleibt, ist die Anzahl der anderen beiden Arten 0, also insbesondere ist deren Differenz gerade. Dann muss deren Differenz am Anfang auch gerade gewesen sein – das ist nur bei Bimseln und Gnafzen der Fall. Am Ende bleiben also Ylpen übrig. Da alle Gnafze verschwinden müssen, muss es also mindestens 55 Verschmelzungen geben. Also bleiben am Ende nicht mehr Ylpen übrig als $17+55+6-55=23$, da bei jeder Verschmelzung die Gesamtzahl der Wesen um 1 sinkt. Dass auch wirklich 23 Ylpen übrig bleiben können, zeigt das Beispiel:

| Verschmelzung | | | | |
|---|---|---|---|---|
| Anzahl | Art | Bimsel | Gnafze | Ylpen |
| 17 | Bimsel/Gnafz → Ylpe | 0 | 38 | 23 |
| 19 | Gnafz/Ylpe → Bimsel | 19 | 19 | 4 |
| 19 | Bimsel/Gnafz → Ylpe | 0 | 0 | 23 |

## Wo liegt ein Widerspruch?

**L 5.34** (**D**) Die Aussagen (**A**), (**B**), (**C**) und (**E**) *können* zutreffen, sind jedoch nicht *mit Sicherheit* wahr. Es könnten ja alle 8 Tauben von *einem* Freund geschickt worden sein. Aussage (**D**) ist sicher richtig, sonst wären bei Volker höchstens 4 Tauben angekommen.

**L 5.35** (**B**) Dass „nicht jeder“ etwas getan hat, ist gleichbedeutend damit, dass „es einen gibt“, auf den das nicht zutrifft. Im konkreten Fall heißt das: „Es gibt einen, der nicht mehr als 20 Aufgaben gelöst hat.“ Wenn er aber nicht mehr als 20 Aufgaben gelöst hat, dann hat er weniger als 21 gelöst.

**L 5.36** (**E**) Zur Lösung dieser Aufgabe braucht nur ein Beispiel gefunden zu werden, ein solches ist 113111. Anhand des Beispiels sehen wir, dass keine der Aussagen (**A**) bis (**D**) wahr ist, also ist (**E**) die Lösung.

**L 5.37** (**D**) Es sei $L$ die Anzahl der eingeschalteten Lampen. Da jedes Ein- bzw. Ausschalten das An- bzw. Ausgehen einer weiteren Lampe nach sich zieht, bleibt bei der Zahl $L$ die Eigenschaft, eine gerade oder eine ungerade Zahl zu sein, stets erhalten, denn entweder wird 2 addiert (zwei Lampen gehen an), 0 „addiert“ (eine Lampe geht an, eine weitere aus) oder 2 subtrahiert (zwei Lampen gehen aus). Im Anfangszustand ist $L=0$. Folglich ist (**A**) gewiss falsch, denn dann wäre $L=5$, eine ungerade Zahl. Wenn (**A**) gewiss falsch ist, ist (**D**) gewiss richtig. Die Aussage (**C**) kann zutreffen, muss aber nicht, und die Aussagen (**B**) und (**E**) sind falsch.

**L 5.38** (D) Wenn „Für jedes geradzahlige $x$ ist $f(x)$ geradzahlig“ nicht zutrifft, so gibt es also ein geradzahliges $x$, für das – da ja jede ganze Zahl entweder gerade oder ungerade ist – der Funktionswert $f(x)$ *nicht* gerade ist. Und dann ist er also ungerade.

## 5.3 Kryptogramme und andere magische Figuren

### Wie heißt die richtige Aufgabe?

**L 5.39** (D) Da 176 auf 6 endet, kommen von den als Lösungen vorgeschlagenen Ziffern nur 4 oder 6 als Ziffern infrage, denn mit 3 bzw. 7 wäre das Ergebnis eine ungerade Zahl und $8 \cdot 8$ endet auf 4. Nun können wir schätzen, dass $66 \cdot 6$ größer als 176 ist. Folglich muss 4 die Lösung sein, und die Probe ergibt, dass auch wirklich $44 \cdot 4 = 176$ ist.

$$\begin{array}{rcc} & \bigstar & \blacksquare \\ + & 2 & 7 \\ \hline & \blacksquare & \bigstar \end{array}$$

**L 5.40** (A) Was in der Aufgabe für das Subtrahieren der Zahlen steht, gilt ebenso für das besser zu überschauende Addieren: Wir suchen eine 2-stellige Zahl, zu der wir 27 addieren, sodass die Summe die Ausgangszahl mit vertauschten Ziffern ist. Wir sehen schnell, dass wir keine Lösung erhalten, wenn wir für ■ eine der Zahlen 0, 1, 2 oder 3 setzen. Für jede der Zahlen 4, 5, 6, 7, 8 und 9 erhalten wir genau eine Lösung, wie die folgenden Rechnungen zeigen. Es gibt insgesamt also 6 Zahlen mit der geforderten Eigenschaft.

$$\begin{array}{rcc} & 1 & 4 \\ + & 2 & 7 \\ \hline & 4 & 1 \end{array} \quad \begin{array}{rcc} & 2 & 5 \\ + & 2 & 7 \\ \hline & 5 & 2 \end{array} \quad \begin{array}{rcc} & 3 & 6 \\ + & 2 & 7 \\ \hline & 6 & 3 \end{array} \quad \begin{array}{rcc} & 4 & 7 \\ + & 2 & 7 \\ \hline & 7 & 4 \end{array} \quad \begin{array}{rcc} & 5 & 8 \\ + & 2 & 7 \\ \hline & 8 & 5 \end{array} \quad \begin{array}{rcc} & 6 & 9 \\ + & 2 & 7 \\ \hline & 9 & 6 \end{array}$$

**L 5.41** (D) Da $AA : 11 = A$, $BB : 11 = B$ und $CC : 11 = C$ ist, gilt:

$$A + B + C = (AA + BB + CC) : 11 = 198 : 11 = 18\,.$$

**L 5.42** (D) Die Summe wird am größten, wenn 6 und 5 an der Zehnerstelle der Summanden sind und 4 und 3 die Einer sind. Die größte mögliche Summe ist $5 \cdot 10 + 6 \cdot 10 + 4 + 3 = 117$. Die Summe liegt also zwischen 100 und 117. Da alle Ziffern verschieden sind, ist der Hunderter der Summe 1 und der Zehner 0. Würden die Einer der Summanden einen Übertrag liefern, so wären sie 4 und 6 oder 5 und 6. Im grauen Kästchen wäre dann eine 0 oder eine 1, was nicht möglich ist. Folglich liefern die Einer der Summanden keinen Übertrag. Die Summe der Zehner der Summanden ist daher 10, die beiden Zehner also 4 und 6. Es bleiben 2, 3 und 5 übrig und wegen $2 + 3 = 5$ ist 5 die gesuchte Ziffer, die in das graue Kästchen gehört.

Es gibt die folgenden vier Möglichkeiten, die Ziffern so zu verteilen, dass eine richtige Additionsaufgabe entsteht:

$$\begin{array}{rrr} & \boxed{6} & \boxed{3} \\ + & \boxed{4} & \boxed{2} \\ \hline \boxed{1} & \boxed{0} & \boxed{5} \end{array} \qquad \begin{array}{rrr} & \boxed{4} & \boxed{3} \\ + & \boxed{6} & \boxed{2} \\ \hline \boxed{1} & \boxed{0} & \boxed{5} \end{array} \qquad \begin{array}{rrr} & \boxed{6} & \boxed{2} \\ + & \boxed{4} & \boxed{3} \\ \hline \boxed{1} & \boxed{0} & \boxed{5} \end{array} \qquad \begin{array}{rrr} & \boxed{4} & \boxed{2} \\ + & \boxed{6} & \boxed{3} \\ \hline \boxed{1} & \boxed{0} & \boxed{5} \end{array}$$

**L 5.43** (**D**) Da das Produkt 33 gleich $3 \cdot 11$ ist, 33 also nur die Teiler 1, 3, 11 und 33 hat, kommen für die Faktoren $J$, $O$ und $(D+E+L+N)$ nur die Zahlen 1, 3, 11 und 33 infrage. Wegen der Forderung, dass alle Zahlen verschieden sein müssen, gibt es dabei für die beiden einstelligen Zahlen $J$ und $O$ nur die Möglichkeiten $J = 1$ und $O = 3$ oder $J = 3$ und $O = 1$. Die Summe $D + E + L + N$ kann demzufolge nur gleich 11 sein.

Da 1 und 3 nicht mehr zur Verfügung stehen, kommen für $D, E, L, N$ nur $0, 2, 4, 5$ (in irgendeiner Reihenfolge) infrage, denn $0+2+4+5 = 11$. Da jeder der Buchstaben jeden dieser Werte annehmen kann, gibt es $1 \cdot 2 \cdot 3 \cdot 4 = 4! = 24$ Möglichkeiten für die 11. Dies ist mit 2 zu multiplizieren, da ja $J$ und $O$, wie bereits erwähnt, für 1 und 3 getauscht werden können. Insgesamt sind das 48 Möglichkeiten.

**L 5.44** (**B**) Die gestrichene Ziffer muss die letzte gewesen sein, denn sonst würde die Summe 5271 wie das Doppelte der Endziffer der ursprünglichen Zahl enden, also auf eine gerade Ziffer, d. h. ganz gewiss nicht auf 1. Die zu lösende Rechnung ist rechts zu sehen. Bei $A$ beginnend können schrittweise die Ziffern gefunden werden.

$$\begin{array}{cccc} A & B & C & D \\ & A & B & C \\ \hline 5 & 2 & 7 & 1 \end{array}$$

Da $5 > 2$ ist, kann $A$ nicht 5 sein, sondern muss 4 sein: Für $B$ kommen nun die beiden Zahlen 7 und 8 infrage. Im Falle $B = 7$ zieht das nach sich, dass $C = 9$ und $D = 2$ ist, denn für die Summe würde dann $4792 + 479 = 5271$ gelten. Für $B = 8$ müsste ebenso $C = 9$ sein, was aber einen Übertrag mit sich bringen würde, mit dem die Summe $B + A = 8$ nicht mehr gelten würde. Die einzige Möglichkeit ist $B = 7$, woraus dann $D = 2$ folgt.
Wer erkennt, dass $5271 = ABCD + ABC = (10 \cdot ABC + D) + ABC = 11 \cdot ABC + D$ gilt, findet $D$, ohne die anderen Ziffern kennen zu müssen, als Rest der Division von 5271 durch 11. Wegen $5271 = 11 \cdot 479 + 2$, ist $D = 2$ die gesuchte Ziffer.

## Mit Logik lassen sich Löcher füllen

**L 5.45** (**C**) Wir lösen zuerst die kleinen Rechenaufgaben in den Feldern (Bild links). Anschließend ergänzen wir in der zweiten Zeile diejenige der Zahlen 1, 2, 3 oder 4, die dort noch nicht enthalten ist, das ist die 2. Dann tun wir dasselbe in der dritten Spalte, dort ist es die 4, und können nun rechts unten die fehlende 3 eintragen. Wer mag, kann nun ergänzen, wo noch etwas fehlt.

| 1 | | 3 | |
|---|---|---|---|
| 4 | 3 | | 1 |
| 3 | 4 | 1 | |
| 2 | 1 | | |

| 1 | 2 | 3 | 4 |
|---|---|---|---|
| 4 | 3 | 2 | 1 |
| 3 | 4 | 1 | 2 |
| 2 | 1 | 4 | 3 |

**L 5.46** (**D**) Wenn es möglich sein soll, die Kästchen in der entsprechenden Anzahl blau auszumalen, dann muss zuallererst die Summe der auszumalenden Kästchen in den Zeilen und in den Spalten übereinstimmen. Das ist im Fall (**B**) nicht so, dies kann also nicht die Lösung sein. Das Feld (**A**) kommt nicht infrage, weil einerseits in der obersten Zeile alle 4 Felder ausgemalt sein müssen und andererseits die erste Spalte leer sein muss. Das Feld (**C**) entfällt aus ähnlichem Grund: Die zweite Spalte muss 3 ausgemalte Felder enthalten, was nicht damit zusammengeht, dass die beiden letzten Zeilen leer sein müssen. Im Feld (**E**) ist die oberste Zeile leer, also müssen die 2. und 4. Spalte außer in der ersten Zeile blau ausgemalt sein. Das widerspricht der Tatsache, dass in der letzten Zeile nur ein Feld blau ist. Das Feld (**D**) lässt sich den Bedingungen entsprechend ausmalen, wie das Bild zeigt.

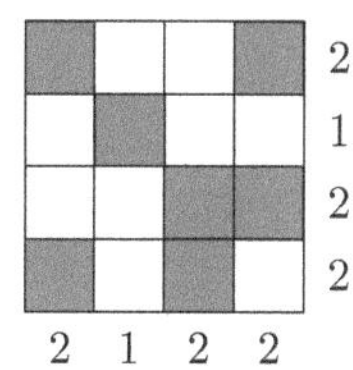


**L 5.47** (**B**) Unter den Bedingungen der Aufgabe gibt es nur eine Möglichkeit, das Quadrat so auszufüllen, dass außer der 3 auch eine 9 vorkommt. Diese Möglichkeit ist rechts zu sehen, es sind 7 verschiedene Zahlen eingetragen.

| 3 | 4 | 5 | 6 |
|---|---|---|---|
| 4 | 5 | 6 | 7 |
| 5 | 6 | 7 | 8 |
| 6 | 7 | 8 | 9 |

**L 5.48** (**D**) Weder die 5 noch die 6 stehen im mittleren Feld, da die Summe der Zahlen in den Nachbarfeldern des mittleren Feldes in jedem Fall größer als 13 ist. Folglich müssen 5 und 6 das mittlere Feld sowie jeweils 2 der Eckfelder als Nachbarfelder haben, wobei die Summe der Zahlen in den Eckfeldern jeweils gleich sein muss. Das ist nur der Fall für $1+4=2+3$. In das mittlere Feld gehört dann wegen $13-5=8$ die 8.

**L 5.49** (**C**) Die Lösung kann durch geschicktes Kombinieren der 7 Zahlen gefunden werden. Rechts ist ein Beispiel für das ausgefüllte Diagramm abgebildet. Eine logische Herleitung, bei der wir auch sehen, dass die gesuchte Zahl eindeutig bestimmt ist, ist diese: Im ersten Schritt versuchen wir, etwas über die Summe der Zahlen auf jeder Linie, die „Liniensumme“, herauszufinden. Dazu bilden wir zuerst die Summe der Zahlen auf jeder der 3 Linien, die die gesuchte Zahl enthalten, und addieren diese 3 Liniensummen. Diese Summe ist dann das Dreifache der Liniensumme. Sie enthält alle 7 Zahlen, darunter die gesuchte Zahl dreimal, die restlichen je einmal. Die Summe der Zahlen in den waagerechten Linien ergibt das Zweifache der Liniensumme. Sie wird aus allen Zahlen außer der gesuchten gebildet. Bilden wir die Differenz der beiden Summen, dann sehen wir, dass das Dreifache der gesuchten Zahl gerade gleich der Liniensumme sein muss. Also ist die Liniensumme eine durch 3 teilbare Zahl.

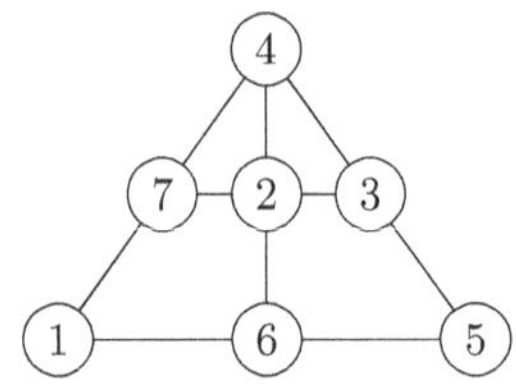


Nun fragen wir uns als Nächstes, wie groß die Liniensumme sein kann. Es gibt eine Linie, auf der die 1 steht. Und auf dieser Linie können höchstens noch die 6 und die 7 stehen, die Liniensumme ist also gewiss nicht größer als $1+6+7=14$. Andererseits gibt es eine Linie, auf der die 7 steht. Und dort müssen mindestens noch 1 und 2 dazukommen; die Liniensumme ist also mindestens $7+1+2=10$. Da die Liniensumme durch 3 teilbar ist, bleibt dafür nur 12. Und da das Dreifache der gesuchten Zahl die Liniensumme ist, gehört die 4 in den oberen Kreis.

**L 5.50** (**A**) Wir versuchen, die Zahlen geschickt zu multiplizieren – zeilenweise, spaltenweise oder je $2 \times 2$-Teilquadrat. Zuerst bilden wir das Produkt $P_1$ der vier $2 \times 2$-Teilquadrate: $P_1 = 2 \cdot 2 \cdot 2 \cdot 2 = 16$. In $P_1$ stecken als Faktoren die Zahlen in den Ecken des $3 \times 3$-Quadrats je einmal, die restlichen Zahlen an den Rändern je zweimal und die gesuchte Zahl in der Mitte viermal (Bild oben).

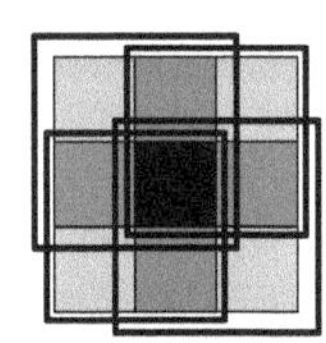

Wir bilden ein ähnliches Produkt $P_2$ mithilfe der Zeilen und Spalten und versuchen, die Faktoren von $P_1$ zu rekonstruieren. Multiplizieren wir die drei Zeilen, dann haben wir jede der Zahlen bereits einmal. Dann multiplizieren wir noch mit der mittleren Zeile und der mittleren Spalte, um auf die richtige Anzahl der Randzahlen zu kommen (Bild Mitte). Es ist $P_2 = 1$. Die Zahlen in den Ecken und am Rand sind in jedem der beiden Produkte $P_1$ und $P_2$ gleich oft als Faktoren vertreten, aber die gesuchte Zahl in der Mitte kommt im ersten Produkt viermal vor, im zweiten Produkt nur dreimal. Somit gilt $P_1 = ? \cdot P_2$, also $16 = ? \cdot 1$. Die gesuchte Zahl ist 16.

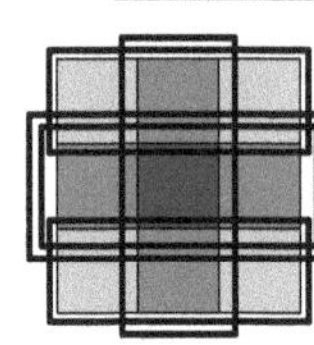

| | | |
|---|---|---|
| 2 | $\frac{1}{4}$ | 2 |
| $\frac{1}{4}$ | 16 | $\frac{1}{4}$ |
| 2 | $\frac{1}{4}$ | 2 |

Das untere Bild zeigt das vollständig ausgefüllte Quadrat.

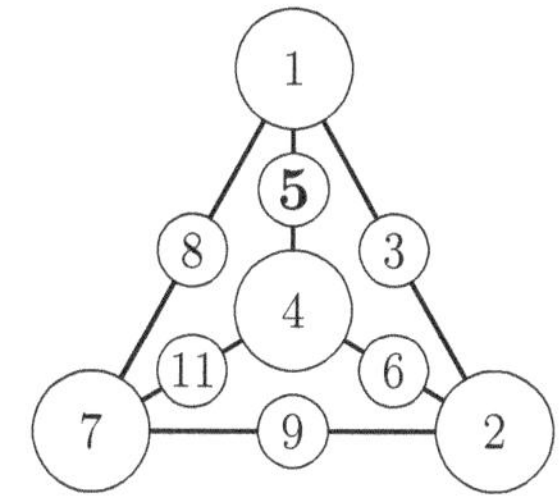


**L 5.51** (B) Die 1 und die 2 stehen ganz sicher in einem der großen Kreise, die 3 gehört als Summe der beiden in den kleinen Kreis dazwischen. Die 4 steht in einem großen Kreis, denn sonst wäre in einem benachbarten großen Kreis eine Zahl größer als 4, da 1, 2 und 3 nicht mehr dafür infrage kommen.
Im kleinen Kreis steht zwischen 1 und 4 die 5, zwischen 2 und 4 die 6. Nun muss auch die 7 in einem großen Kreis stehen.
Damit stehen die Zahlen in den großen Kreisen fest: 1, 2, 4 und 7. Die einzige Möglichkeit, 9 zu kombinieren, ist $9 = 2 + 7$, also sind 2 und 7 zur 9 benachbart. In den beiden anderen großen Kreisen stehen 1 und 4, ihre Summe ist die gesuchte Zahl, also 5. Für die fertige Figur gibt es 4 Möglichkeiten. Eine ist abgebildet, die anderen erhalten wir durch Vertauschen von 2 und 7 bzw. 1 und 4 und anschließendes Auffüllen.